드론 방제방역의 천기누설

(사)한국무인방제방역협회 감수
드론방제 I 세대 양영식 지음

PESTCONTROLDRONE

GoldenBell

머리말

최근 농업은 드론 기술 도입으로 혁신적 변화를 맞이하고 있습니다. 드론은 항공방제, 입제 비료 살포, 직파, 작물 모니터링 등 다양한 작업을 수행하며 농업의 생산성과 효율성을 크게 향상시키고 있습니다. 이제 드론은 필수 농기계로 자리 잡아 농업의 작업 방식을 근본적으로 바꾸고 있습니다.

드론의 활용 범위는 단순히 농지에 살포 작업뿐만 아니라 영상 데이터, 레이더, RTK(Real-Time Kinematic)시스템을 너머 AI의 등장으로 자동방제와 스마트 농업의 확장 기술로 일취월장하고 있습니다.

이를 통해 농업의 종사자들은 데이터를 기반으로 작업을 최적화하고 과잉 시비(施肥)를 줄여 비용 절감과 수확량 증대를 실현을 꾀할 수 있습니다. 또한 노동 강도를 줄여 효율성을 높이는데 매력도 있지요.

그러나 드론 방제는 과학적 접근이 부족해 작업 품질이 저하되는 경우가 많습니다. 살포 작업은 공기역학적 특성, 하향풍, 스프레이 드래프트 등 다양한 요소의 영향을 받기에 이를 체계적으로 이해하고 최적화해야 하는 것이 숙제입니다. 그렇지 않으면 인건비 절감과 빠른 작업 속도에만 치우쳐, 드론의 진정한 장점을 제대로 활용하지 못하는 경우가 발생합니다.

이 교재는 다년간 실무 경험과 연구 결과를 바탕으로 드론 방제에 대한 과학적이고 체계적인 방법을 제시합니다. 기본 개념부터 심화 기술까지 실질적으로 현장에 도움이 되는 정보를 제공하여 농업 종사자들이 드론을 활용한 새로운 농업 패러다임을 구축할 수 있도록 돕고자 합니다.

드론방제기술은 농업의 미래를 이끄는 중요한 도구입니다. 이 교재를 통해 농업 종사자들이 드론의 가치를 이해하고, 생산성과 효율성을 극대화시켜 지속 가능한 농업을 실현할 수 있기를 기대합니다.

끝으로 두서없는 원고를 쿨하게 다듬어준 운향 대표님과 조경미 편집국장님께 고마움을 전합니다.

2025. 3.

양 영 식

차 례

PART 5 농약의 흑과 백

PART 6 농약 안전사용 기준

PART 9

부록

P/A/R/T

01

드론 방제와 관계 법령

드론 방제와 관계 법령

1 드론의 정의 · 비행 · 제도

1 드론의 정의

초령량 비행장지 → 무인비행장치 → 무인동력 비행자치에 속하는 사람이 탑승하지 아니하는 것으로서 연료의 중량을 제외한 자체중량이 150kg 이하인 무인비행기, 무인헬리콥터 또는 무인멀티콥터를 말한다.

2 관련 법령

1. 정의 (항공안전법 제1조)

「초경량비행장치」란 항공기와 경량항공기 외에 공기의 반작용으로 뜰 수 있는 장치로서 자체중량, 좌석 수 등 국토교통부령으로 정하는 기준에 해당하는 동력 비행장치, 행글라이더, 패러글라이더, 기구류 및 무인비행장치 등을 말한다.

2. 초경량비행장치의 기준 (항공안전법 시행규칙 제5조)

사람이 탑승하지 아니하는 것으로서 무인동력비행장치란 연료의 중량을 제외한 자체중량이 150kg 이하인 무인비행기, 무인헬리콥터 또는 무인멀티콥터.

3. 초경량비행장치신고

- 등록신청 구비서류
- 초경량비행장치신고서
- 신고서 첨부 서류 항공안전법시행규칙 별지 제116호 서식
- 초경량비행장치를 소유하거나 사용할 수 있는 권리가 있음을 증명하는 서류
- 초경량비행장치의 제원 및 성능표
- 초경량비행장치의 사진(가로 15cm×세로 10cm)

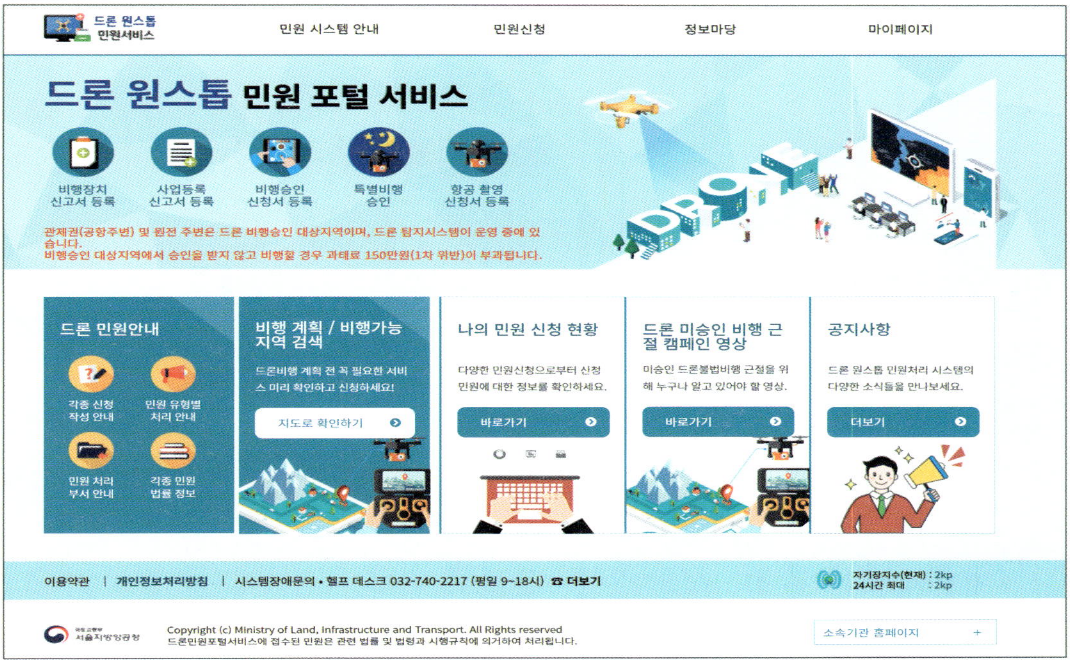

그림 드론민원 신청 드론원스탑 이용

초경량 비행장치 제원 및 성능표 작성 예

〈 초경량비행장치의 제원 및 성능표 〉

<table>
<tr><td colspan="2">소 유 자</td><td colspan="2">홍 길 동</td><td>형 식</td><td colspan="2">무인멀티콥터</td></tr>
<tr><td colspan="2">종 류</td><td colspan="2">( )용 비행장치</td><td>제 작 자</td><td colspan="2">제작 회사</td></tr>
<tr><td colspan="2">제작번호</td><td colspan="2">시리얼 넘버</td><td>제작 연월일</td><td colspan="2">2025년 월 일</td></tr>
<tr><td colspan="2">용 도</td><td colspan="2">항공촬영 • 농업방제</td><td>보 관 처</td><td colspan="2">보관처 주소</td></tr>
<tr><td rowspan="4">주요 제원</td><td>최속 속도</td><td colspan="2">km</td><td colspan="2">등록 번호</td><td></td></tr>
<tr><td>순환 속도</td><td colspan="2">km</td><td colspan="2">상승 / 하강 속도</td><td>상승 : m/s
하강 : m/s</td></tr>
<tr><td>대각선 길이</td><td colspan="2">mm</td><td colspan="2">자체 중량</td><td>g</td></tr>
<tr><td>길이×폭×높이</td><td colspan="2">mm × mm × mm</td><td colspan="2">배터리 용량</td><td>리튬폴리머 5000mAh</td></tr>
</table>

〈 초경량비행장치 사진 〉

드론 사진(대각선 촬영)

4. 초경량비행장치사업자등록

(1) 등록신청서

- 등록신청서 [항공사업법시행규칙 별지 제26호의2 서식]
  - 행정수수료 1만원 납부내역(입금내역 등)

(2) 첨부 서류

가. 사업계획서 [항공사업법 제48조제1항]

- 사업목적 및 범위
- 초경량비행장치의 안전성 점검 계획 및 사고 대응 매뉴얼 등을 포함한 안전관리 대책
- 자본금(기체 무게와 상관없이 자본금 기재)
- 상호·대표자의 성명과 사업소의 명칭 및 소재지
- 사용시설·설비 및 장비 개요(드론 외 사업에 사용되는 주요장비 기재)
- 종사자 인력의 개요(반드시 조종자 표시 포함)
- 사업 개시 예정일

나. 부동산을 사용할 수 있음을 증명하는 서류(사무실 임대차 계약서 등)

다. 자본금 입증 서류(최대이륙중량 25kg 초과 무인비행장치를 사용할 경우에만 제출)

- 법인 : 법인등기의 납입자본금(납입자본금 3천만원 이상
- 개인 : 예금잔액증명서 등(자산평가액 3,000만원 이상)

라. 조종자 (사업계획서 종사자 인력 개요에 명단 기재

- 최대이륙중량 250g초과 시 자격증 사본 앞·뒷면 첨부

마. 초경량비행장치신고증명서 사본(초경량비행장치 1대 이상)

- 최대이륙중량 25kg 초과 시 항공안전기술원의 안전성인증서 추가 첨부

바. 보험가입증서

- 「자동차손해배상보장법시행령」 제3조제1항에 따른 기체별 대인 1억5천만원 이상 가입

사. 기타

① 법인등기부등본(법인의 경우, 대표 임원 및 자본금 확인 용도) 또는 사업자 등록증

② 대표 및 등기임원(감사 포함) 주민등록번호

- 항공사업법 제9조(면허의 결격사유 등)에 의하여 대표 및 임원에 대한 면허 결격사유 해당여부 확인을 위해 주민등록번호 필요

③ 조종교육은 고정적이고 상시적으로 운영하는 비행 실습장을 사업장으로 등록하고자 할 경우,

- 부동산 사용권리 증빙
- 안전 장비 및 시설(안전모, 안전펜스 등) 현황 및 사진
- 실습장 안전관리 대책 등 제출

④ 자체 제작한 드론의 경우 최대이륙중량을 입증할 수 있는 서류

- 제작사 매뉴얼, 설계 자료 또는 최대이륙중량 상태에서의 무게 측정 사진

비행금지구역

구분	비행금지구역 (P73, P65 등)	비행제한구역 (R-75)	민간관제권 (반경 9.3km)	군관제권 (반경 9.3km)	기타지역 (고도 150m 이하)
항공촬영 (국방부)	○	○	○	○ (공역 승인 포함	△
비행승인 (국방부)	○	○	×	○	×
비행승인 (국방부)	○	×	○	×	×
공통사항	① 25kg 초과 기체로 비행시 고도에 상관없이 비행승인 필요 ② 공역이 2개 이상 겹칠 경우 각 기관 허가 사항 모두 적용 ③ 비행제한구역 및 기타 지역에서 150m 이상 고도에서 비행할 경우 비행승인 필요 ④ △ : 국가/군사 시설 유무에 따라 달라질 수 있어 국방부에 문의 필요				

※ 출처 : 드론원스톱 민원포털서비스

⑤ 초경량비행장치 비행승인

- 사업에 사용되는 행글라이더, 패러글라이더, 계류식 무인비행장치, 낙하산류
- 고도 150m 이상으로 비행하는 경우
- 최대 이륙중량 25kg 초과하는 경우의 무인동력비행장치(농업용은 관제권·비행금지구역 내 비행만 포함)
- 자체중량(연료제외) 12kg 초과 길이 7m 초과하는 비행선

드론 비행승인/항공촬영 절차

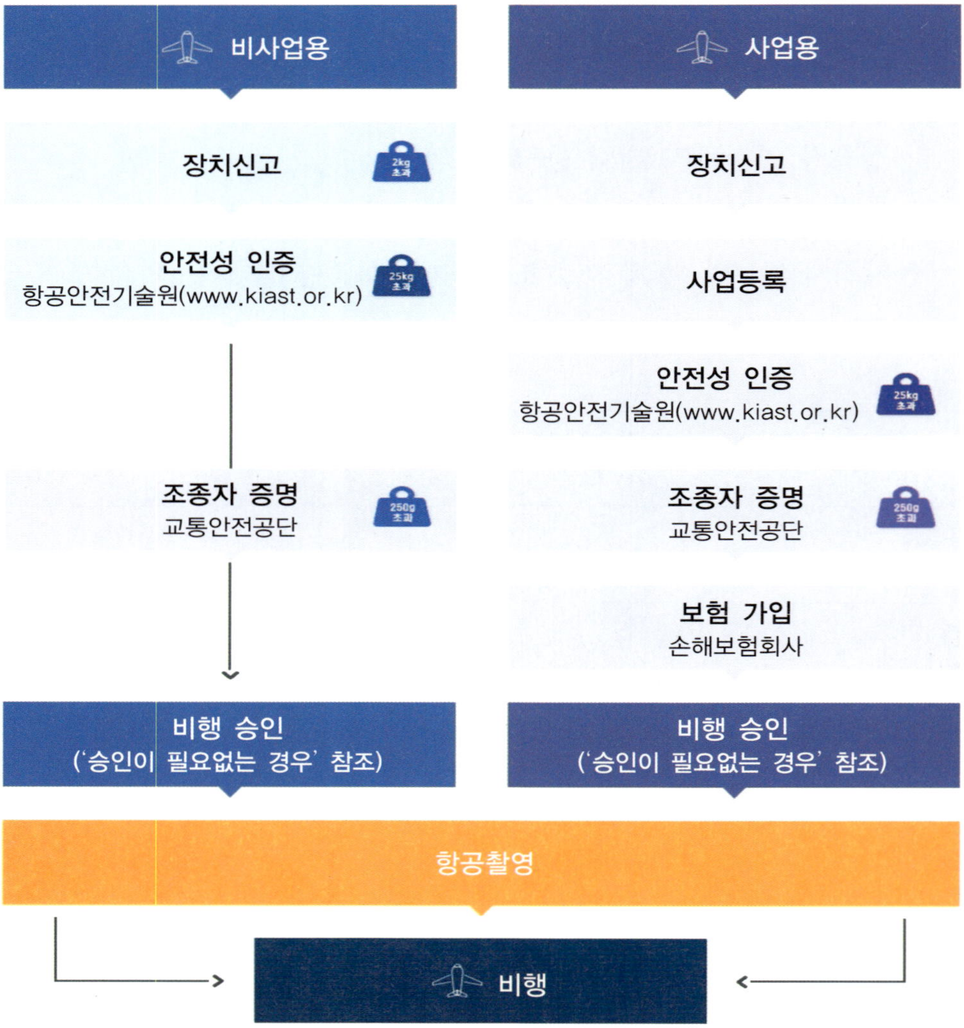

※ 출처: 드론원스톱 민원포탈서비스

3 드론 비행 협의

1. 협의 대상

(1) 비행장 중심으로부터 반경 3km 내에서 비행하고자 하는 경우

(2) 비행장은 인천국제공항 등 민간공항과 육군, 해군, 공군이 운영하는 군비행장, 한서대학교와 같은 사설비행장이 있다.

- 이착륙장 중심으로부터 반경 3km내에서 비행하고자 하는 경우

(3) 이착륙장은 경량항공기 및 초경량비행장치가 이착륙할 수 있도록 허가 받은 장소를 말한다.

2. 협의 절차

(1) 비행장은 비행장을 관할하는 기관과 방문 협의

(2) 이착륙장(항공기, 경량항공기)은 운영자와 방문 협의

조종사 준수 사항

1. 사고나 분실에 대비 사고나 분실에 대비해 장치에는 소유자 이름, 연락처를 기재 하도록 한다.	2. 육안거리 내에서 비행 항상 육안거리 내에서 비행한다.	3. 야간에 비행 금지 야간 : 일몰 후부터 일출 전까지

4. 사람이 많은 곳 위로 비행을 자제한다. 인구밀집 지역 위 위험한 방식으로 비행금지	5. 음주 상태에서 조종금지 음주상태에서 조종하지 않는다.	6. 비행 중 위험한 낙하물 투하금지 비행 중 위험한 낙하물을 투여하지 않는다.

7. 항공 촬영 시 관할 기관의 사전 승인 항공 촬영 시 관할 기관의 사전 승인이 필요하다.	**8. 비행하기 전 해당 제품의 매뉴얼을 숙지** 비행하기 전 해당 제품의 매뉴얼을 숙지한다.	**9. 전파인증을 받은 제품인지 확인** 전파인증을 받은 제품인지 확인한다.

4 드론 안전관리제도

아래 지역은 장치 무게나 비행 목적에 관계없이 드론을 날리기 전 반드시 허가가 필요하다.

1. 비행금지구역

비행장 주변 관제권 반경 9.3km	**비행금지구역** 서울 강북지역, 휴전선 및 원전 주변	**고도 150m 이상** 고도 150m 이상

2. 전국 관제권 및 비행금지구역 현황

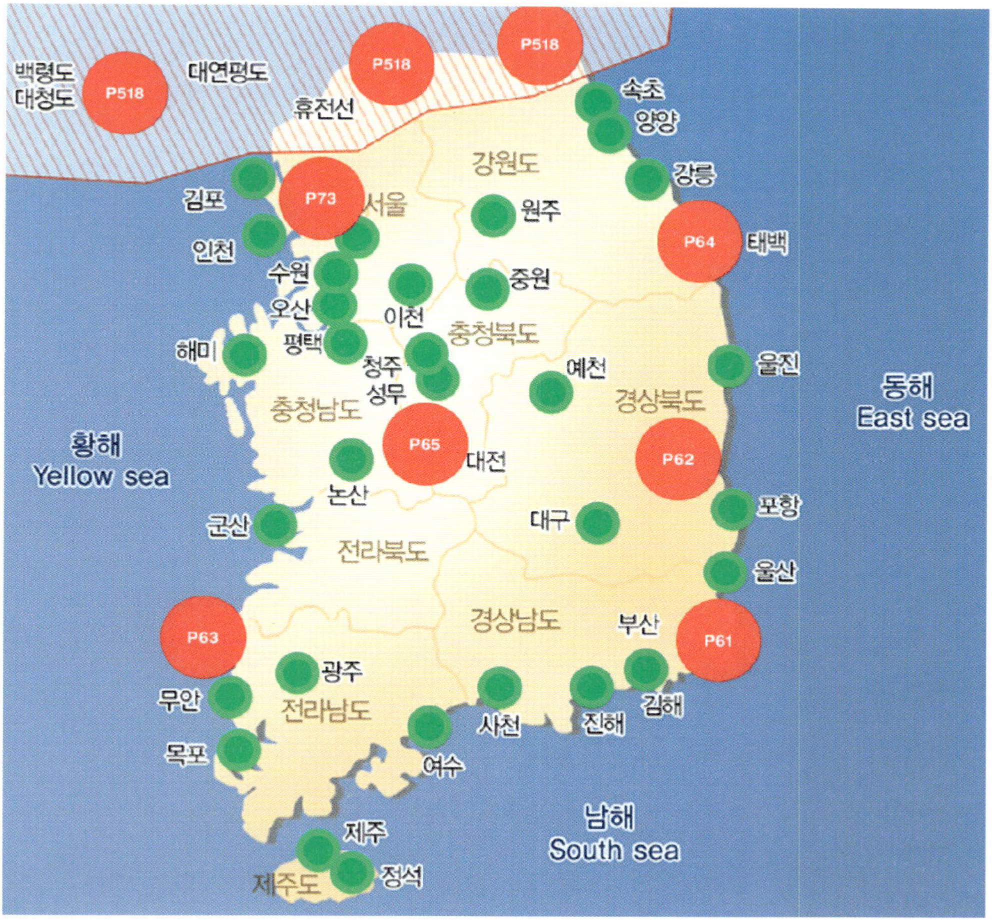

그림 관제권과 비행금지구역

3. 비행승인 시 필요 서류

- 경량 비행장치 사진
- 초경량비행장치 제원 및 성능표
- 초경량 비행장치 신고증명서
- 초경량비행장치 안전성인증
- 조종자 증명(1~3종 앞·뒷면)
- 보험가입증명서
- 초경량비행장치 사업자등록증 외 기타 첨부파일

(1) 비행 승인 지역이 미군부대 주둔 공항일 경우

드론원스탑에서 첨부받은 영문 파일을 작성하여 G-maill을 통하여 전달

주 G-mail이 아닌 NAVER, Daum 등을 이용하여 메일을 보낼 경우 송신되지 않는다.

※ 군산공항 신청방법 변경

드론원스탑 공지사항/

「군산공항 관제권 드론 비행승인 신청방법 변경(25.1.9)」

신청서 작성하기 클릭 영문 작성 제출

비행승인 대상

	최대 2kg 이하 ※ 무인비행선 차체 12kg · 길이 7m 이하		최대 2kg 초과 최대 25kg 이하		최대 25kg 초과		※ 무인비행선 차체 12kg 또는 7m 초과	
	비영리	영리	비영리	영리	비영리	영리	비영리	영리
초경량비행장치 제원 및 성능표 (장치사진 포함)	○	○	○	○	○	○	○	○
초경량비행장치 신고증명서		○	○	○	○	○	○	○
초경량비행장치 안정성인증서					○	○	○	○
보험가입증명서		○		○		○		○
초경량비행장치 사용사업등록증		○		○		○		○

	최대 250kg 초과 최대 2kg 이하	최대 2kg 초과 최대 7kg 이하	최대 7kg 초과 최대 25kg 이하	최대 25kg 초과 최대 150kg 이하
조종자 증명	4종	3종	2종	1종

- 별도 표기가 없을 경우 무인동력비행장치(드론) 대상이며, 무게표기의 '자체'는 '자체중량', '최대'는 '최대 이륙중량'임
- 조종사 자격시험과 관련된 모든 문의는 한국교통안전공단(드론자격시험담당: 031-645-2100)으로 연락 바람

※출처 : 드론원스탑 민원포털서비스

2 항공 방제 수립·절차·대책

1 항공방제 준비

항공방제 지역에 대한 조사 요약 및 절차

※ 드론을 이용한 항공방제업 수행 절차

방제 대상지 확인	• 계약 주체로부터 방제지역 지번을 메시지, 엑셀 등을 이용하여 문서화 또는 추후 확인 가능하도록 기록 남겨둘 것
↓ 방제 대상지 주변 조사	• 방제 예정지를 포털사이트 지도서비스 또는 방제용 앱을 통해 확인 • 친환경, 유기농 양봉, 양계, 양잠, 양어, 축사, 곤충 사육시설, 염전 등 확인. 친환경 유기농 농가 등 비산으로 인해 피해를 입을 가능성이 있는 지역 확인
↓ 민원 용인 방지계획 수립	• 비산으로 인한 피해예방을 위한 대책 논의 • 인근 농가 및 시설 운영자와 협력 방안 마련 및 연락처 공유
↓ 방제 계획 수립	• 방제 예정지를 포털사이트 지도 서비스 또는 방제용 앱을 통해 방제작업 지도 작성 • 위험 요소(친환경, 유기농 양봉, 양계, 양잠, 양어, 축사, 곤충 사육시설, 염전 등) • 방제 기간, 지역에 맞는 드론과 방제사 확보
↓ 방제 실시 홍보	• 비산 피해 발생 우려 지역에 사전 안내 • 공동방제의 경우 방제신청자에게 일정 문자 안내, 현수막 설치, 주민대표를 통한 마을 방송 활용
↓ 방제 구역 분배	• 방제사의 안전과 품질을 위해 방제 일정, 면적 등을 고려하여 방제 면적 분배
↓ 방제 실시	• 사전 협의 방법, 시간대 방제 실시 • 피해 우려지역, 시설의 현장 점검 실시
↓ 진행 상황 통보	• 의뢰자, 방제관리자에게 일일 방제작업 결과 제출 • 앱 등을 활용하여 관계자, 주민 대표 등에 진행 상황 공유

1. 항공방제 현지 사전 조사

(1) 항공방제 예정지를 조사

가. 방문 및 조건 조사

- 작물 종류 : 방제 예정지에서 재배 중인 작물의 종류 파악
- 재배 면적 : 방제 대상 작물이 재배된 면적 측정
- 기후 상황 : 풍향, 풍속, 온도 등의 기상 조건 기록
- 살포 면적 및 생육 상태 : 방제 대상 작물의 생육 상황(생장 단계)과 살포 범위 기록

(2) 항공방제 예정지 주변 조사

- 인근 작물 상태 확인
- 주변 지역의 작물 종류와 재배 면적 확인
- 수확 예정일을 기록하여 방제로 인한 피해 가능성 예측
- **민감 지역 확인 및 관리** : 인근에 위치한 양봉, 양계, 양잠, 양어, 축사, 곤충 사육시설, 염전 확인, 친환경 유기농 농가 등 비산(飛散)으로 인해 피해를 입을 가능성이 있는 지역 확인

(3) 대책 논의

항공방제와 관련된 조종자 및 담당자가 비산으로 인한 피해를 예방하기 위해 대책을 논의, 인근 농가 및 시설 운영자와 협력 방안을 마련.

(4) 조사 결과 활용

기록된 정보를 바탕으로 방제 계획 수립 및 민감한 지역에 보호 대책을 마련한다. 방제 수행 시 주변 환경 및 작물 피해를 최소화하는 방안을 마련한다.

2 항공방제 계획 수립 절차 및 세부 내용

1. 항공방제용 세부 작업 계획 작성

(1) 방제 작업지도 작성

사전에 전달받은 자료를 바탕으로 최신 정보가 반영된 방제 작업지도를 작성

가. 지도 표기

- 주의 지역 : 장애물, 민감 지역(친환경 유기농 농가 등)을 명확히 표시
- 위험 요소 : 항공 방제 시 주의해야 할 주요 위험 요소를 강조
- 방제 전용 앱 활용 : 효율성을 위해 방제 전용 애플리케이션 사용을 추천

(2) 세부 작업 계획서 작성 및 전달

- 최신 상황 반영 : 인근 작물 재배지(특히 친환경 농가)의 상태를 표시한 세부 작업 계획서를 작성하고 사용자(방제사)에게 전달

가 자료 첨부

- 경계가 불분명하거나 주의가 필요한 지역에 대해서는 사진 등 추가 자료를 첨부
- 주변 양봉, 양계, 양잠, 양어, 축사, 곤충 사육시설 등 민감 지역 정보 포함.

2. 민감 지역 및 위험 요소 식별

(1) 다중이용시설 및 거주지

- 주택, 공원, 학교, 놀이터, 쇼핑센터, 사업장, 도로 등과 같은 다중이용시설 및 거주지 구역 표시
- 지역 주민 및 농작업자 활동 지역도 별도로 표기하여 방제 중 사고 위험을 방지

(2) 수질오염 우려 지역

- 저수지, 댐, 강, 연못 등 농약 비산으로 인해 오염 위험이 있는 지역을 확인하여 작업 계획에 포함

- 해당 지역은 협의하여 방제 지역에서 제외

(3) 비행금지 구역 및 장애물 식별

- 군사시설, 비행장, 고속도로, 철도, 저장 탱크, 발전소 및 변전소, 주택지 등 비행금지 구역을 지도에 명확히 표시
- 고압선로, 전봇대 등 장애물 위치를 추가하여 조종자가 사전에 인지하도록 함

(4) 계획 수립 시 주의사항

- **환경 보호 우선** : 민감 지역 및 오염 위험 지역의 피해를 최소화하는 방제 경로 설계
- **정보의 최신성** : 사전에 조사된 정보를 반영하여 계획을 최신 상태로 유지
- **현장과의 소통** : 방제사가 정보를 명확히 이해하고 실행할 수 있도록 상세히 전달

3 무인항공살포기에 대한 준비사항

1. 살포장치의 준비

(1) 살포장치 세척 철저

가 청소 확인

- 살포자(조종자)는 작업 전 드론 전체(탱크, 배관, 노즐 등)의 세척 상태를 점검
- 살포 대상 작물이나 농약이 변경될 경우, 더욱 철저히 세척

나 제초제 살포 후 세척 강화

제초제는 다른 농약보다 탱크와 노즐에 성분 잔류 가능성이 높아 여러 번 세척 필요

(2) 살포장치의 점검·정비

- **정기 점검** : 살포 시즌 전에 정기 점검 및 정비를 반드시 수행. 매 작업 전 기체 경정비로 드론 상태 확인
- **노즐 점검** : 노즐의 토출 압력과 토출량을 확인하여 살포 효과가 적절히 유지되도록 점검
- 토출량 이상이 발견되면 즉시 정비

(3) 살포장치 교정

- **교정 정의** : 살포 장비가 농약을 규정에 따라 균일하게 희석 및 살포할 수 있도록 장비를 조정
- **교정 작업 중요성** : 살포 장비 교정은 약효 증대와 비용 절감에 직결되며, 매 작업 전 실시
- **교정 기록 유지** : 모든 교정 작업을 기록하여 후속 작업의 효율성을 높임

중요 주의사항

1. 철저한 세척 및 점검 : 농약 잔류나 장비 이상으로 인한 피해를 방지
2. 정기적인 교정 : 농약이 균일하게 살포되도록 장비를 매번 조정
3. 기록 관리 : 정비와 교정 작업을 문서화하여 체계적인 관리

4 항공방제 계획 공지 및 지상에서 비산방지대책 수행

1. 주변 홍보 및 공지

(1) 사전 연락

- **살포 예정일 확정 시** : 살포 예정지 인근 재배농가 및 기타 이해관계자에게 전화, 면담 등의 방법으로 사전에 연락
- 인근 민감 지역(양봉, 친환경 농가 등)에 주의 사항 및 예상 시간을 공유

(2) 공동 방제 시 홍보 강화

- **이장 협력** : 공동 방제의 경우 이장을 통해 여러 번 방제 사실을 홍보
- **현수막 설치** : 인근 지역에 항공방제 일정을 알리는 현수막 활용

(3) 일정 변경 시 통보

- **변경 통보** : 살포 일정이 변경되면 신속히 관계자들에게 변경 내용을 통보하여 혼란 방지
- 농가와 관련 시설 운영자들에게 새로운 일정을 공유

(4) 우려사항 및 주의사항 취합

- 사전 연락 과정에서 항공 살포 예정지 주변의 우려 및 주의사항을 확인
- 확인된 내용을 바탕으로 방제 계획에 반영하여 실질적인 대책 마련

2. 지상에서 비산방지대책 수행

(1) 민감 지역 보호

- 양봉, 양계, 친환경 농가, 저수지 등 비산 피해가 우려되는 지역에 대한 사전 대책 수립
- 드론 비행 경로 및 살포 방향을 설정하여 민감 지역 보호

(2) 기상 조건 확인

- 살포 당일의 풍속, 풍향, 온도 등을 점검하여 농약 비산 가능성을 최소화
- **풍속 제한 준수** : 안전 기준 이상(일반적으로 4~5m/s 이상)인 경우 살포 연기

(3) 작업 구역 설정 및 통제

- 작업 구역 외부에서의 접근을 제한하여 인명 사고 예방
- 방제 작업 전 주변 사람의 이동을 통제하고 작업 구역을 안내

5 무인항공살포기 조종 시 조종자가 지켜야 할 사항

1. 주류 및 약물 이용 금지

① **고도의 집중력 요구** : 항공 방제는 높은 집중력과 판단력을 요구하므로 주류, 약물, 특정 의약품 복용 금지.

② 특히 항히스타민제(감기약 포함), 내시경 검사용 약품 등 주의력을 떨어뜨릴 수 있는 약물 복용을 피할 것. 농약 취급 전, 작업 중, 작업 후 및 정리 작업 시에도 동일하게 적용.

③ **병원 진료 시 농약 사용 일정 공유** : 진료 시 항공 살포 일정 및 사용 농약을 의사에게 알리고 처방 시 이를 고려하도록 요청.

2. 주의력 유지

① **충분한 수면** : 항공 방제 작업 전후에 충분한 수면을 취하고 피로를 유발하는 활동을 피함. 수면장애가 있는 경우 작업 참여를 중단하고 의사의 조언을 받을 것

② **스트레스 관리** : 스트레스가 심한 상태에서는 항공 방제 작업 금지, 작업 중 주의력 저해 요소(예: 헤드폰 음악, 핸드폰 사용)를 피하여 주변 상황 인식을 유지

3. 혹서기 살포 시 주의 사항

(1) 탈수 및 온열 질환 예방

- 더운 날씨에 개인 보호 장비착용 시 충분한 수분 섭취 필수
- 휴식 시간을 자주 가지며, 작업 중 온열 질환 증상을 주의 깊게 관찰

(2) 온열 질환 증상

- 피로, 허약, 두통, 발한, 메스꺼움, 현기증, 실신 등의 초기 증상
- 심할 경우 의식 혼란, 이상 행동, 과민 반응이 나타날 수 있으므로 즉시 작업을 중단하고 적절한 처치를 받을 것.

4. 추가 안전수칙

- 작업 전 장비와 환경 점검
- 비상 상황 시 신속 대응을 위한 비상 연락 체계 준비
- 조종자는 건강 상태를 스스로 점검하고, 이상이 있으면 즉시 보고

이 수칙을 철저히 준수함으로써 조종자와 주변 환경의 안전을 확보할 수 있다.

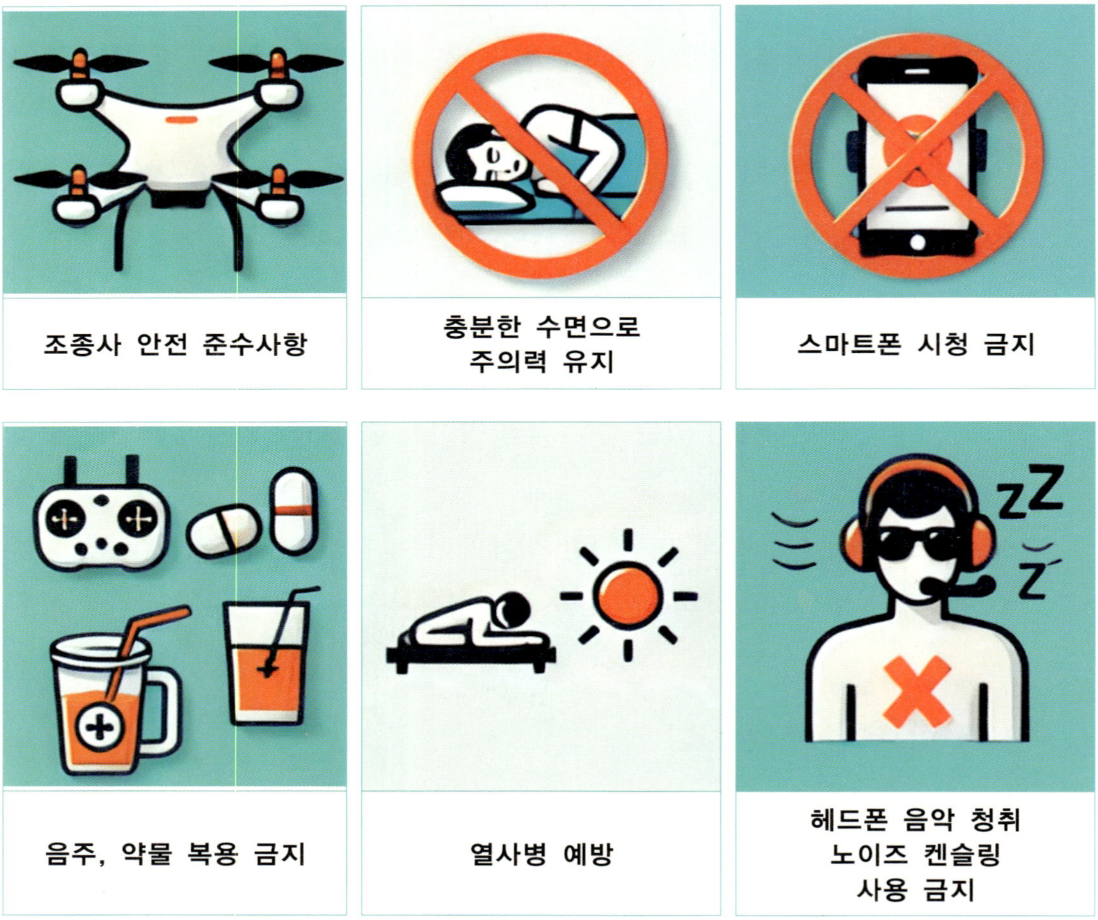

그림 조종자 유념사항

드론 방제와 관계법령

3 항공 방제와 법적 제도

1 농약관리법이란?

1. 개요

우리나라는 1957년 법률 제445호로 농약관리법이 제정되었으며, 사회의 발전과 함께 농약의 변화, 작물의 다양화와 사용방법 등이 변화함에 따라 수차례의 개정이 있었으며, 최근 몇 년 동안 급속한 드론의 활용이 증대됨에 따라 관련 법률이 신규로 개정 또는 제정되었다.

농약관리법의 목적(제1조)은 「농약의 제조 · 수입 · 판매 및 사용에 관한 사항을 규정함으로써 농약의 품질향상, 유통질서의 확립 및 안전사용을 도모하고 농업생산과 생활 환경보전에 이바지함을 목적으로 한다.」 라고 규정하고 있다.

2. 항공방제업 [농약관리법중 항공방제업종사자가 알아야 할 내용을 발췌]

① 항공방제업자란 「농약관리법」 제3조의2 및 같은 법 시행규칙 5조에 따라 국립농산물품질관리원장으로부터 항공방제업신고증을 발급받아 항공방제업을 하려는 자를 말한다.

② 항공방제기술자(이하 '방제기술자'라 한다)란 시행규칙 제6조의2제2항에 명시된 인력기준을 갖춘 자를 말한다.

③ 항공방제란 항공기, 무인동력비행장치를 이용하여 농약을 살포하는 것을 말한다.

④ 무인동력비행장치란 「항공안전법시행규칙」 제5조에 명시된 무인비행기, 무인헬리콥터 또는 무인멀티콥터를 말한다.

⑤ 야간 방제란 일몰 후부터 일출 전까지의 야간에 방제하는 행위를 말한다.

⑥ 항공방제기술교육이란 농약 및 항공관련 법규, 농약 등의 안전사용기준과 취급제한기준에 대한 교육을 말한다.

⑦ 방제 실적 제출

방제업자는 항공방제 약제별사용량, 대상 작물명 및 방제 면적에 대한 항공방제 실적을 다음 해 1월 10일까지 별지 제2호서식으로 관할 지원장에게 제출하여야 한다. 다만, 전산시스템에 항공방제 실적을 입력하는 경우에는 서면 제출을 생략할 수 있다

3. 행정 처분의 대상

(1) 부실살포/농산물 안전성 위해 등

- 농약 살포 구역을 확인하지 않고 살포한 경우
- 야간 방제를 하는 경우
- 방제기술자 없이 방제 작업을 실시한 경우
- 농약의 주의사항에 따르지 않고 방제 작업을 실시한 경우
- 항공방제 대상 농작물 이외의 농작물에 농약 피해가 발생하지 않도록 조치하지 아니한 경우
- 그 밖에 항공방제 작업을 부실하게 하여 방제 효과를 저하시킨 경우

(2) 항공방제의 위해방지

- 사람, 시설, 동·식물에 피해가 발생하지 않도록 조치하지 아니한 경우
- 고의적으로 전파의 혼선 등을 이용하여 인접한 기체를 파손한 경우
- 개인보호장구를 미비한 경우
- 농약 보관 및 관리상태가 부적절한 경우
- 음주자 등을 작업에 참여시킨 경우
- 그 밖의 위해 방지를 위하여 조치할 사항을 준수하지 아니한 경우

4 농약 및 항공방제 관련법

1 농약관리법 (관련법 선별 발췌)

영업의 신고 [제3조의2]

① 방제업 중 수출입식물방제업 또는 항공방제업(이하 '수출입식물방제업등'이라 한다)을 하려는 자는 농림축산식품부령으로 정하는 바에 따라 농림축산식품부장관에게 신고하여야 한다. 신고한 사항 중 농림축산식품부령으로 정하는 중요한 사항을 변경하려는 경우에도 또한 같다.(개정 2011. 7. 25., 2013. 3. 23., 021. 6.15.)

② 농림축산식품부장관은 제1항에 따른 수출입식물방제업등의 신고 또는 변경신고를 받은 경우 그 내용을 검토하여 이 법에 적합하면 신고를 수리하여야 한다. (신설 2018. 12. 31., 2021. 6. 15.)

③ 수출입식물방제업등의 범위는 대통령령으로 정한다.(개정 2018. 12. 31., 2021. 6. 15.)

④ 수출입식물방제업등의 신고를 하려는 자는 농림축산식품부령으로 정하는 기준에 맞는 인력 · 시설 · 장비 등을 갖추어야 한다.(개정 2013. 3. 23., 2018. 12. 31., 2021. 6. 15.)

등록의 취소 등 [제7조]

① 농촌진흥청장은 제조업자 · 원제업자 · 수입업자가 다음 각 호의 어느 하나에 해당하면 그 영업의 등록을 취소하거나 1년 이내의 기간을 정하여 영업의 전부 또는 일부의 정지를 명할 수 있다. 다만, 제1호의2 · 제13호 또는 제14호에 해당할 때에는 그 등록을 취소하여야 한다.(개정 2023. 10. 24.)

1. 정당한 사유 없이 제3조제1항 후단 또는 같은 조 제4항에 따른 변경등록을 하지 아니한 경우

1의2. 제4조의 결격사유에 해당하게 된 경우. 다만, 법인의 임원 중 제4조제6호에 해당하는 사람이 있는 경우 6개월 이내에 그 임원을 바꾸어 임명하였을 때에는 제외한다.

2. 제8조제1항, 제16조제1항, 제17조제1항 또는 제17조의2제1항을 위반하여 등록을 하지 아니한 농약 등 또는 원제를 제조·수입하거나 판매한 경우

3. 제14조제2항 또는 제3항(제8조의2제1항 후단 또는 제17조제3항에 따라 준용되는 경우를 포함한다)에 따른 등록사항의 변경 또는 등록의 취소 처분이나 제조·수출입 또는 공급을 제한하는 처분(회수·폐기명령을 포함한다)을 위반한 경우

4. 제15조제1항에 따라 농촌진흥청장이 고시하는 수출입의 금지·제한 내용이나 준수사항을 위반한 경우

4의2. 제17조제4항 후단의 조건을 위반한 경우

5. 제20조제1항 또는 제2항에 따른 농약 등 또는 원제의 표시를 하지 아니하거나 거짓으로 표시한 경우

6. 제21조제1항 또는 제2항을 위반하여 농약 등 또는 원제를 제조·생산·수입·보관·진열 또는 판매한 경우

7. 제22조를 위반하여 허위 광고 또는 과대 광고를 하거나 같은 조에 따른 광고 방법에 따르지 아니하고 광고를 한 경우

8. 제23조제1항에 따른 농약 등의 취급제한기준을 위반하여 농약 등을 취급한 경우

9. 제24조에 따라 검사한 농약 등의 품질이 불량하다고 밝혀진 경우 또는 자체검사 성적서를 제출하지 아니하거나 거짓으로 제출한 경우

10. 제24조제1항에 따른 검사나 시료(試料) 또는 시험용 제품의 수거(收去)를 거부·방해 또는 기피한 경우

11. 제24조제5항에 따른 농약 등 또는 원제의 수거 또는 폐기의 명령을 위반한 경우

12. 제25조에 따른 시설 등의 보완명령을 위반하거나 농약 등 또는 원제의 관리에 관한 사항에 대한 보고를 하지 아니하거나 거짓으로 보고한 경우
13. 거짓이나 그 밖의 부정한 방법으로 영업의 등록 또는 변경등록을 한 경우
14. 영업정지명령을 위반하여 영업을 한 경우
15. 등록한 날부터 3년이 지나도록 영업을 시작하지 아니한 경우

② 시장・군수・구청장은 판매업자가 다음 각 호의 어느 하나에 해당하면 그 영업의 등록을 취소하거나 1년 이내의 기간을 정하여 영업의 전부 또는 일부의 정지를 명할 수 있다. 다만, 제1호의2・제4호 또는 제5호에 해당할 때에는 그 등록을 취소하여야 한다.(개정 2011. 7. 25., 2021. 6. 15.)

1. 정당한 사유 없이 제3조제2항 후단에 따른 변경등록을 하지 아니한 경우

1의2. 제4조 각 호의 어느 하나에 해당하게 된 경우. 다만, 법인의 임원 중 제4조제6호에 해당하는 사람이 있는 경우 6개월 이내에 그 임원을 바꾸어 임명하였을 때에는 제외한다.

2. 제1항제6호・제7호 또는 제10호부터 제12호까지의 규정에 해당하게 된 경우
3. 제23조제1항에 따른 농약 등의 취급제한기준을 위반하여 농약 등을 취급한 경우
4. 거짓이나 그 밖의 부정한 방법으로 영업의 등록 또는 변경등록을 한 경우
5. 영업정지명령을 위반하여 영업을 한 경우
6. 등록한 날부터 1년이 지나도록 영업을 시작하지 아니한 경우

③ 농림축산식품부장관은 수출입식물방제업자등이 다음 각 호의 어느 하나에 해당하면 영업소 폐쇄를 명하거나 2년 이내의 기간을 정하여 영업의 전부 또는 일부의 정지를 명할 수 있다. 다만, 제6호 또는 제7호에 해당하는 경우에는 영업소 폐쇄를 명하여야 한다.(개정 2011. 7. 25., 2021. 6. 15.)

1. 제1항제10호부터 제12호까지의 규정에 해당하게 된 경우

1의2. 정당한 사유 없이 제3조의2제1항 후단에 따른 변경신고를 하지 아니한 경우

2. 제23조제1항에 따른 농약 등의 안전사용기준 또는 취급제한기준을 위반하여

농약 등을 사용하거나 취급한 경우

3. 이 법을 위반하여 사망사고가 발생한 경우
4. 삭제(2011. 7. 25.)
5. 수출입식물방제업자 등이 1년 이상 방제 실적이 없거나 농림축산식품부장관이 정하여 고시하는 수출입식물검역소독처리규정 또는 항공방제업관리규정을 위반한 경우
6. 거짓이나 그 밖의 부정한 방법으로 영업의 신고 또는 변경신고를 한 경우
7. 영업정지명령을 위반하여 영업을 한 경우

④ 제1항부터 제3항까지의 규정에 따른 취소·정지처분의 세부기준은 농림축산식품부령으로 정한다.(개정 2013. 3. 23.), [전문개정 2009. 5. 8.]

농약 등의 안전사용기준 등 [제23조]

① 방제업자(제3조의2제1항 전단에 따른 신고를 하지 아니하고 해당 업을 영위하는자를 포함한다. 이하 같다)와 그 밖의 농약 등의 사용자는 농약 등을 안전사용기준에 따라 사용하고, 제조업자·수입업자·판매업자 및 방제업자는 농약 등을 취급제한기준에 따라 취급하여야 한다.(개정 2021. 6. 15.)

② 농림축산식품부장관은 수출입식물방제업자등에게, 농촌진흥청장 및 시장·군수·구청장은 그 밖의 농약 등의 사용자에게 제1항의 안전사용기준과 취급제한기준에 대한 교육을 실시하여야 한다.(개정 2021. 6. 15.)

③ 제3조제3항에 따른 판매관리인을 지정한 제조업자·수입업자 또는 판매업자는 판매관리인으로 하여금 농촌진흥청장이 실시하는 제1항에 따른 안전사용기준과 취급제한기준에 대한 교육을 받게 하여야 한다.

④ 제조업자·수입업자 또는 판매업자는 제1항에 따른 안전사용기준과 다르게 농약 등을 사용하도록 추천하거나 추천하여 판매하여서는 아니 된다.

⑤ 방제업자와 그 밖의 농약 등의 사용자는 다음 각 호의 어느 하나에 해당하는 농약 등을 사용하여서는 아니된다.(개정 2021. 6. 15.)

1. 제8조제1항, 제17조제1항 또는 제17조의2제1항에 따라 등록되지 아니한 농약 등

2. 제17조제4항 전단에 따른 허가를 받지 아니한 농약

3. 제8조의2제1항에 따라 등록을 한 농약

⑥ 제조업자 등 및 방제업자는 농약 등 또는 원제의 유출로 인한 사고를 예방하기 위하여 농약 등 또는 원제를 운반(제조업자등 및 방제업자 간 운반하는 경우에 한정)하는 차량에 개인보호장구 및 응급조치에 필요한 장비 등을 갖추어야 한다. 이 경우 농약 등 또는 원제의 독성 정도 등을 고려하여 갖추어야 할 개인보호장구 및 응급조치에 필요한 장비 등의 구체적인 기준은 농림축산식품부령으로 정한다.(신설 2021. 11. 30.)

⑦ 농림축산식품부장관은 농약 등의 오남용 등으로 인한 환경오염의 방지 등을 위하여 필요한 조치를 마련하여야한다.(개정 2021. 6. 15., 2021. 11. 30.)

⑧ 제1항의 안전사용기준과 취급제한기준, 제2항 및 제3항의 교육의 실시에 필요한 사항은 대통령령으로 정한다.(개정 2021. 11. 30.), [전문개정 2011. 7. 25.]

농약피해분쟁조정위원회의 설치 등 [제23조의 4]

① 농림축산식품부장관은 농약으로 인한 피해와 관련된 분쟁에 대하여 조정(調停) 신청이 있을 경우 농약피해분쟁조정위원회(이하 '조정위원회'라 한다)를 구성·운영할 수 있다.(개정 2023. 10. 24.)

② 조정위원회는 다음 각 호의 경우(이하 '농약피해'라 한다)와 관련된 분쟁을 조정한다. (개정 2023. 10. 24.)

1. 다른 사람이나 기업, 기관 등이 살포한 농약 등으로 인해 자신의 농작물이 오염된 경우
2. 제23조제1항에 따른 안전사용기준에 따라 농약 등을 사용하였음에도 불구하고 자신의 농작물에 해(害)가 있는 경우
3. 방제업자가 제23조제1항을 위반한 행위로 인해 자신의 농작물이 해를 입은 경우 또는 제23조제5항에 따른 농약 등을 사용한 경우
4. 그 밖에 농림축산식품부장관 또는 조정위원회가 분쟁조정을 위하여 필요하다고 인정하는 경우

③ 정부는 조정위원회의 운영에 필요한 인력 및 비용을 지원할 수 있다.

④ 농림축산식품부장관은 조정위원회의 구성 목적을 달성하였다고 인정하는 경우에는 조정위원회를 해산할 수 있다.〈신설 2023. 10. 24.〉

⑤ 농림축산식품부장관은 조정위원회의 구성 및 피해조사 등의 운영에 관한 권한을 대통령령으로 정하는 바에 따라 국립농산물품질관리원장에게 위임할 수 있다.〈개정 2023. 10. 24.〉

⑥ 이 법에서 정한 사항 이외에 조정위원회의 구성 및 피해조사 등의 운영 등에 필요한 사항은 대통령령으로 정한다.〈개정 2023. 10. 24.〉, [본조신설 2021. 6. 15.]

※ 출처 :https://www.law.go.kr/LSW//main.html

※ 국가법령정보센터 농약약관리법/ 농약관리법 시행규칙, 별지 참조

◎ 국립농산물품질관리원 고시 제2023-8호

「농약관리법」 제3조의2, 제5조부터 제7조까지, 제23조, 제23조의2, 제24조, 제25조, 제28조, 제29조에 따라 항공방제업 신고, 사후관리 및 항공방제기술 교육 등에 필요한 사항을 규정한 「항공방제업관리규정」을 다음과 같이 제정하여 고시한다.

2023년 5월 8일

국립농산물품질관리원장

2 농약관리법 시행규칙 (관련법 선별 발췌)

목적 [제1조]

이 규칙은 「농약관리법」 및 같은 법 시행령에서 위임된 사항과 그 시행에 필요한 사항을 규정함을 목적으로 한다.(개정 2008. 7. 28.)

영업의 신고 [제3조의2]

① 방제업 중 수출입식물방제업 또는 항공방제업(이하 '수출입식물방제업등'이라 한다)을 하려는 자는 농림축산식품부령으로 정하는 바에 따라 농림축산식품부장관에게 신고하여야 한다. 신고한 사항 중 농림축산식품부령으로 정하는 중요한 사항을 변경하려는 경우에도 또한 같다.(개정 2011. 7. 25., 2013. 3. 23., 2021. 6.15.)

② 농림축산식품부장관은 제1항에 따른 수출입식물방제업 등의 신고 또는 변경신고를 받은 경우 그 내용을 검토하여 이 법에 적합하면 신고를 수리하여야 한다. (신설 2018. 12. 31., 2021. 6. 15.)

③ 수출입식물방제업 등의 범위는 대통령령으로 정한다.(개정 2018. 12. 31., 2021. 6. 15.)

④ 수출입식물방제업등의 신고를 하려는 자는 농림축산식품부령으로 정하는 기준에 맞는 인력・시설・장비 등을 갖추어야 한다.(개정 2013. 3. 23., 2018. 12. 31., 2021. 6. 15.)

수출입식물방제업 및 항공방제업의 신고 [제5조]

① 법 제3조의2제1항에 따라 수출입식물방제업의 신고를 하려는 자는 별지 제7호서식의 신고서에 다음 각 호의 서류를 첨부하여 소재지를 관할하는 농림축산검역본부 지역본부장을 거쳐 농림축산검역본부장(이하 '검역본부장'이라 한다)에게 제출(정보통신망에 의한 제출을 포함한다)해야 한다.(개정 2013. 3. 23., 2019. 11. 14., 2022. 12. 14.)

1. 시설 및 장비의 명세서
2. 건물의 소유권 또는 사용권을 증명할 수 있는 서류(제5조의3 각 호의 서류로 확인할 수 없는 경우만 해당한다)
3. 방제기술자의 자격을 증명할 수 있는 서류

② 법 제3조의2제1항에 따라 항공방제업의 신고를 하려는 자는 별지 제7호의2서식의 신고서에 다음 각 호의 서류를 첨부하여 국립농산물품질관리원장에게 제출(정보통신망에 의한 제출을 포함한다)해야 한다.(신설 2022. 12.14.)

1. 시설 및 장비의 명세서
2. 건물의 소유권 또는 사용권을 증명할 수 있는 서류(제5조의3 각 호의 서류로 확인할 수 없는 경우만 해당한다)
3. 「농약관리법 시행령」(이하 '영'이라 한다) 제3조제2항 각 호의 어느 하나에 해당하는 것(이하 '항공기등'이라 한다)을 소유하거나 사용할 수 있는 권리가 있음을 증명할 수 있는 서류
4. 항공방제기술자의 자격을 증명할 수 있는 서류
5. 항공기 등에 대한 보험 또는 공제 가입을 증명할 수 있는 서류

③ 검역본부장 또는 국립농산물품질관리원장은 제1항 또는 제2항에 따른 신고가 있는 때에는 별표 1의2 또는 별표1의3의 신고기준에 적합한지의 여부를 검토한 후 이에 적합하다고 인정될 때에는 별지 제8호서식 또는 별지 제8호의 2서식의 신고증을 신고인에게 발급(정보통신망에 의한 발급을 포함한다)하고, 그 사실을 별지 제9호서식의 신고대장에 각각 기재해야 한다.(개정 2007. 11. 30., 2008. 7. 28., 2011. 6. 15., 2013. 3. 23., 2022. 12. 14.)

④ 제3항의 신고대장은 전자적 처리가 불가능한 특별한 사유가 있는 경우를 제외하고는 전자적 방법에 의하여 작성・관리해야 한다.(신설 2008. 7. 28., 2022. 12. 14.)

[전문개정 1999. 8. 23.] [제목개정 2022. 12. 14.]

수출입식물방제업 및 항공방제업의 변경신고 [제5조의 2]

① 법 제3조의2제1항 후단에서 "농림축산식품부령으로 정하는 중요한 사항"이란 다음 각 호의 사항을 말한다.(개정 2013. 3. 23., 2022. 12. 14.)

1. 법인명(상호명)
2. 사업장의 소재지
3. 대표자의 성명

4. 삭제(2022. 12. 14.)

5. 약제 창고의 소재지(수출입식물방제업만 해당한다)

6. 항공기 등의 종류 및 대수(항공방제업만 해당한다)

② 법 제3조의2제1항 후단에 따라 수출입식물방제업의 변경신고를 하려는 자는 별지 제7호서식의 변경신고서에 다음 각 호의 서류를 첨부하여 소재지를 관할하는 농림축산검역본부 지역본부장을 거쳐 검역본부장에게 제출(정보통신망에 의한 제출을 포함한다)해야 한다.(개정 2012. 3. 26., 2013. 3. 23., 2022. 12. 14.)

1. 수출입식물방제업 신고증

2. 신고사항의 변경을 증명하는 서류

③ 법 제3조의2제1항 후단에 따라 항공방제업의 변경신고를 하려는 자는 별지 제7호의2서식의 변경신고서에 다음각 호의 서류를 첨부하여 국립농산물품질관리원장에게 제출(정보통신망에 의한 제출을 포함한다)해야 한다.(신설 2022. 12. 14.)

1. 항공방제업 신고증

2. 신고사항의 변경을 증명하는 서류

④ 검역본부장 또는 국립농산물품질관리원장은 제2항 또는 제3항에 따른 변경신고가 있는 때에는 별표 1의2 또는 별표 1의3의 신고기준에 적합한지의 여부를 검토한 후 이에 적합하다고 인정될 때에는 별지 제8호서식 또는 별지 제8호의2서식의 신고증을 신청인에게 재발급(정보통신망에 의한 재발급을 포함한다)하고, 그 사실을 별지 제9호서식의 신고대장에 각각 적어야 한다.(개정 2013. 3. 23., 2022. 12. 14.), [본조신설 2012. 2. 3.], [제목개정 2022. 12. 14.]

항공방제업의 영업범위 [제5조의 4]

영 제3조제2항제2호에서 "농림축산식품부령으로 정하는 것"이란 「항공안전법 시행규칙」 제5조제5호가목의 무인동력비행장치를 말한다. [본조신설 2022. 12. 14.]

수출입식물방제업 등의 인력 · 시설 · 장비 등의 기준 [제6조의 2]

① 법 제3조의2제4항에 따른 수출입식물방제업의 인력 · 시설 · 장비 등의 기준은 별표 1의2와 같다.(개정 2019. 6. 26., 2022. 12. 14.)

② 법 제3조의2제4항에 따른 항공방제업의 인력 · 시설 · 장비 등의 기준은 별표 1의3과 같다.(신설 2022. 12. 14.), [본조신설 1999. 8. 23.], [제목개정 2022. 12. 14.]

제조업자 등의 지위승계 신고 [제7조]

① 법 제5조제1항에 따라 제조업자(법 제3조제1항 전단에 따라 제조업을 등록한 자를 말한다. 이하 같다) · 원제업자(법 제3조제1항 전단에 따라 원제업을 등록한 자를 말한다. 이하 같다) · 수입업자(법 제3조제1항 전단에 따라 수입업을 등록한 자를 말한다. 이하 같다) · 판매업자(법 제3조제2항 전단에 따라 판매업의 등록을 한 자를 말한다. 이하 같다), 수출입식물방제업자(법 제3조의2제1항 전단에 따라 수출입식물방제업의 신고를 한 자를 말한다. 이하 같다) 또는 항공방제업자(법 제3조의2제1항 전단에 따라 항공방제업의 신고를 한 자를 말한다. 이하 같다)의 지위를 승계한 자는 법 제5조제3항에 따라 그 승계한 날부터 1개월 이내에 별지 제10호 서식의 지위승계신고서에 등록증[법 제3조의2제1항에 따른 수출입식물방제업 등(이하 '수출입식물방제업 등'이라 한다)의 경우에는 신고증을 말한다]과 다음 각 호의 해당 서류를 첨부하여 농촌진흥청장, 시장 · 군수 · 구청장, 검역본부장 또는 국립농산물품질관리원장에게 제출해야 한다.(개정 2013. 3. 23., 2022. 12. 14.)

1. 상속의 경우: 상속인임을 증명할 수 있는 서류
2. 영업을 양수한 경우: 양수하였음을 증명하는 서류
3. 합병한 경우: 합병 후 존속하는 법인이나 합병에 따라 설립되는 법인임을 증명하는 서류

② 농촌진흥청장, 시장 · 군수 · 구청장, 검역본부장 또는 국립농산물품질관리원장은 제1항의 신고가 있는 때에는 신고인이 법 제5조제1항 각 호 외의 부분 단서에 따른 승계제외 사유에 해당되는지의 여부를 확인한 후 이에 해당되지 않으면 등록증 또는 신고증을 발급해야 한다.(개정 2013. 3. 23., 2022. 12. 14.)

신고증의 재발급 [제10조의 2]

수출입식물방제업 신고증 및 항공방제업 신고증의 재발급에 관하여 제10조제2호 · 제3호를 준용한다.(개정 2012. 2. 3., 2022. 12. 14.), [전문개정 2008. 7. 28.]

농약 등의 안전사용기준 등 [제23조]

① 방제업자(제3조의2제1항 전단에 따른 신고를 하지 아니하고 해당 업을 영위하는 자를 포함한다. 이하 같다)와 그 밖의 농약 등의 사용자는 농약 등을 안전사용기준에 따라 사용하고, 제조업자 · 수입업자 · 판매업자 및 방제업자는 농약 등을 취급제한기준에 따라 취급하여야 한다.(개정 021. 6. 15.)

② 농림축산식품부장관은 수출입식물방제업자 등에게, 농촌진흥청장 및 시장 · 군수 · 구청장은 그 밖의 농약 등의 사용자에게 제1항의 안전사용기준과 취급제한기준에 대한 교육을 실시하여야 한다.(개정 2021.6.15.)

③ 제3조제3항에 따른 판매관리인을 지정한 제조업자 · 수입업자 또는 판매업자는 판매관리인으로 하여금 농촌진흥청장이 실시하는 제1항에 따른 안전사용기준과 취급제한기준에 대한 교육을 받게 하여야 한다.

④ 제조업자 · 수입업자 또는 판매업자는 제1항에 따른 안전사용기준과 다르게 농약 등을 사용하도록 추천하거나 추천하여 판매하여서는 아니 된다.

⑤ 방제업자와 그 밖의 농약 등의 사용자는 다음 각 호의 어느 하나에 해당하는 농약 등을 사용하여서는 아니 된다.(개정 2021. 6. 15.)

1. 제8조제1항, 제17조제1항 또는 제17조의2제1항에 따라 등록되지 아니한 농약 등
2. 제17조제4항 전단에 따른 허가를 받지 아니한 농약
3. 제8조의2제1항에 따라 등록을 한 농약

⑥ 제조업자등 및 방제업자는 농약 등 또는 원제의 유출로 인한 사고를 예방하기 위하여 농약 등 또는 원제를 운반(제조업자등 및 방제업자 간 운반하는 경우에 한정한다)하는 차량에 개인보호장구 및 응급조치에 필요한 장비 등을갖추어야 한다. 이 경우 농약 등 또는 원제의 독성 정도 등을 고려하여 갖추어야 할 개인보호장구 및 응급조치에 필요한 장비 등의 구체적인 기준은 농림축산식품부령으로 정한다.(신설 2021. 11. 30.)

⑦ 농림축산식품부장관은 농약 등의 오남용 등으로 인한 환경오염의 방지 등을 위하여 필요한 조치를 마련하여야한다.(개정 2021. 6. 15., 2021. 11. 30.)

⑧ 제1항의 안전사용기준과 취급제한기준, 제2항 및 제3항의 교육의 실시에 필요한 사항은 대통령령으로 정한다.〈개정 2021. 11. 30.〉, [전문개정 2011. 7. 25.]

개인보호장구 등의 기준 [제24조의 3]

법 제23조제6항 후단에 따라 제조업자 등 및 방제업자가 갖추어야 할 개인보호장구 및 응급조치에 필요한 장비 등의 구체적인 기준은 별표 3의7과 같다.

■ 농약관리법 시행규칙 [별표 1의3] 〈신설 2022. 12. 14.〉

항공방제업의 신고기준 [제6조의2제2항 관련]

1. 인력

다음 각 목의 요건을 모두 갖춘 항공방제기술자 1명 이상을 둘 것

가. 국립농산물품질관리원장이 정하여 고시하는 바에 따라 실시하는 항공방제기술교육을 최근 3년 이내에 이수한 사람일 것

나. 다음의 어느 하나에 해당하는 사람일 것

1) 「고등교육법」에 따른 학교에서 농학·농생물학·농화학·응용생물학·원예학·원예과학·산림자원보호학·자원식물학·자원식물개발학·식물보호학 또는 식물방제학을 전공하고 졸업한 사람이나 이와 같은 수준 이상의 학력을 가진 사람

2) 「국가기술자격법 시행규칙」 별표 2에 따른 식물보호기사·식물보호산업기사 또는 농화학기술사(종전의 「국가기술자격법 시행규칙」 에 따른 농화학기사를 포함한다)의 자격증을 소지한 사람

3) 항공방제업무에 1년 이상 종사한 경력이 있는 사람

다. 제2호가목에 따른 항공기등을 조종할 수 있는 자격을 갖춘 사람

2. 장비

가. 1일 8시간을 기준으로 10만제곱미터 이상의 면적을 방제할 수 있는 항공기 등을 갖출 것.

나. 2명 이상 교신이 가능한 무전기를 갖출 것.

다. 화재예방을 위한 소화기를 갖출 것.

라. 구급약품을 갖출 것.

3. 그 밖의 사항

제2호가목에 따른 항공기등에 대하여 「항공사업법」 제70조에 따른 보험 또는 공제에 가입되어 있을 것

■ 농약관리법 시행규칙 [별표 3의7] (신설 2022. 12. 14.)

개인보호장구 및 응급조치에 필요한 장비 등의 기준 [제24조의3 관련]

1. 농약 등을 운반하는 경우

가. 맹독성 및 고독성 농약 등을 운반하는 경우

1) 방진마스크 2급 이상

2) 화학물질용 보호복 4형식 이상

3) 화학물질용 안전장갑

4) 흡착포, 흡착제 및 삽

나. 보통 독성 이하의 농약 등을 운반하는 경우

1) 니트릴글로브 또는 라텍스글로브 이상의 장갑

2) 흡착포, 흡착제 및 삽

2. 원제를 운반하는 경우

가. 「화학물질관리법」에 따른 금지물질 또는 유독물질에 해당하는 원제를 운반하는 경우: 제1호가목1)부터 4)까지에 해당하는 것

나. 가목에 따른 원제 외의 원제를 운반하는 경우: 제1호나목1) 및 2)에 해당하는 것

■ 농약관리법 시행규칙 [별지 제7호의2서식] 〈신설 2022. 12. 14.〉

항공방제업 [ ]신고서 [ ]변경신고서

접수번호	접수일	처리일	처리기간 30일

신청인	법인명(상호명)		사업자등록번호
	주소(법인은 주된 사무소 소재지)		
	대표자 성명		
	전화번호	휴대전화번호	전자우편 주소

신고사항	항공기, 경량항공기 또는 무인동력비행장치의 종류 및 대수
	항공방제기술자 성명

변경신고 사항	구분	변경 전	변경 후

본인의 이-메일, 휴대폰 등을 이용해 신고서 처리와 관련된 정보 제공에 동의하십니까 ? [ ]예 [ ]아니오

「농약관리법」 제3조의2 및 같은 법 시행규칙 제5조제2항·제5조의2제3항에 따라 위와 같이 신고합니다.

년 월 일

신고인 (서명 또는 인)

국립농산물품질관리원장 귀하

첨부서류	신고 시	1. 시설 및 장비의 명세서 1부 2. 건물의 소유권 또는 사용권을 증명할 수 있는 서류 1부(건물등기사항증명서로 확인할 수 없는 경우만 해당합니다) 3. 항공기, 경량항공기 또는 무인동력비행장치를 소유하거나 사용할 수 있는 권리가 있음을 증명할 수 있는 서류 1부 4. 항공방제기술자의 자격을 증명할 수 있는 서류 1부 5. 항공기, 경량항공기 또는 무인동력비행장치에 대한 보험 또는 공제 가입을 증명할 수 있는 서류 1부	수수료: 「농약관리법 시행규칙」 별표 7에 따름
		담당 공무원 확인 사항: 건물등기사항증명서	
	변경신고 시	1. 항공방제업 신고증 1부 2. 신고사항의 변경을 증명하는 서류 1부	

처리절차

신고서(변경신고서) 작성	➔	접수	➔	검토	➔	신고증 발급(재발급)
신고인		국립농산물품질관리원장		국립농산물품질관리원장		

210mm×297mm[백상지(80g/㎡) 또는 중질지(80g/㎡)]

■ 농약관리법 시행규칙 [별지 제8호의2서식] <신설 2022. 12. 14.>

제 호

No.

항공방제업 신고증

Certificate of declaration for aerial application business

1. 법인명(상호명):
   Name of company
2. 사업장 소재지:
   Location of business
3. 대표자 성명:
   Name of representative
4. 항공기 · 경량항공기 · 무인동력 비행장치 종류 및 대수:
   The type and number of aircraft · drone

「농약관리법」 제3조의2에 따라 위와 같이 신고하였음을 증명합니다.

This is to certify that the above mentioned company is declared to the National Agricultural Products Quality Management Service according to the requirements in Article 3.2 of Pesticide Control Act.

년 월 일

Year/Month/Day

국립농산물품질관리원장

Director General of the National Agricultural Products Quality Management Service

직인

210mm×297mm[백상지(150g/㎡)]

[별지 제9호서식] 〈개정 2022. 12. 14.〉

[ ]수출입식물방제업 [ ]항공방제업

신고번호	신고일	법인(상호)명	사업장 소재지	대표자 성명	방제기술자 또는 항공방제기술자 성명	비고

210㎜×297㎜[보존용지(1종) 120g/㎡]

3 항공방제업관리규정

[국립농산물품질관리원 고시 제2023-8호, 2023.5.8. 제정]

제1장 총칙

목적 [제1조] 이 규정은 항공방제업 관리와 관련하여 「농약관리법」 제3조의2, 제5조부터 제7조까지, 제23조, 제23조의2, 제24조, 제25조, 제28조, 제29조, 같은 법 시행령 제3조, 제21조, 제21조의2, 제22조, 제23조 및 같은 법 시행규칙 제5조, 제5조의2, 제5조의4, 제6조의2, 제7조, 제9조, 제10조의2, 제11조, 제24조의3, 제24조의4, 제31조의 규정에 따른 항공방제업 신고, 사후관리 및 방제기술 교육에 필요한 세부사항을 정함을 목적으로 한다.

정의 [제2조] 이 규정에 사용하는 용어의 뜻은 다음과 같다.

1. **항공방제업자**(이하 '방제업자'라 한다)란 「농약관리법」(이하 '법'이라 한다) 제3조의2 및 같은 법 시행규칙(이하 '시행규칙'이라 한다) 제5조에 따라 국립농산물품질관리원장(이하 '농관원장'이라 한다)으로부터 항공방제업 신고증을 발급받아 항공방제업(이하 '방제업'이라 한다)을 하려는 자를 말한다.
2. **항공방제기술자**(이하 '방제기술자'라 한다)란 시행규칙 제6조의2제2항에 명시된 인력기준을 갖춘 자를 말한다.
3. **항공방제**란 항공기, 무인동력비행장치를 이용하여 농약을 살포하는 것을 말한다.
4. **무인동력비행장치**란 「항공안전법 시행규칙」 제5조에 명시된 무인비행기, 무인헬리콥터 또는 무인멀티콥터를 말한다.
5. **야간 방제**란 일몰 후부터 일출 전까지의 야간에 방제하는 행위를 말한다.
6. **항공방제기술교육**(이하 '방제기술교육'이라 한다)이란 농약 및 항공관련 법규, 농약 등의 안전사용기준과 취급제한기준에 대한 교육을 말한다.

제2장 방제업의 신고 및 사후관리

방제업의 신고 [제3조] 법 제3조의2, 시행규칙 제5조에 따라 방제업 신고를 하고자 하는 자는 시행규칙 별지 제7호의2서식의 항공방제업 신고서를 방문, 우편, 팩스 등을 통해 해당 지역을 관할하는 국립농산물품질관리원 지원장(이하 "관할 지원장"이라 한다)에게 제출하여야 한다.

방제업 현지조사 [제4조] 항공방제업 신고서를 접수한 관할 지원장은 시설, 장비 등이 시행규칙 별표 1의3 항공방제업의 신고기준에 적합한지를 현지 조사하고 그 결과를 별지 제1호서식으로 작성한다. 다만, 시설 및 장비 등이 관할지역 외에 위치한 경우에는 해당지역 지원장에게 현지조사를 요청할 수 있으며, 이 경우 요청받은 지원장은 검사결과를 관할 지원장에게 통보하여야 한다.

신고증 발급 [제5조] 관할 지원장은 신고를 접수 받은 날부터 30일 이내에 조사결과서를 검토하여 시행규칙 별표 1의3 항공방제업의 신고기준에 적합하다고 인정되는 경우에는 시행규칙 제5조제3항에 따라 신고증을 발급하고 그 사실을 시행규칙 별지 제9호서식의 신고대장에 기록·관리하여야 한다. 다만, 전산시스템으로 기록·관리할 수 있다.

방제업체의 관리 [제6조] ① 관할 지원장은 법 제24조에 따라 관할지역에 소재하는 방제업의 인력·시설·장비 등에 대하여 검사하여야 하며, 검사 7일 이전에 검사의 일시, 목적, 대상 등을 방제업자에게 무선 또는 유선으로 알려야 한다.

② 관할 지원장은 방제업자의 시설 등이 관할지역 외에 있는 경우에는 해당지역 지원장에게 검사를 요청할 수 있으며, 이 경우 요청받은 지원장은 검사결과를 관할 지원장에게 통보하여야 한다.

③ 관할 지원장은 제1항에 따른 검사결과 인력·시설·장비 등이 시행규칙 별표 1의3 항공방제업의 신고기준에 적합하지 아니한 경우에는 법 제25조에 따라 해당 방제업자에 대하여 기한을 정하여 보완을 명할 수 있다.

방제업의 변경사항 신고 등 [제7조] ① 방제업자는 시행규칙 제5조의2제1항에 따른 신고사항 변경이 있는 경우에는 30일 이내에 관할 지원장에게 시행규칙 별지 제7호의2서식으로 변경 내역을 신고하여야 한다.

② 방제업자로부터 제1항의 변경신고를 받은 관할 지원장은 필요 시 현지 검사를 실시하여 신고기준에 적합한 경우에는 시행규칙 별지 제8호의2서식의 신고증을 재발급하여야 한다.

처리기한 [제8조] 제3조 및 제7조에 따른 방제업의 신고 또는 변경신고는 그 관련 서류를 접수한 날부터 30일 이내에 처리하여야 한다. 다만, 처리기간에 산입하지 아니하는 기간에 대해서는 「행정절차법 시행령」 제11조의 규정을 준용한다.

자료 등의 보완요구 [제9조] ① 관할 지원장은 방제업자가 제출하는 각종 신고서 및 첨부서류 등이 미비한 때에는 일정기한을 정하여 방제업자에게 이를 시정 또는 보완하도록 요구할 수 있다.

② 관할 지원장은 제1항에 따른 시정 또는 보완이 완료될 때까지 항공방제업자가 제출한 신고서 및 첨부서류 등의 접수를 미룰 수 있으며, 그 정한 기한 내에 요구사항을 시정 또는 보완하지 않을 경우에는 제출된 신고서 및 첨부서류 등을 반려할 수 있다.

방제 실적 제출 [제10조] 방제업자는 항공방제 약제별 사용량, 대상 작물명 및 방제면적에 대한 항공방제 실적을 다음 해 1월 10일까지 별지 제2호 서식으로 관할 지원장에게 제출하여야 한다. 다만, 전산시스템에 항공방제 실적을 입력하는 경우에는 서면 제출을 생략할 수 있다.

방제업자에 대한 행정처분 등 [제11조] ① 방제업자에 대한 행정처분은 법 제7조제3항에 따르며 처분의 세부기준은 시행규칙 별표 2에 따른다.

② 법 제7조제3항제5호 및 시행규칙 제11조 별표 2 Ⅱ 제18호의2다목에 따른 약제살포 등 항공방제 작업을 부실하게 한 경우 또는 같은 호 라목의 농산물의 안전성을 위해할 경우란 다음 각 호와 같다.

1. 농약 살포 구역을 확인하지 않고 살포한 경우
2. 야간 방제를 하는 경우
3. 방제기술자 없이 방제 작업을 실시한 경우
4. 농약의 주의사항에 따르지 않고 방제 작업을 실시한 경우

5. 항공방제 대상 농작물 이외의 농작물에 농약 피해가 발생하지 않도록 조치하지 아니한 경우
6. 그 밖에 항공방제 작업을 부실하게 하여 방제 효과를 저하시킨 경우

③ 법 제7조제3항제5호 및 시행규칙 제11조 별표 2 Ⅱ 제18호의2마목에 따른 항공방제의 위해방지를 위하여 조치할 사항을 준수하지 아니한 경우는 다음 각 호와 같다.

1. 사람, 시설, 동·식물에 피해가 발생하지 않도록 조치하지 아니한 경우
2. 고의적으로 전파의 혼선 등을 이용하여 인접한 기체를 파손한 경우
3. 개인보호장구를 미비한 경우
4. 농약 보관 및 관리상태가 부적절한 경우
5. 음주자 등을 작업에 참여시킨 경우
6. 그 밖의 위해 방지를 위하여 조치할 사항을 준수하지 아니한 경우

청문절차 [제12조] ① 관할 지원장은 법 제29조에 따라 방제업자에 대하여 청문을 실시할 경우 청문 예정일 10일 전까지 방제업자에게 서면으로 청문계획을 통지하여야 한다. 이 경우 정당한 사유 없이 응하지 않을 때에는 의견진술의 기회를 포기한 것으로 본다는 뜻을 분명하게 밝혀야 한다.

② 제1항에 따른 통지를 받은 방제업자 또는 그 대리인은 지정된 날에 출석하여 의견을 진술하거나 지정된 날까지 서면으로 의견을 제출할 수 있다.

③ 제2항에 따라 방제업자 또는 그 대리인이 출석하여 의견을 진술할 때에는 관계 공무원은 그 요지를 서면으로 작성하여 출석자 본인으로 하여금 이를 확인하게 한 후 서명 날인하게 하여야 한다.

준수사항 [제13조] 방제업자는 이 규정에서 정한 사항 이외에 다음 각 호의 사항을 준수하여야 한다.

1. 「농약관리법」, 같은 법 시행령 및 시행규칙 등 「농약관리법」 관계 규정
2. 「항공안전법」, 같은 법 시행령 및 시행규칙 등 「항공안전법」 관계 규정
3. 「항공사업법」, 같은 법 시행령 및 시행규칙 등 「항공사업법」 관계 규정
4. 「산업안전보건법」, 같은 법 시행령 및 시행규칙 등 「산업안전보건법」 관계 규정

제3장 방제기술교육 등

교육대상 [제14조] ① 법 제23조에 따라 방제기술자가 되려는 자와 방제업자 또는 방제기술자로 계속 종사하려는 자를 교육대상자로 한다.

② 방제업자는 방제기술자로 하여금 방제기술교육을 받게 할 수 있다.

교육의 구분 [제15조] 방제기술자가 되려는 자는 방제기술교육을 받아야 하고 방제업자 또는 방제기술자로 종사하는 자는 3년마다 방제기술교육을 받아야 한다.

교육계획 수립 및 통보 [제16조] ① 국립농산물품질관리원장은 다음 각 호의 사항이 포함된 방제기술교육 계획을 매년 수립하여 국립농산물품질관리원 홈페이지에 게재하여야 한다.

1. 교육대상자 및 예상인원
2. 교육일정 및 교육장소
3. 교육실시 방법
4. 교육과목 및 교육내용
5. 그 밖의 교육시행에 필요한 사항

② 관할 지원장은 제1항에 따라 연간 교육계획을 참조하여 교육일정 및 장소 등을 방제업자에게 우편 또는 전자우편 등으로 안내할 수 있다.

③ 교육은 집합교육의 방법으로 한다. 다만 국내·외 항공방제 교육 여건을 고려하여 위탁 교육, 온라인 교육 등 다양한 교육 방법을 활용할 수 있다.

교육과목 및 시간 [제17조] ① 교육과목은 농약 및 항공관련 법규, 농약안전사용기준과 취급제한기준 등의 내용을 포함하여야 한다.

② 교육대상자가 이수해야 하는 교육 시간은 2시간 이상으로 한다.

교육신청 [제18조] ① 방제기술교육을 받고자 하는 자는 별지 제3호서식의 교육신청서를 교육개시 20일전까지 지역 관할 지원에 방문하거나, 우편, 팩스를 통하여 제출하여야 한다.

② 교육신청은 교육대상자가 직접 신청하여야 한다.

③ 관할 지원장은 교육개시 7일 전까지 교육대상자를 확정하고 이를 국립농산물품질

관리원 홈페이지에 게시하여야 한다.

이수증 발급 [제19조] ① 관할 지원장은 방제기술교육을 이수한 자에게 별지 제4호서식에 따른 이수증을 발급하여야 한다.

② 제1항에 따라 이수증을 발급한 때에는 별지 제5호 서식에 따른 이수증 발급대장에 발급 사항을 기재하여야 한다.

이수증 재발급 및 기재사항 변경 [제20조] ① 이수증을 발급 받은 자가 이수증의 분실이나 기재사항에 변경이 있는 때에는 별지 제6호 서식에 따른 이수증 재발급 신청을 하여야 한다.

② 관할 지원장은 제1항의 신청서를 접수한 경우 이를 검토하여 타당하다고 인정할 경우 재발급하고 발급대장에 발급 사항을 기재하여야 한다.

이수증 유효기간 [제21조] 이수증의 유효기간은 교육이수일로부터 3년으로 한다.

재검토기한 [제22조] 농관원장은 이 고시에 대하여 「훈령・예규 등의 발령 및 관리에 관한 규정」에 따라 2023년 7월 1일을 기준으로 매 3년이 되는 시점(매 3년째의 6월 30일까지를 말한다)마다 그 타당성을 검토하여 개선 등의 조치를 하여야 한다.

부 칙

이 고시는 2023년 발령한 날부터 시행한다.

■ 항공방제업관리규정 [별지 제1호서식]

항공방제업 신고기준 조사결과			
1. 조사일자 :			
2. 조사장소 :			
3. 조사자 :			
4. 신청인			
법인명 (대표자)		주 소 (전화번호)	
5. 조사 내용			
가. 구비서류			

조사항목	조사결과
① 항공방제업 신고서	
② 시설 및 장비의 명세서	
③ 건물의 소유권 또는 사용권을 증명할 수 있는 서류	
④ 항공기 또는 무인동력비행장치를 소유하거나 사용할 수 있는 권리가 있음을 증명하는 서류	
⑤ 항공방제기술자의 자격을 증명할 수 있는 서류	
⑥ 항공기 또는 무인동력비행장치의 보험 및 공제 가입 서류	

나. 신고기준

조사항목	조사결과
① 인력	
② 시설 및 장비	
③ 기타	

6. 종합 검토 의견

210mm×297mm[백상지 80g/㎡]

■ 항공방제업관리규정 [별지 제2호서식]

<table>
<tr><th colspan="7">항공방제업 실적 보고</th></tr>
<tr><td colspan="7">1. 법인명(상호명) :</td></tr>
<tr><td>전화번호</td><td colspan="2"></td><td>주 소</td><td colspan="3"></td></tr>
<tr><td colspan="7">2. 방제기술자 성명 :</td></tr>
<tr><td colspan="7">3. 방제실적</td></tr>
<tr><td>방제기기</td><td>사용일자
(방제일자)</td><td>방제장소</td><td>사용대상
작물명</td><td>방제면적
(ha)</td><td>농약
품목명</td><td>농약
사용량(L)</td></tr>
<tr><td></td><td></td><td></td><td></td><td></td><td></td><td></td></tr>
<tr><td></td><td></td><td></td><td></td><td></td><td></td><td></td></tr>
<tr><td></td><td></td><td></td><td></td><td></td><td></td><td></td></tr>
<tr><td></td><td></td><td></td><td></td><td></td><td></td><td></td></tr>
<tr><td></td><td></td><td></td><td></td><td></td><td></td><td></td></tr>
<tr><td></td><td></td><td></td><td></td><td></td><td></td><td></td></tr>
<tr><td></td><td></td><td></td><td></td><td></td><td></td><td></td></tr>
<tr><td></td><td></td><td></td><td></td><td></td><td></td><td></td></tr>
<tr><td></td><td></td><td></td><td></td><td></td><td></td><td></td></tr>
<tr><td></td><td></td><td></td><td></td><td></td><td></td><td></td></tr>
<tr><td></td><td></td><td></td><td></td><td></td><td></td><td></td></tr>
<tr><td></td><td></td><td></td><td></td><td></td><td></td><td></td></tr>
<tr><td></td><td></td><td></td><td></td><td></td><td></td><td></td></tr>
<tr><td></td><td></td><td></td><td></td><td></td><td></td><td></td></tr>
<tr><td></td><td></td><td></td><td></td><td></td><td></td><td></td></tr>
</table>

210mm×297mm[백상지 80g/㎡]

■ 항공방제업관리규정 [별지 제3호서식]

<table>
<tr><td colspan="6">항공방제기술교육 신청서</td></tr>
<tr><td colspan="2">신청구분</td><td colspan="4">□ 업체 대표자 신청 □ 방제기술자 신청</td></tr>
<tr><td rowspan="2">대표자</td><td>법인명(상호명)</td><td></td><td>대표자 성명</td><td colspan="2"></td></tr>
<tr><td>전화번호</td><td></td><td>주 소</td><td colspan="2"></td></tr>
<tr><td rowspan="2">방제기술자</td><td>성명</td><td></td><td>전화번호</td><td colspan="2"></td></tr>
<tr><td>생년월일✣</td><td></td><td>근무년수</td><td colspan="2"></td></tr>
<tr><td colspan="2">전회 이수증 발급일</td><td></td><td>이수증 번호</td><td colspan="2"></td></tr>
<tr><td colspan="2">교육희망장소</td><td colspan="4"></td></tr>
<tr><td colspan="6">✣ 본인은 항공방제기술교육 신청 및 이수와 관련하여 개인정보보호법 제15조제1항(개인정보의 수집·이용)에 따라 본인의 개인정보를 제공할 것을 동의합니다.
신청인 (서명 또는 인)</td></tr>
<tr><td colspan="6">「항공방제업관리규정」 제18조에 따라 항공방제기술 교육 신청서를 제출합니다.

20 . . .

신청인 : 서명 또는 날인

국립농산물품질관리원장 ○○ 지원장 귀하</td></tr>
</table>

210mm×297mm[백상지 80g/㎡]

■ 항공방제업관리규정 [별지 제4호서식]

항공방제기술교육 이수증	
법인명(상호명)	
성명(생년월일)	
주소	
이수증 번호	
유효기간	

위 사람은 「항공방제업관리규정」 제19조에 따른 항공방제기술 교육을 이수하였기에 이 증서를 수여합니다.

20 . . .

국립농산물품질관리원장 직인

210mm×297mm[백상지 80g/㎡]

■ 항공방제업관리규정 [별지 제5호서식]

항공방제기술 교육 이수증 발급대장

이수증 번호	법인명 (상호명)	성명 (생년월일)	주소	발급 일자	유효 기간

210㎜×297㎜[백상지(80g/㎡) 또는 중질지(80g/㎡)]

■ 항공방제업관리규정 [별지 제6호서식]

항공방제기술 교육 이수증 재발급 신청서	
법인명(상호명)	
성명(생년월일)	
주소	
이수증 번호	
재발급 사유	
20 . . . 신청인 : 서명 또는 날인 **국립농산물품질관리원장 ○○ 지원장 귀하**	

210㎜×297㎜[백상지(80g/㎡) 또는 중질지(80g/㎡)]

항공방제업자의 정의와 위해 방지사항 등이 제정됨에 따라 항공방제업 종사자의 준수사항은 항공법의 비행준수사항을 포함하여 다수가 늘어나게 되었다.

이는 무분별한 항공방제업을 진출을 제한하여 농업인, 방제업체, 작물보호제 제조업체간 농약피해와 관련된 분쟁을 줄이기 위한 제도로 도입되었다. 또한 방공 방제업 종사자의 건강 증진과 위해 방지를 위한 항목도 신설되었다.

제 21조 3항의 경우 특정 농약의 이름을 계시하거나 동영상 플랫폼에 명시하는 경우 통신판매 행위에 해당하여 처벌의 대상이 된다. 또한 자격이 없는 사람이 강의 등의 활동에서 특정 농약명을 명시하여 효과를 언급할 경우 방문 판매 행위에 해당되므로 주의할 필요가 있다.

P/A/R/T

02

드론과 항공 방제 원리

드론과 항공 방제 원리

1 드론의 비행과 분사

드론은 다중로터가 회전하며 양력을 발생시킨다. 다운워시(Down wash)와 회전성 상대풍(Rotational Relative wind), 유도흐름(Rotational relative wind)에 의하여 드론은 공중에 부양하게 된다. 후방 난기류에 의하여 약제의 분사 성향이 달라지게 된다. 전후진 회전 등의 명령이 FC에 도달하게 되면 모터의 회전수가 변화하게 되고 이에 따라 앞에서 언급한 여러 역학적 움직임이 변화하며 운행하게 된다.

하지만 비행 원리에 더해 이러한 드론이 발생시키는 드론 주변의 유체역학적 공기의 움직임이 실제 방제작업을 진행할 경우 어떠한 영향을 미치고 있는지에 관해서는 국내 어느 기관에서도 인과관계에 관한 연구나, 이에 따른 어떠한 교육도 진행시키지 않고 있는게 현실이다.

현재 국내 자격증제도 교육 자료에서 비행원리[1]를 베르누이의 정리로 설명하고 있지만, 이는 이미 과학계에서 올바른 적용 이론이 아니라는 것이 주된 논리임에도 따라오지 못하고 있는 것과도 일맥상통한다.

① 드론은 회전축의 개수와 구성에 따라 다르게 발생하는 **다운워시**(Down wash)와 **유도흐름**(Rotational relative wind)에 의하여 스프레이 노즐에서 분사된 약제의 분사형상에 변화가 발생하게 되고, **스트림튜브**(Stream Tube)의 형상과 이들 사이에 형성된 기압골, 나선형 난기류는 작물에 도달하는 약제의 비율의 변화가 발생하게 된다. 또한 노즐의 위치와 노즐의 종류에 따른 분사 형상, 분사되는 약제의 액적크기, 희석 약제의 점성이 각기 영향을 주어, 약제의 부양 시간과, 낙하위치, 이동 경로도 달라진다.

1) 비행원리는 베르누이의 정리가 아닌 '주코프스키 이론'에 의하여 설명 가능하다.

② 핵사 이상의 멀티콥터의 경우 I형 기체와 V형 기체가 다른 형상의 스트림튜브를 형성하고 간섭으로 변형되며 후방 난기류를 형성하며, 로터의 회전방향의 구성에 따라 또다시 난기류의 형상이 변화하게 된다.

드론의 비행과정에서 발생하는 하향풍과 주변 난기류는 절대 피할 수 없는 변수 요건으로 작용하게 되며, 이를 올바로 이해하지 못하면 방제품질에 지대한 영향을 받게 되고 방제 품질의 저하와 비산의 증가로 이어질 수밖에 없다.

1 드론의 고도와 비행속도에 따른 하향풍의 영향 변화

회전익 무인 비행장치인 드론은 이륙중량에 따른 고유의 하향풍이 존재한다.

① 일반적인 드론과는 달리 방제용 드론은 작업중 약제의 살포로 인해 총 비행 이륙중량에 변화가 발생하고, 이는 하향풍의 강도와 스트림튜브의 형상을 변화시킨다. 또한 프로펠러의 회전 속도가 달라지며 드론이 비행하는 주변 공간의 난기류의 형성위치, 강도와 지속 거리에도 변화가 발생된다.

② 하지만 변화하는 총 이륙중량과 비행 속도에 따라 하향풍의 강도와 형상이 달라진다는 것을 간과하는 경향이 강하다. 이는 하향풍과 스프림튜브의 형상이 방제효과와 관계가 없어서라기보다 둘 사이에 어떠한 인과관계가 있는지 알지 못하기 때문이다.

방제용 무인 비행장치의 경우 살포에 따른 중량 감소와 하향풍의 관계를 고려하여, 살포 높이를 조절하여야 효과적인 방제효과를 가져올 수 있다는 것을 명심하자.

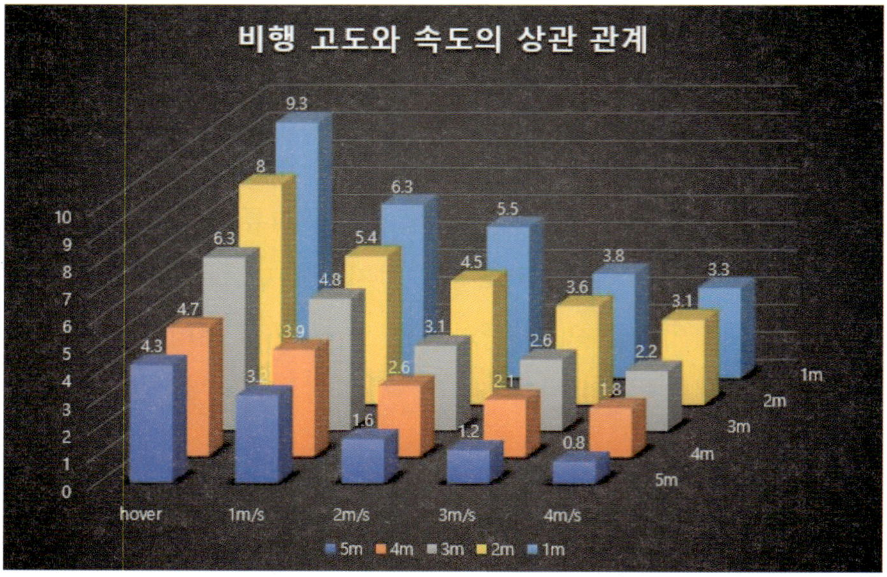

그림 이륙중량 25kg의 드론비행 시 발생되는 하향풍과 비행 속도에 따른 지면 하향풍의 변화

구 분	호버링 하향풍	1m/sec	2m/sec	3m/sec	4m/sec
1m	9.3	6.3	5.5	3.8	3.3
2m	8.0	5.4	4.5	3.6	3.1
3m	6.3	4.8	3.1	2.6	2.2
4m	4.7	3.9	2.6	2.1	1.8
5m	4.3	3.2	1.6	1.2	0.8

※ 테스트 조건 : 고도 – 지면 50cm, 풍속계 장착 / 5회 테스트 평균치임.

③ 비행시 발생되는 하향풍의 강도는 노즐에서 분사하여 출발한 약제의 이동경로와 작물까지의 도달 시간 그리고 작물의 형상에 따라 낙하범위 및 약제의 적층 위치의 변화가 발생하게 된다.

위의 그래프에서 볼 수 있듯이 호버링 중에 발생하는 하향풍은 지면에 도달하는 강도가 가장 강력하며, 고도가 높아질수록 지면에 미치는 하향풍의 영향이 약해지게 된다. 또한 드론이 전·후진 등의 이동을 시작하게 되면 지면에 미치는 하향풍의 강도가 달라지게 되는데, 속도가 빨라질수록 하향풍의 강도도 적어지게 된다.

다음 그래프에선 살포가 시작되며 총 이륙중량이 적어졌을 때의 하향풍을 나타낸다. 약제의 소모가 진행되며 총 이륙 중량이 적어지게 되는데 이때에도 지면에 미치는 하향풍은 약해지게 된다.

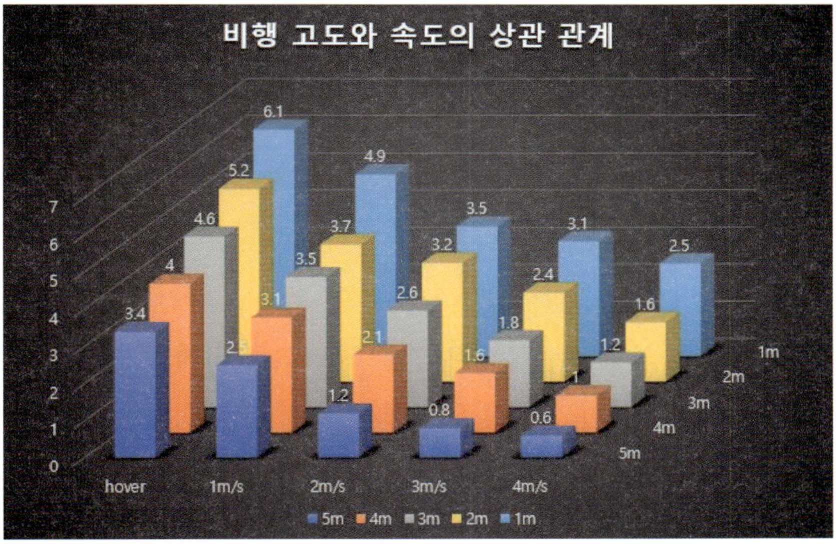

그림 이륙중량 20kg의 드론비행 시 발생되는 하향풍과 비행 속도에 따른 지면 하향풍의 변화

구 분	호버링 하향풍	1m/sec	2m/sec	3m/sec	4m/sec
1m	6.1	4.9	3.5	3.1	2.5
2m	5.8	3.7	3.2	2.4	1.6
3m	4.6	3.5	2.6	1.8	1.2
4m	4.0	3.1	2.1	1.6	1.0
5m	3.4	2.5	1.2	0.8	0.6

※ 테스트 조건 : 고도 - 지면 50cm, 풍속계 장착 / 5회 테스트 평균치임.

최근 보급되는 드론의 적제 중량의 증가로 총 이륙중량의 변화폭이 매우 커지게 되었으며, 이로 인한 하향풍의 감소도 더욱 심화되어진다.

2 하향풍의 강도변화와 스프레이 약제의 도달 범위 변화

농작업 진행시 살포가 시작되며 약제의 소모가 진행될수록 총 이륙중량이 적어지게 되면 단순히 하향풍의 강도만 적어지는 것이 아니라 스프레이 노즐에서 출발한 분사 약제작물 도달 범위와 적층 비율에서도 변화가 발생한다.

3 비행 높이와 후방 난기류의 분포

해당 실험은 3m 고도에서 발생하는 난기류의 분포를 확인하기 위해 실행되었다.

이 그래프는 하향풍의 수직이동으로 인한 지면의 도달과 비행 속도 증가에 의한 후방 난기류가 지면을 향한 스트림튜브에서 분리되는 형상을 보여준다.

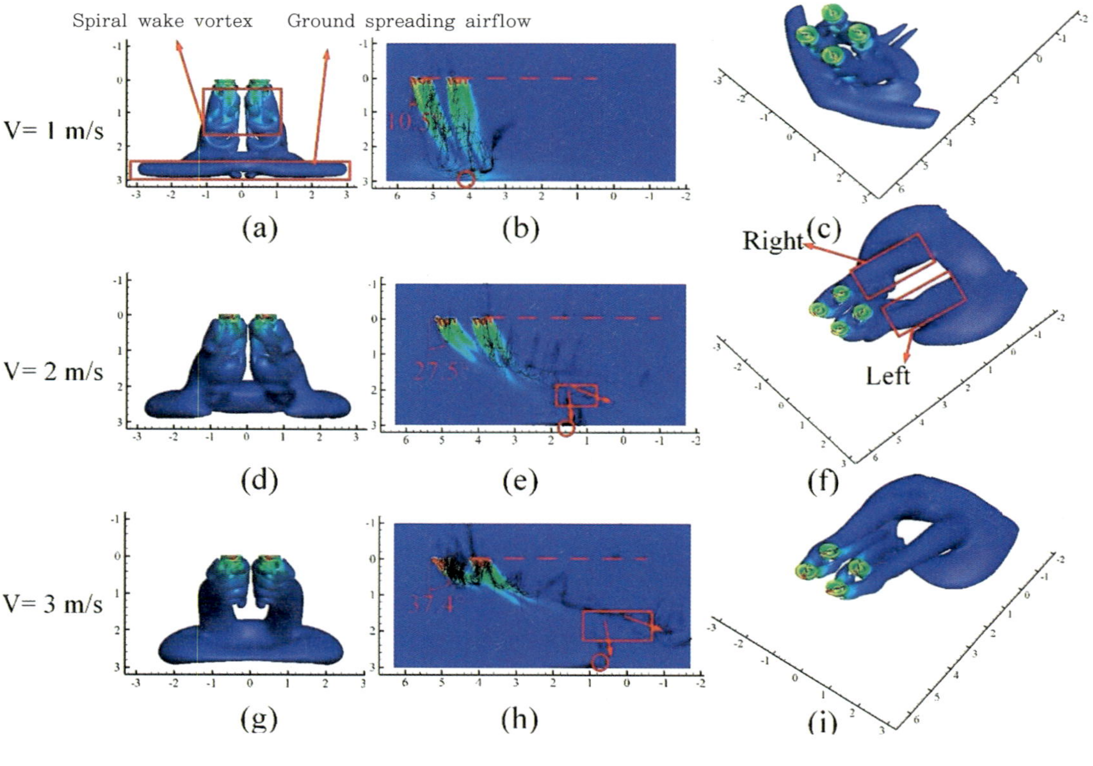

그림 비행 고도에 따른 하향풍의 도달 위치와 나선형 난기류의 형성

(d) 그림을 보면 1m/s의 속도에서 10.5도의 각도를 가진 하향풍이 기체 중심부의 약 1m 이내에 도달하는 것을 알 수 있다.

(e) 의 그림을 면 2m/s의 속도에서 27.5도의 각도를 가지게 되며 하향풍이 기체 중심부의 약 3m 뒤에 도달하는 것을 알 수 있다.

하지만 (e)의 네모 칸을 보면 하향풍이 상쇄되어 지면으로 향하던 하향풍의 일부가 분리되어 지면에 도달하지 못하고 나선형 모양의 소용돌이를 형성하여 뒤로 흐르게 된다.

또한 이러한 소용돌이는 공기중에 부유하는 물방울을 흡착하여 빨아들이며 노즐에서 분사되어 흡착되지 못하고 부유하는 물방울을 지면으로부터 말아 올릴 수 있게 된다.

(h)의 경우 3m/s의 속도에서 지면에 도달하는 하향풍이 거의 사라지고 후방으로 형성되는 나선 모양의 난기류에 수렴되는 것을 볼 수 있다.

이러한 나선형 모양의 난기류 형성 현상은 드론의 비행 속도가 증가할수록 드론의 로터로부터 가까워지며, 100㎛이하의 미세한 물방울을 빨아들이고 소용돌이가 붕괴되어 사라질 때까지 반복 흡착하게 된다.

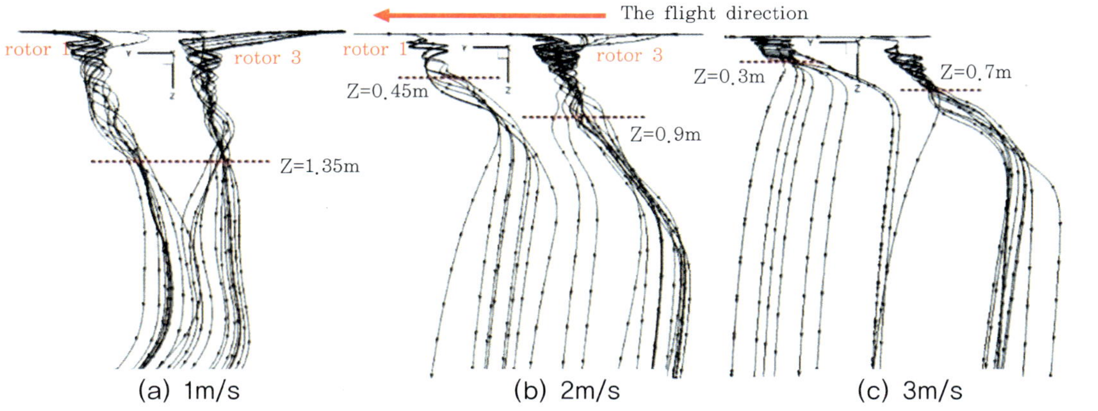

그림 비행 속도에 따른 하향 나선형 스트림튜브의 거리

때문에 노즐에서 분사된 약제가 공기 중에 더 오래 부양하게 되고 수분이 증발하고 비산이 심해지게 된다.

또한 비행속도가 입계점을 넘어서게 되면 나선형 난기류의 형성이 심해져 드론의 비행 고도보다 높아지게 된다.

이는 드론의 로터 회전으로 인해 흡입되는 대기에 약제가 다시 빨아 들여지는 엉김현상(Drouplet Drift)의 시작이기도 하다,

4 고도와 비행 속도에 따른 하향풍의 강도

사용하는 드론의 총 이륙중량에 따라 하향풍이 강도가 다르지만 우리가 여기서 유추할 수 있는 또 다른 하나는 비행 속도가 증가함에 따라 비행 고도를 낮게 함으로써 이러한 나선형 후방 난기류의 영향을 줄이고 지면으로 향하는 하향풍의 강도를 키울 수 있다는 것이다.

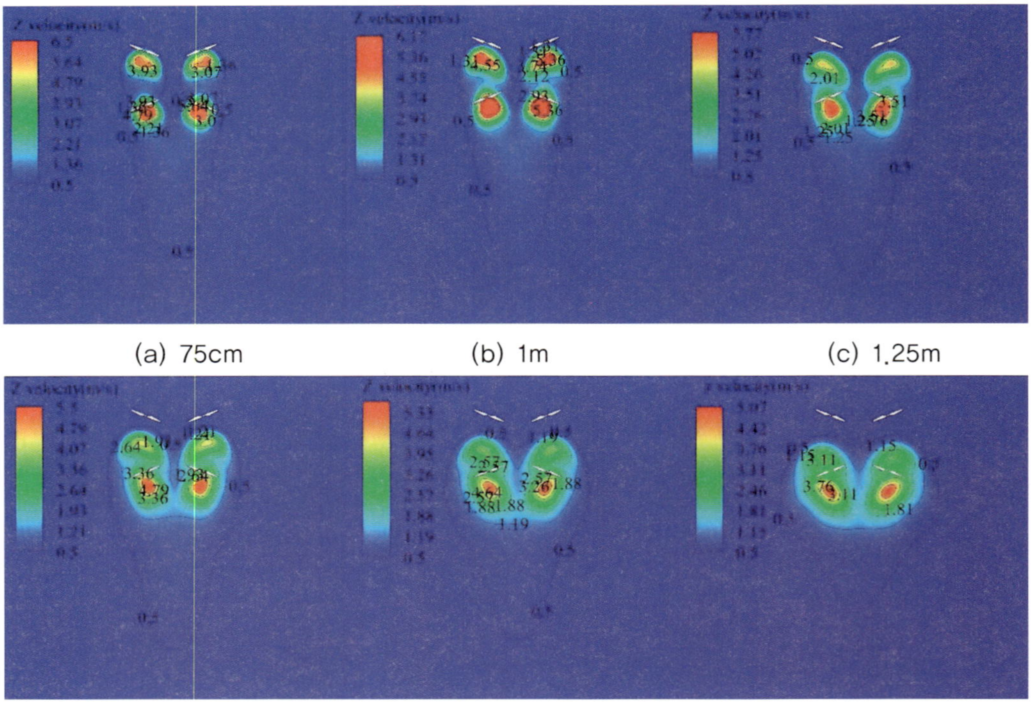

(a) 75cm (b) 1m (c) 1.25m

(d) 1.5m (e) 1.75m (f) 2m

그림 1m/s의 속도에서 비행 고도에 따른 하향풍의 속도분포

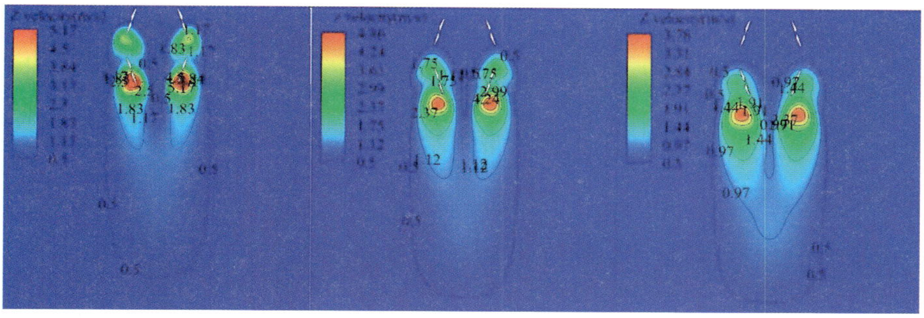

(a) 75cm (b) 1m (c) 1.25m

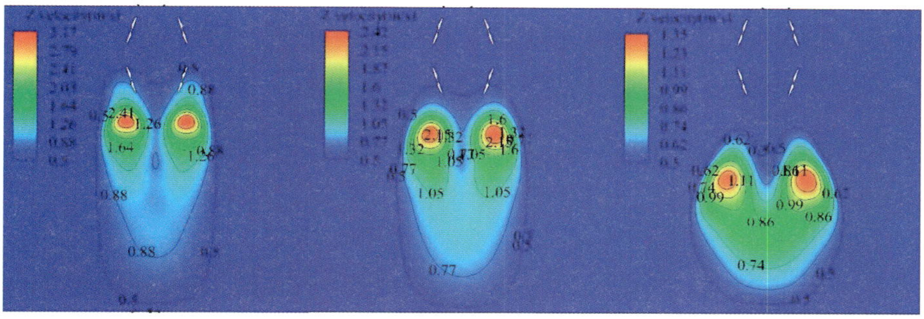

(d) 1.5m (e) 1.75m (f) 2m

그림 2m/s의 속도에서 비행 고도에 따른 하향풍의 소도분포

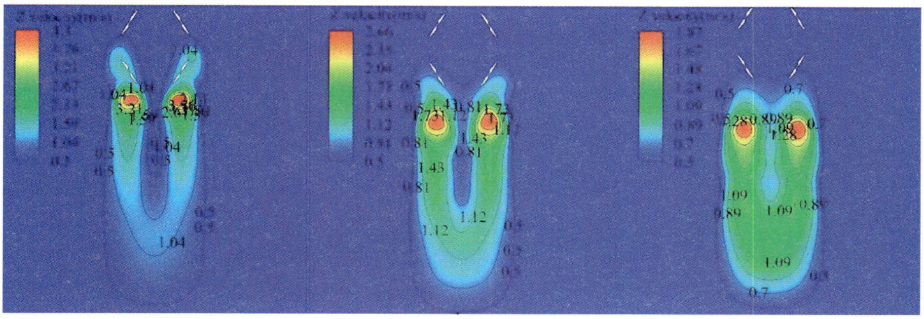

(a) 75cm (b) 1m (c) 1.25m

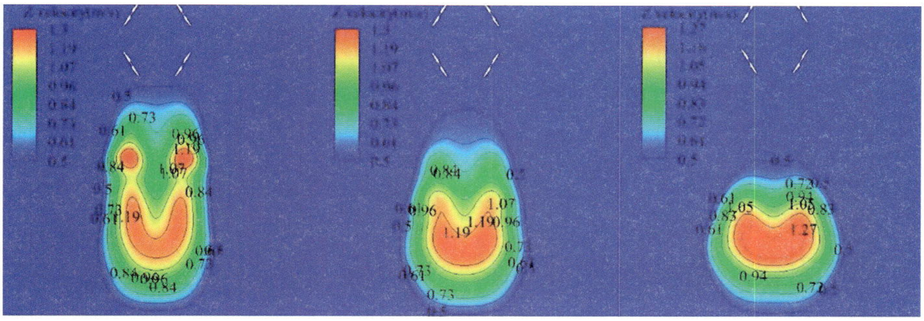

(d) 1.5m (e) 1.75m (f) 2m

그림 3m/s의 속도에서 비행 고도에 따른 하향풍의 소도분포

이 그래프들은 비행 속도와 고도에 따른 하향 스트림튜브의 강도를 보여준다.

낮은 고도에서 느린 비행 속도는 하향으로 향하는 스트림튜브의 형상이 집중되어 작물에 피해를 준다. 또한 살포된 약제의 낙하 속도가 너무 빨라 작물에 흡착되는 것을 방해하게 된다.

2m/s 속도 (e)에서 부터는 수직 스트림튜브의 뒤편으로 말발굽 모양의 소용돌이가 형성된다.

3m/s의 속도에서는 (c)의 1.25m 고도 구간부터 말발굽 모양의 소용돌이가 형성되어 하향풍의 에너지가 지면에 도달하지 못하고 후방으로 흩어지는 것을 볼 수 있다.

또한 3m/s속도에서 고도 1.75m 가 넘어가게 되면 지면으로 향하는 스트림튜브의 힘이 거의 사라지고 난류의 형성에 에너지가 변환되어 사라지게 된다.

이처럼 비행 속도가 빨라지고 고도가 높아지게 되면 스트림튜브와 내리흐름에 의한 약제의 작물을 향한 분사 속도가 낮아져 흡착률이 저하된다.

또한 후방 난기류에 의해 체공된 약제는 중력에 의존하여 지면에 도달하게 되므로 작물의 아래 방향을 향한 잎의 뒷면에는 약제가 흡착되지 못하는 결과를 초래하게 된다.

5 드론의 비행 속도에 따른 낙하밀도 변화

이 그래프는 1.2m 고도와 1.7m고도에서 이륙 총중량의 변화에 따른 RPM의 차이 즉 하향풍의 세기에 따라 분사된 입자가 어떠한 형상의 모양으로 모이게 되는지 보여준다.

① 고도가 1.2m 일 때에는 실험군의 하향풍이 4100rpm으로 중간 정도임에도 불구하고 중앙부에 약제가 거의 도달한 것을 볼 수 있다, 이 실험 데이터를 보게 되면 하향풍의 강도가 세지면 분사된 약제의 적층 구역이 넓어지며 산만해 질 것으로 생각되지만, 실제 데이터는 그렇지 않은 반대의 현상을 보여준다.

② 1.7m의 고도에서는 하향풍이 가장 강력한 7000rpm 구간에서조차 1.2m고도 4100rpm 영역의 데이터 보다 낮은 집중도를 보이게 된다.

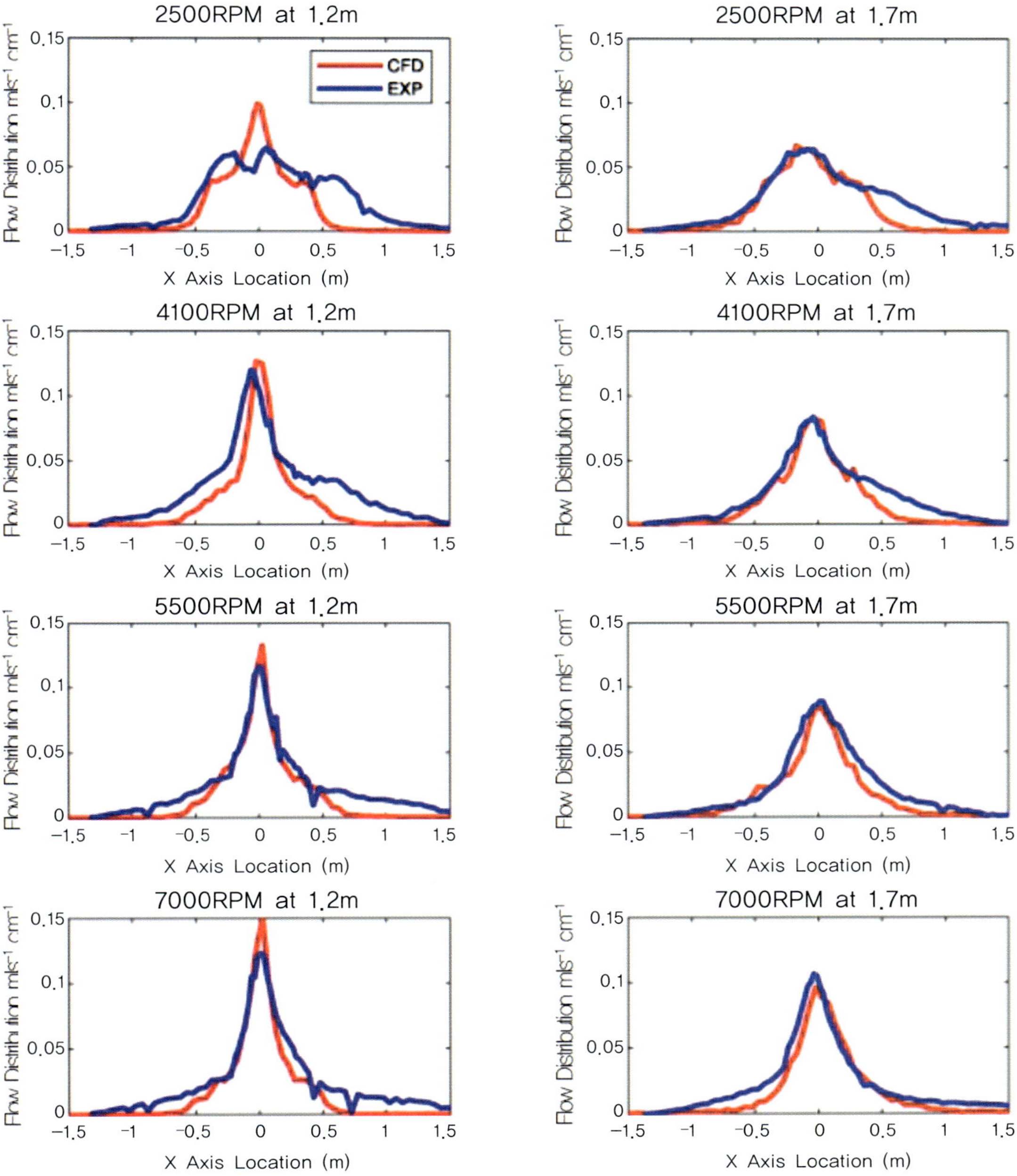

그림 드론의 총 이륙중량의 변화에 따른 모터 RPM의 변화와 낙하구간 변화

이를 통해서 우리는 2가지 사실을 확인할 수 있다.

① 드론의 비행 고도가 낮을수록 약제의 집중도가 올라간다는 것이다, 이는 약제의 비산을 줄이고 효과적인 침투를 도와 효과를 증대시키는 결과이다.

② 방제작업이 진행되며 약제가 소진되어 총 이륙중량이 줄어들수록 하향풍의 강도가 낮아지면 동일 구간의 약제 적층 비율이 달라지므로 비행 고도를 낮추어 지면에 도달하는 하향풍의 강도를 유지야 한다.

특히 우리나라의 대표적인 작물 중에 드론을 이용한 방제가 가장 많은 수도작(벼농사)의 경우 작물의 성장이 일정 수준 이상 진행되어 임계점을 넘어서게(1차 방제시점 전후) 되면 방제의 품질은 작물이 받는 하향풍의 세기와 밀접한 상관관계가 형성된다.

이는 작물의 밀도와 높이에 따라 하향풍이 약제의 침투와 분포에 미치는 영향이 커지기 때문이다.

이 실험 결과는 드론 방제 작업의 고도 설정 및 운영 전략에 있어 중요한 참고 자료로 활용될 수 있다.

6 비행 속도화 스트림튜브의 형상 변화

드론이 비행을 시작하면 하향풍이 발생하게 되는데, 하향풍의 강도와 밀접하게 관련되는 것이 스트림튜브와 낙하 구간이다.

① 그림(a)는 1m/s의 속도에서 스트림튜브의 형상이고 그림(b)는 3m/s의 스트림튜브의 형상이다. 단, 이 실험 대상기체의 이륙 총중량과 사용자의 기체사이에 차이가 있어 스트림튜브의 강도가 다르게 나타나므로 이를 감안하여 보도록 한다. 또한 최신 방제용 UAV는 기체의 대형화 추세에 따라 스트림튜브가 훨씬 강력하게 나타난다.

초속1m/s의 구간에서는 UAV의 진행 속도에 따라 스트림튜브의 형상이 약간 구부러진 것을 볼 수 있다.

② 이에 반해 3m/s의 진행 속도를 가졌을 때 스트림튜브는 지면에 안착하지 못하고 분리되어 공기 중에 흩어지게 된다. 이는 드론의 비행 속도가 빨라질수록 분사된 약제가 지면의 작물에 직접 도달하지 못하고 쓸려나가 대기 중에 부양하다가 작물에 안착하게 된다는 것을 보여준다.

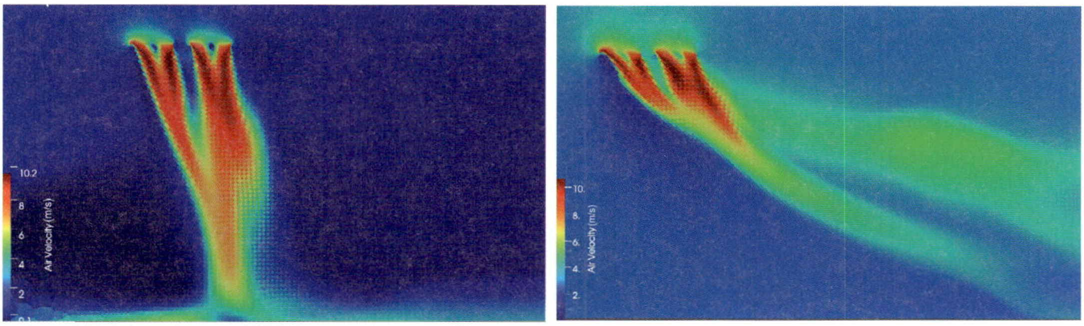

(a) 1m/s의 속도에서 스트림튜브의 형상 (b) 1m/s의 속도에서 스트림튜브의 형상

그림 비행속도의 증가로 영향받는 하향풍의 영향 구간

UAV를 이용한 방제 작업 시 적절한 비행 속도를 유지하여 하향풍이 안정적으로 지면에 도달하도록 해야 한다.

특히 고도가 높을수록 약제가 지면에 직접 도달하지 못하는 현상이 발생할 수 있으므로, 작물의 종류와 약제 특성에 따라 최적의 비행 고도와 속도를 설정하는 것이 중요하다.

> 참고 **스트림튜브**(stream tube) : 유체의 흐름이 발생한 공간의 압력 지점을 연결하여 얻어진 일종의 튜브 형식의 공간

7 액적의 크기와 낙하구간

이 실험 결과는 비행 속도에 따른 분사 입자 크기별 낙하 구간을 보여준다. 파란색 입자의 비교적 큰 입경(粒徑)을 가진 분사 약은 나선형으로 들어와 중앙에서 다시 모이는 것을 볼 수 있고, 분사입자가 작을수록 낙하 구간에 더 긴 꼬리를 형성하게 된다.

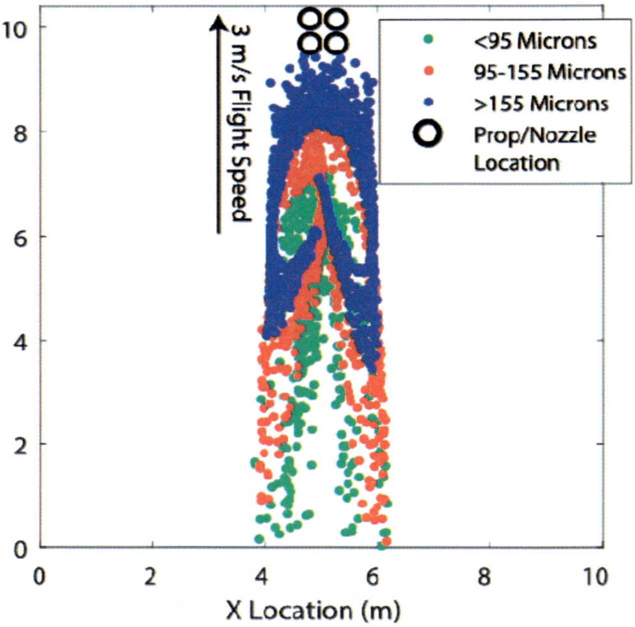

그림 액적의 크기와 낙하 범위

1. 파란색 입자의 특징 (비교적 큰 입경)

- 비행중 큰 입경의 분사 약제는 나선형 경로를 따라 이동하며 중앙으로 다시 모이는 경향을 보인다.
- 이는 하향풍에 의해 입자가 안정적으로 지면으로 유도되며, 집중적인 적층 구역을 형성한다는 것을 의미한다.

(1) 작은 입자의 특징

- 작은 입자는 낙하 구간에서 더 긴 꼬리를 형성한다.
- 이는 작은 입자가 공기 저항과 하향풍에서 분리된 나선형 난기류의 영향을 더 크게 받아, 대기 중에 더 오래 머물거나 분산되는 경향이 있기 때문이다.

(2) 비행 속도와 낙하 구간의 상관관계

- 비행 속도가 빠를수록 작은 입자의 꼬리가 더 길어질 가능성이 높다.
- 이는 작은 입자가 드론의 진행 방향으로 쓸려나가며 고르게 분포되기보다는 일부는 목표 영역을 벗어날 가능성이 있음을 시사한다.

(3) 결론 및 응용

- 큰 입경의 약제는 집중적인 방제 작업에 적합하며, 목표 영역에 효과적으로 도달할 가능성이 높다.
- 작은 입자는 넓은 면적에 고르게 분포시킬 때 유리하지만, 비산을 방지하기 위해 속도와 고도 조정이 필요하다.

주의사항

▸ **효과적인 방제는 50㎛ ~ 150㎛ 의 크기를 기준으로 한다.**
▸ **기준이 없이 분사입자의 크기를 키우는 것은 방제 효과 저하를 초래한다.**

- 비행 속도와 입자 크기에 따라 약제의 침투와 분포가 달라지므로, 방제 목표에 맞는 분사 설정 및 비행 조건을 선택해야 한다.

  이 실험은 UAV 방제 작업에서 약제의 입경과 비행 조건 최적화의 중요성을 잘 보여준다.

드론과 항공 방제 원리

2 드론 비행 시 발생하는 난류의 형성

1 볼텍스

(1) **볼텍스**(Vortex)는 유체가 특정 물체를 중심으로 물결치며 생성되는 **소용돌이** 현상을 말한다. 이는 공기, 물 등 유체가 움직이는 환경에서 물리적인 상호작용으로 인해 발생하며, 물체의 움직임이나 기체의 흐름에 의해 다양한 형태로 나타난다.

예를 들어, 제주도의 기상 사진에서는 겨울철에 동고서저(東高西低)의 **기압배치가 형성**될 때 강한 바람과 차가운 공기가 내려오며 **볼텍스 현상**이 관찰된다. 이러한 기상 조건에서 바람의 빠르고 복잡한 흐름이 섬 주변에서 소용돌이를 형성하게 된다. 이는 자연환경에서 볼텍스가 어떻게 형성되고 확장되는지를 보여주는 대표적인 사례이다.

(2) **볼텍스**는 **항공기 날개나 헬리콥터 블레이드** 끝에서 주로 관찰되는 현상으로 잘 알려져 있지만, 이러한 사례에 국한되지 않는다. 기체 사이에서 물체가 빠르게 움직일 때뿐만 아니라, 물체 사이로 기체가 빠르게 흐를 때도 발생할 수 있다.

예를 들어, **드론이 비행할 때** 프로펠러의 회전으로 인해 발생하는 공기의 빠른 흐름이 볼텍스를 형성한다. 드론의 프로펠러 끝에서 생성된 볼텍스는 주변 공기를 소용돌이치게 하며, 드론의 안정성과 비행 특성에 영향을 미칠 수 있다. 이러한 볼텍스는 비행 고도, 속도, 프로펠러 설계, 기상조건 등에 따라 강도와 크기가 달라진다.

볼텍스는 드론뿐만 아니라 다양한 상황에서 중요한 **물리적 현상**으로 나타난다.

가. **비행기 날개** : 날개 끝에서 발생하는 볼텍스는 항공기의 양력 효율과 항력 증가에 영향을 준다.

나. **헬리콥터 블레이드** : 블레이드 끝에서의 볼텍스는 헬리콥터의 안정성과 소음 발생에 영향을 미친다.

다. **풍력 터빈** : 터빈 블레이드 주변에서 볼텍스가 형성되며, 효율과 진동에 영향을 미친다.

(3) 드론 비행에서 볼텍스를 이해하고 관리하는 것은 비행 안정성을 유지하고, 작업 환경에 미치는 영향을 최소화하는데 중요하다. 특히, 드론 방제 작업중 볼텍스가 약제를 예기치 않은 방향으로 확산시킬 수 있으므로, 이러한 현상을 고려하여 비행 경로와 속도를 설계하는 것이 필요하다.

결론적으로, 볼텍스는 기체의 빠른 흐름과 물체의 움직임으로 인해 발생하는 보편적인 현상으로, 드론 비행뿐만 아니라 다양한 항공 및 유체역학 환경에서 중요한 역할을 한다. 이를 적절히 이해하고 대응하면 비행 효율과 안전성을 높일 수 있다.

그림 제주도에 형성된 볼텍스(Vortex)

(4) 이러한 볼텍스는 드론의 비행속도가 빨라질수록 드론 자체에서 발생되는 볼텍스와 회전하는 프로펠러에서 형성되는 **유도항력**에 의한 난류, 또 기체 중량에 따른 스트림튜브의 강도와 기체 구성에 따라 복합적인 작용이 발생되고 이에 따라 예측하기 어려운 난기류가 기체 후방에 형성되게 된다.

드론의 비행 안정성과 효율성을 극대화하기 위해 볼텍스 현상을 이해하고, 이를 최소화할 수 있는 설계와 운용 방법이 필요하다. 예를 들어, 프로펠러의 배치와 설계, 드론 비행 속도의 조절, 그리고 비행 경로에서의 공기 흐름 분석은 볼텍스가 초래할 수 있는 부정적인 영향을 줄이는 데 중요한 역할을 한다.

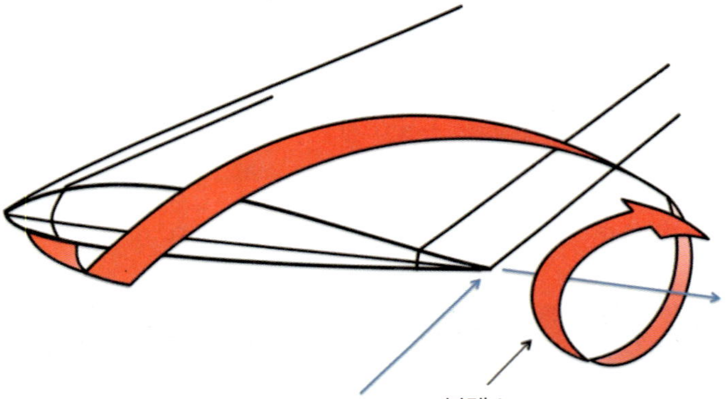

그림 날개 끝에서 발생하는 볼텍스

가. 드론 비행과 볼텍스(Vortex)의 형성

볼텍스(Vortex)는 유체가 물체를 중심으로 회전하거나 물결치는 소용돌이 형태를 만드는 현상을 의미한다. 이 현상은 다양한 환경에서 발생하며, 드론과 같은 비행체에서도 관찰된다.

나. 드론에서의 볼텍스 형성

- 발생 위치는 드론의 프로펠러 끝에서 주로 볼텍스가 형성된다.
- 이 현상은 프로펠러 회전에 따른 공기 흐름의 압력 차이와 속도 변화 때문에 발생한다.

다. 형성 조건

- 드론이 정지 상태에서 호버링할 때보다 빠르게 이동하거나, 회전 속도가 증가할수록 볼텍스가 강해질 가능성이 높다.
- 특히 드론의 비행 고도나 주변 환경(예: 강풍)도 볼텍스의 크기와 형태에 영향을 미친다.

3 유도항력 (Induced Drag)

유도항력(誘導抗力)이란 비행체 특히 항공기에서 발생하는 항력 중 하나인데 양력을 생성하기 위한 움직임에서 비롯되는 반대되는 힘 즉 추가되는 저항력을 말한다.

이론상 그 끝이 없는 무한한 길이의 날개나 프로펠러는 이러한 유도형 항력을 생성하지 않는다. 드론의 경우 고정익 비행기의 날개보다 훨씬 고속으로 회전하는 프로펠러가 다수 장착되어 있어 드론이 비행하면서 공기의 흐름을 변화시켜 프롭의 끝에서 그 공기가 서로 섞이고 회전하면서 와류(渦流)를 형성하게 된다. 이런 와류는 비행 뿐만 아니라 노즐에서 분사된 약제의 일정한 흐름에 방해가 되는 저항을 만들어 낸다.

그림 드론의 비행과 발생하는 유도항력

유도항력은 항공기 또는 비행체가 양력을 생성하기 위해 움직일 때 발생하는 반대되는 힘이다. 이는 비행체가 양력을 생성하기 위해 공기와 상호작용하면서 추가되는 저항력으로, 비행체의 효율성에 중요한 영향을 미친다.

1 드론의 비행에서 발생하는 유동 항력(Profile Drag)

드론의 경우, 고정익 비행기와는 다르게 회전하는 프로펠러가 다수 장착되어 있다. 이로 인해 드론 비행 시 발생하는 **유동 항력**의 특성은 다르게 나타난다.

유동항력(流動抗力)은 유도항력과 비슷하지만 회전익에서 발생하며, 회전하는 프로펠러(블레이드가 맞은 표현)가 회전할 때 발생하는 항력으로, 주로 **형상항력**(Profile Drag)과 **마찰항력**(Skin Friction Drag)으로 구성된다.

1. 프로펠러의 회전과 공기 흐름 변화

드론의 프로펠러는 고속으로 회전하며, 이를 통해 공기의 흐름을 변화시킨다. 프로펠러 끝에서 발생하는 회전은 와류를 형성하게 되며, 이 와류는 공기가 서로 섞이고 소용돌이처럼 회전하면서 공기 흐름을 방해한다.

이 와류는 비행 시 드론의 안정성에 영향을 줄 수 있으며, 약제의 분사에도 영향을 미친다.

2 드론 방제 시 유도항력의 영향

1. 약제 분사에 미치는 방해

드론이 비행하면서 프로펠러 끝에서 발생하는 와류는 약제의 분사 흐름에 저항을 추가한다. 이로 인해 약제가 목표 지점에 고르게 도달하지 못하거나 비산이 발생할 수 있다.

2. 약제 흐름의 불규칙성

와류와 유동항력으로 인해 약제의 분사 흐름이 불규칙해질 수 있으며, 이는 방제 효과와 효율성에 부정적인 영향을 미친다.

3 결론

드론 비행에서 유도항력은 양력 생성 과정에서 자연스럽게 발생하는 저항력이다. 드론의 프로펠러 회전으로 인해 발생하는 와류는 비행과 약제 분사에 중요한 영향을 미친다. 이러한 유도항력을 최소화하고, 약제 분사의 정확성을 높이기 위해 드론의 비행 속도, 고도, 프로펠러 회전 속도 등을 최적화해야 한다.

드론에서 발생하는 유동항력은 고정익 비행기와는 달리 회전하는 프로펠러의 크기와 회전속도 이륙 중량에 따라 달라지게 된다. 유동항력은 이러한 프로펠러의 속도가 빨라질수록 상대적으로 많이 발생하게 된다.

총 이륙중량이 증가되는 최신의 방제용 드론의 경우 기체의 총중량이 증가함에 따라 프로펠러와 모터의 크기가 커짐에 따라 동일한 회전 속도에서 프로펠러 끝단의 회전 속도가 빨라지게 되고 유동항력이 증가하여 난기류 형성이 더욱 심화된다.

그림 프로펠러의 진행과 난기류 형성

4 방제 드론의 비행 고도 및 속도가 약제 분포 및 효율에 미치는 영향

방제 드론은 비행 고도와 속도에 따라 노즐에서 분사된 약제의 분포와 효율성이 크게 달라진다. 비행 고도가 높아질수록, 약제 액적은 더 넓은 면적에 균일하게 분포될 가능성이 커진다. 이는 고도가 높아지면서 약제가 공중에서 충분히 확산되기 때문이다. 하지만 이와 동시에 약제 액적의 밀도와 작물 표면의 커버리지 비율은 감소하게 된다. 약제가 넓게 퍼지지만, 지면에 도달하는 약제의 농도가 희석되기 때문이다.

또한 앞에서 언급하였듯 비행 고도가 높아지고 진행 속도가 빨라지면 프로펠러에서 형성된 스트림튜브와 내리흐름의 에너지가 후방을 향하는 나선형 난기류로 변형되어 비산되고 중력에 의존하여 낙하하게 된다.

1 비행 고도와 방제 드론의 약제 분포에 미치는 영향

1. 고도가 높을수록 약제의 분포는 균일해지지만 밀도는 감소

① **약제의 균일한 분포:** 비행 고도가 높아지면 약제가 넓은 범위에 고르게 분포할 수 있다. 이는 고공에서 약제가 더 넓은 면적에 걸쳐 퍼지기 때문이다.

② **약제 밀도의 감소:** 고도가 높을수록 분사된 약제의 밀도가 감소한다. 즉, 동일한 면적에 분포하는 약제의 양이 많아지며, 이는 약제 분사 작업의 효율성에 영향을 준다.

2. 고도와 비행 속도가 높을수록 하향풍의 강도 감소

① **하향풍의 강도 변화:** 비행 고도가 높아질수록 드론이 생성되어 지면에 도달하는 하향풍의 강도는 약해진다. 또한 비행 속도가 빨라지면 하향풍이 더 약해져서

약제가 작물 표면에 도달하는 데 어려움이 생긴다. 또한 지면으로 향하는 하향풍의 에너지가 변환되어 후방 난기류를 형성한다.

② **고도가 높을수록 하향풍의 강도 감소:** 드론의 고도가 높아질수록 약제가 지면에 도달하기 전에 하향풍의 영향을 덜 받게 되어, 약제의 분포가 고르게 이루어지지 않거나 원하는 표면에 잘 부착되지 않을 수 있다.

비행 고도가 높아지면 비행 속도를 더 느리게 하여야 하며, 비행고도가 낮을수록 비행 속도를 빠르게 가져갈 수 있다.

3. 스트림튜브의 변형

① **스트림튜브의 형상 왜곡:** 고도가 높아지거나 비행 속도가 빨라질수록 드론의 스트림튜브는 변형되거나 왜곡될 수 있다. 이 변화는 약제가 표면에 정확히 부착되기 어렵게 만들며, 약제의 분포에 영향을 미친다.

② 비행 고도가 높거나 속도가 빠를수록 스트림튜브의 효과가 줄어들고, 내리흐름에 의해 약제가 작물로 유도되지 못하고 공기 중에 흩어지거나 부유할 가능성이 커진다.

4. 작물의 밀집도와 비산

① **작물 밀집도에 따른 영향:** 재배되는 작물의 밀집도가 높은 지역에서는 강력한 하향풍이 약제의 침투 및 부착을 도울 수 있다. 대표적으로 벼의 경우 하향풍의 강도에 따라 약제의 침투 면적과 범위에 큰 영향을 받는다. 고도가 높거나 비행 속도가 빨라질 경우 하향풍의 강도가 약해져 약제가 작물 표면에 제대로 도달하지 못하고, 중력에 의한 낙하 또는 난기류에 의한 부양으로 이어져 약효 저하와 비산의 증가로 이어진다.

5. 실용적 의미

① **비행 고도와 속도의 최적화:** 드론 방제 시, 고도와 속도를 적절히 설정하여 약제의 균일한 분포와 효율성을 유지하는 것이 중요하다. 특히 고도가 높아질수록 하향풍의 강도와 스트림튜브의 변형으로 인해 약제의 부착 효율이 떨어질

수 있으므로, 방제 대상 작물의 특성과 환경에 맞춰 비행 조건을 조정해야 한다.

일반적으로 통용되어 사용하는 비행고도는 대부분 매우 높은 편에 속한다.

② **작물 밀집도 고려:** 밀집도가 높은 작물에서는 고도를 너무 높게 설정하거나 속도를 너무 빠르게 하지 않도록 주의해야 하며, 약제의 정확한 침투와 부착을 위해 적절한 비행 고도와 속도를 유지해야 한다.

5 멀티콥터의 스트림튜브 형상과 주변 기압 변화

멀티콥터의 프로펠러가 회전하면서 생성되는 **스트림튜브**(Stream Tube)는 공기 흐름의 경로를 나타내며, 멀티콥터의 비행 안정성과 주변 환경의 공기압 변화에 중요한 역할을 한다. 스트림튜브 형상은 멀티콥터의 비행 조건, 프로펠러 설계, 기체 구조, 그리고 환경적 요인에 따라 복잡하게 변화한다.

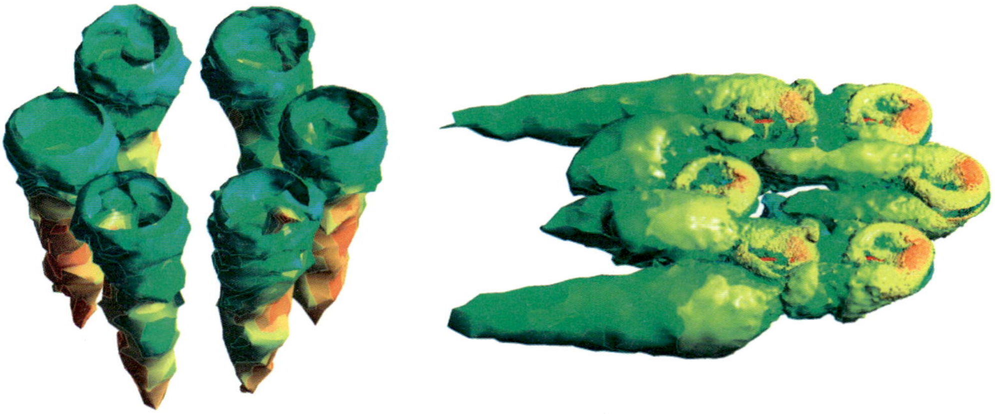

그림 스트림튜브의 형상

1 스트림튜브의 형상

1. 프로펠러 주변 공기의 가속

멀티콥터의 프로펠러가 회전하면 공기가 가속되며 스트림튜브를 형성한다. 스트림튜브는 프로펠러 위에서는 공기가 흡입되며, 아래에서는 공기가 가속되어 배출된다. 프로펠러 주변의 스트림튜브는 원형에 가까운 형태를 가지지만, 기체 구조와 프로펠러 설계에 따라 뒤틀리거나 비대칭적인 형태를 띠기도 한다.

2. 비행 조건에 따른 변화

① **호버링(정지 비행)**: 스트림튜브가 프로펠러 아래로 비교적 균일하게 형성된다.

② **전진 비행**: 드론이 이동하면서 스트림튜브가 비대칭적으로 변형되며, 전진 방향으로 길어지거나 왜곡된다.

③ **고속 비행**: 스트림튜브는 더욱 불규칙해지며, 뒤쪽으로 긴 형태의 와류가 형성된다.

3. 프로펠러 배치의 영향

멀티콥터는 여러 개의 프로펠러를 사용하므로 각 프로펠러에서 형성된 스트림튜브가 서로 간섭을 일으킬 수 있다. 특히, 프로펠러 간의 간격이 좁거나 비대칭 설계일 경우, 스트림튜브의 간섭으로 인해 공기 흐름이 복잡해지고 비행 안정성에 영향을 미칠 수 있다.

2 주변 기압 변화

멀티콥터의 스트림튜브 형성은 주변 공기압에 직접적인 영향을 미친다.

1. 프로펠러 위와 아래의 기압 차이

① **프로펠러 위쪽**: 공기가 흡입되면서 기압이 낮아진다.

② **프로펠러 아래쪽**: 공기가 가속 배출되면서 기압이 높아진다.

이 기압 차이는 양력을 생성하며, 기체를 공중으로 띄우는 원동력이 된다.

2. 기압 변화의 범위와 영향

기압 변화는 스트림튜브의 경계에서 가장 뚜렷하게 나타난다.

비행 고도와 속도가 증가할수록 주변 기압 변화 범위가 커질 수 있으며, 이는 스트림튜브의 안정성에도 영향을 미친다.

3. 기압 변화와 난기류 형성

프로펠러의 회전으로 인해 주변 공기가 혼합되며 난기류와 와류가 형성된다.

난기류는 드론 주변 공기압의 불균형을 초래하여, 비행 안정성을 저하시킬 수 있다.

4. 스트림튜브와 방제 효과

멀티콥터의 스트림튜브는 농약 방제 작업에도 중요한 영향을 미친다.

(1) 하향풍의 강도

스트림튜브는 약제를 작물 표면에 전달하는 하향풍을 형성한다.

(2) 약제 분포

스트림튜브의 형상이 균일하지 않으면 약제가 특정 지점에 집중되거나, 목표 작물에 부착되지 못하고 비산될 가능성이 높아진다.

(3) 비산 방지

스트림튜브의 안정성을 유지하기 위해 비행 고도와 속도를 조정해야 한다.

UAV(무인항공기)의 비행 중 발생하는 볼텍스(Vortex), 다운워시(Downwash), 스트림튜브(Stream Tube)는 기체의 형태, 로터 구성, 프로펠러 크기, 회전 속도(RPM), 그리고 배경 난류와 같은 다양한 요인에 따라 변형된다. 이러한 요소들이 복합적으로 작용하기 때문에 공기역학적 현상을 정확히 예측하는 것은 사실상 불가능에 가깝다.

그러나 대부분의 방제용 UAV는 몇 가지 정형화된 기체 구성을 가지고 있으므로, 큰 틀에서의 예측은 가능하다. 또한, 이러한 현상의 형상과 형성 원리를 이해하면 비행 안정성 확보와 방제 효율성을 높이기 위한 효과적인 대응이 가능하다.

이를 통해 방제 작업에서 공기역학적 영향을 최소화하고, UAV의 성능과 효율을 극대화할 수 있다.

P/A/R/T

03

분사 개념과 방제의 실제

분사 개념과 방제의 실제

1 노즐의 특성과 이해

1 노즐의 종류와 개선

1. 노즐의 역할과 선택

드론 방제 작업에서 사용되는 노즐은 약제를 어떻게 분사하고, 약제가 작물 표면에 얼마나 고르게 도달하는지에 큰 영향을 미친다. 특히, 약제의 액적 크기, 공기 중에서의 이동과 분포, 그리고 작물 표면에 부착되는 방식은 노즐의 종류와 설정에 따라 크게 달라진다.

① **전통적인 압력식 노즐**은 펌프를 이용해 약제를 압력으로 밀어내어 분사한다. 이 경우, 노즐의 모양뿐만 아니라 펌프가 만들어내는 압력이 약제 분사의 주요 변수로 작용한다.

압력이 높아지면 약제의 액적 크기가 작아지고 더 넓게 퍼질 수 있지만, 작은 액적은 바람이나 주변 공기 흐름에 더 쉽게 영향을 받아 표류하거나 손실될 가능성이 커진다. 반대로 압력이 낮으면 액적이 커지고 공기 중에서 덜 퍼지지만, 균일하게 분사되지 않을 가능성이 있다.

② **원심 디스크 화전식 노즐**은 디스크가 회전하면서 약제를 원심력으로 분사하는 방식이다. 이 방식에서는 디스크의 회전 속도와 모양에 따라 액적의 크기와 분포를 대략적으로 조절할 수 있다.

예를 들어, 회전 속도를 높이면 더 작은 액적이 만들어지고, 속도를 낮추면 더 큰 액적을 분사할 수 있다. 이는 하나의 노즐로 다양한 조건에서 방제 작업에 적합하도록 설정을 조정할 수 있는 장점이 있다.

③ 노즐의 종류와 설정에 따라 약제의 분포와 효과가 크게 달라지므로, 방제

작업에서는 올바른 노즐 선택과 설정이 중요하다. 노즐을 선택할 때는 사용 목적과 작물의 종류, 방제 대상 병해충, 작업 환경(바람, 온도, 습도 등)을 모두 고려해야 한다. 또한, 잘못된 노즐 사용은 약제의 낭비를 초래하거나, 방제 효과를 저하시킬 수 있기 때문에 작업 전에 노즐의 특성과 사용법을 충분히 숙지해야 한다.

노즐을 제대로 선택하고 사용하는 것은 단순히 약제를 살포하는 것을 넘어, 방제 작업의 성공 여부를 결정짓는 핵심적인 요소이다. 적절한 노즐 사용은 약제가 작물 표면에 고르게 도달하게 하고, 표류와 손실을 줄이며, 방제 효과를 극대화하는 데 크게 기여한다.

④ 압력식 노즐의 분사는 탱크의 약제가 펌프에 의해 가압되어 호스를 통해 가압된 채 이송되며, 노즐을 통해 분사되게 되는데, 가압된 약제는 분사노즐을 통해 대기압력을 만나가 되며, 밀도가 변화하게 되고 작은 물방울로 나뉘어지며 공기중에 분사된다. 이는 베르누이의 정리로 설명된다.

노즐의 형상과 품질이 일정하다면 분사된 입자는 아래의 그래프에 수렴된다. 예컨대, A의 노즐이 정상분사 기준 이상으로 압력을 받을 경우 100㎛의 분사 입경을 가지게 된다면 해당 노즐은 약 60%의 입경이 100㎛의 입자 크기이며, 50㎛~100㎛의 크기가 약 20%가 되고 100~150㎛의 크기가 약 20%를 차지하게 된다.

2 베르누이의 정리

① 베르누이의 정리에 따르면, 유체(이 경우 약제)가 빠르게 흐를 때, 압력은 감소하고 속도는 증가한다.

② 노즐을 통과하는 순간압력은 급격히 떨어지며, 그 결과 약제는 작은 입자들로 분해된다.

③ 이때 압력이 높을수록 작은 물방울이 생성되며, 입자의 크기 분포가 결정된다.

3 노즐의 분사 성능

1. 입자 크기와 확률 분포

① 100㎛의 입자 크기

정상적인 분사 압력을 기준으로 약 60%의 입자가 100㎛의 크기를 가진다.

② 50~100㎛의 크기

약 20%는 50㎛~100㎛ 사이의 입자 크기를 가진다.

③ 100~150㎛의 크기

나머지 20%는 100~150㎛ 사이의 크기를 가진다.

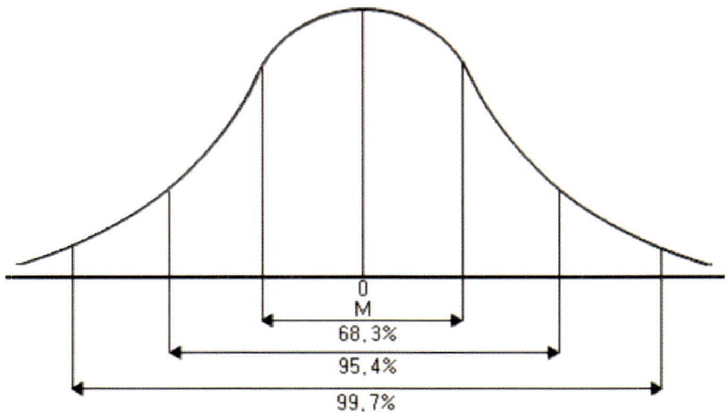

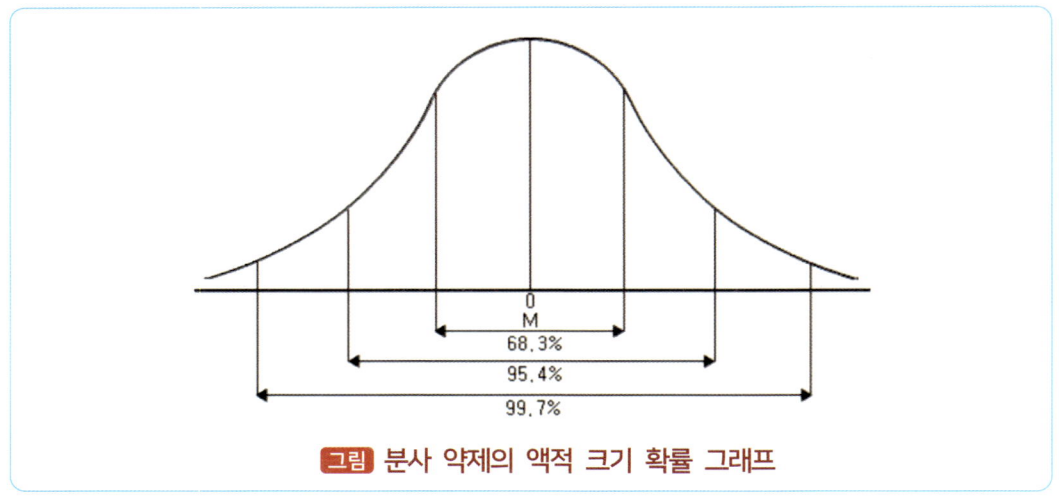

그림 분사 약제의 액적 크기 확률 그래프

방제용으로 가장 많이 사용하는 Teejet사의 XR11001VS 노즐을 사용하여 분사 테스트를 하였을 때 아래의 그래프와 같은 낙하율을 보이게 된다.

다만 이 그래프에서 확률분포 그래프와 다른 형상을 하고 있는 것은 테스트 방법의 차이에서 오는 것으로 가감수지와 드랍넷 에널라이저를 사용하여 측정할 경우 중복 낙하 분포에 의하여 일부 약제가 중복되게 떨어지며 오차를 발생하게 된다.

Teejet 사의 XR11001VS은 정상적인 사용 조건하에 50㎛~150㎛의 액적을 분사하게 되며 그 비율 전체 분사량의 약 95%에 달한다.

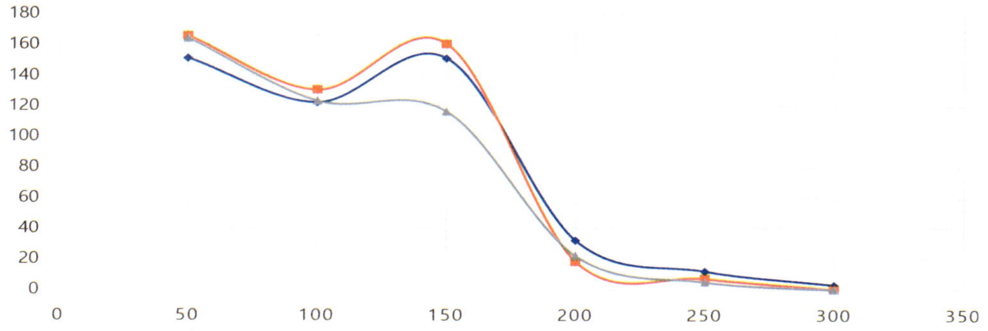

그림 XR11001 노즐의 액적 크기 분포(1.0bar)

2. 압력 분사식 Teejet XR11001VS 노즐의 특성

(1) 낙하율과 액적 분사 분포

- Teejet XR11001VS 노즐은 50㎛~150㎛의 액적을 약 95% 비율로 안정적으로 분사한다.
- 액적의 크기가 작고 분포가 균일하여 동일한 약제를 가지고도 넓은 면적을 효과적으로 커버할 수 있다.

(2) 낙하 확률 분포의 특성

- Teejet 노즐은 테스트 방법에 따라 결과가 차이가 날 수 있다.
- 드랍넷 애널라이저와 같은 장비를 사용하면 약간의 오차가 발생할 수 있지만, 이는 일부 약제가 중복되어 떨어지는 확률 분포에 의한 것이다.

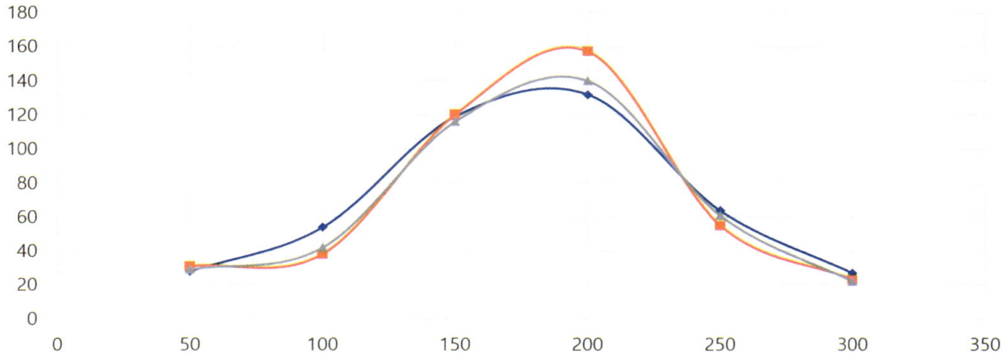

그림 원심 노즐의 액적 크기 분포(15000rpm)

3. 원심 디스크 노즐의 특성

원심디스크를 사용하는 노즐은 운용상의 사용자 편의가 높아 사용 비율이 점차 증가하는 노즐의 종류이다.

실험 당시인 2023년에 국내 판매되는 거의 전 종류의 원심 디스크분사 노즐을 테스트하여 얻은 분사 액적의 비율은 다음과 같다.

① 가장 많은 비율을 차지하는 액적의 크기는 약 200㎛로 압력식 노즐 대비 약 2배 가까운 크기로 분사가 되고 있다는 것을 볼 수 있다.

또한 압력식 노즐에서는 거의 볼 수 없는 300㎛이상의 분사액적도 다수 관찰되었다.

물론 드론의 제조사에서도 이러한 현상을 개선하고자 2중회전 노즐을 차용하고, 디스크 형상을 개선하고 있지만, 압력식 노즐의 분사 액적 분포를 따라오기까지는 다소 기간이 소요될 것으로 보인다.

4. 액적의 변화와 커버 범위

노즐에서 분사된 액적의 크기는 일정한 양의 약제를 가지고 어떠한 면적의 분사를 실시할 경우 커버할 수 있는 면적이 달라지게 된다.

① 액적의 크기가 클수록 분사 가능한 해당 면적이 줄어들게 되며 액적의 크기가 작을수록 분사 면적당 커버 가능한 면적이 증가된다.

또한 분사된 액적이 공중을 부양한 후에 낙하할 경우에 낙하 확률 분포에 따라 일부 입자가 통일 지점상에 중복 살포하게 되는데 액적의 크기가 클수록 이런 낙하 확률 분포에 따라 커버 가능한 면적이 더욱 줄어들게 된다.

이러한 현상은 곧 동일한 약제를 가지고 동일한 작물에 살포하였을 경우에 약효의 발현 임계점을 도달하느냐 도달하지 못하느냐를 결정하게 되어, 방재효과에 영향을 미치게 된다.

② Teejet 사의 XR11001VS 노즐을 가지고 분사를 할 경우 1ha당 약 90 L의 약제를 분사할 경우 평균 90%~95% 사이의 표면적에 약제를 도포할 수 있다.

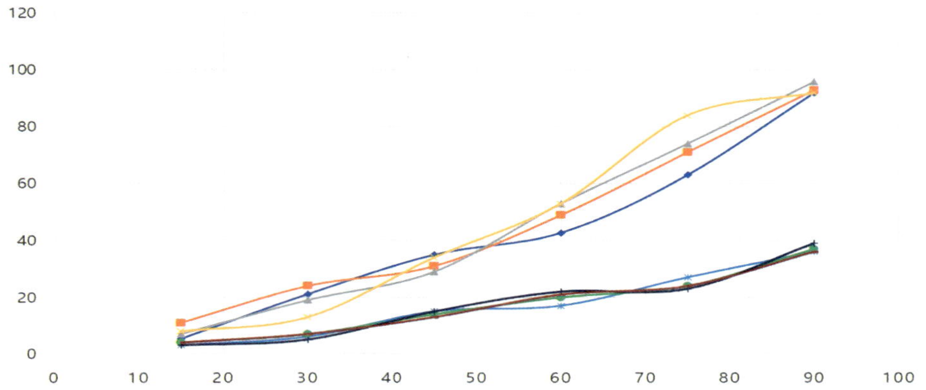

그림 XR11001 노즐의 ha당 수평 표면적 커버 범위

다음 그래프에서 본 바와 같이 압력식 노즐보다 액적의 크기가 두 배 가까이 큰 원심 디스크 회전식 노즐은 1ha의 면적에 약제를 살포하여 테스트할 경우 90L의 사용량 일 때 95% 이상 커버 가능한 압력식 노즐과 달리 60% 이하의 표면적을 커버할 수밖에 없다.

또한 원심디스크 회전 노즐은 90% 면적에 약제를 살포를 시도할 경우 확률 분포상 중복 살포에 의하여 200ℓ 이상을 살포하여야만 동일한 면적을 커버 가능하다.

이러한 현상은 원심 디스크 회전식 노즐을 사용할 경우 더 많은 희석 약제의 투입이 필요하고, 동일한 희석약제를 살포하였을 경우에는 약효의 저하와 면적당 작업 시간의 증가를 가져온다.

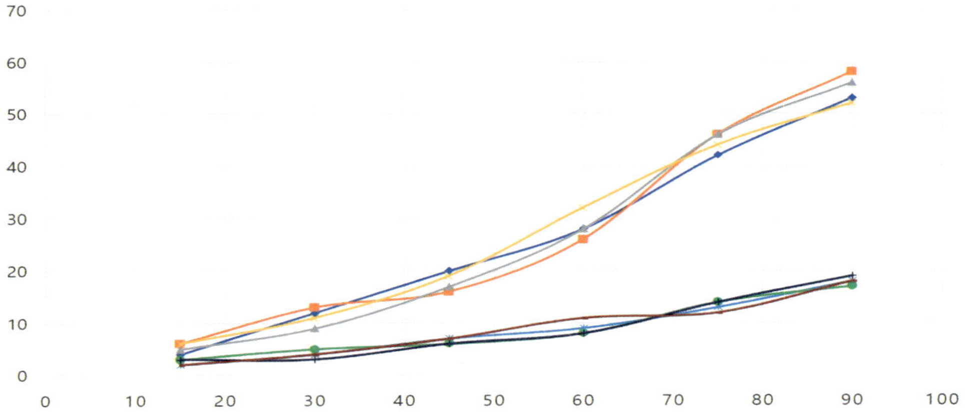

그림 원심 노즐의 ha당 수평/수직 커버 범위

작물 방제에 있어 전체 표면적을 커버할 경우는 없지만 약제의 분사 방법에 따른 커버 범위는 전체 약제의 사용량과 희석비율, 방제시간 투입 인원이 달라지게 되어 결국에 방제효과 이외에도 투입 비용의 변화로 연결되게 된다.

따라서, 방제 효과와 효율성을 높이기 위해서는 압력식 노즐을 사용하는 것이 더 유리하다.

분사 개념과 방제의 실제

2 액적의 크기와 낙하 범위

1 스프레이 드래프트를 이용한 수직면 낙하범위 증가

일반적으로 드론을 이용하여 항공방제를 실시할 경우는 볼텍스 형성 유도항력 스트림튜브의 형상과 배경 난기류에 의한 비산 효과를 줄이기 위해 여러 가지 방법을 모색하게 된다. 하지만 방제 방법에 따라 이를 변형하여 방제효과를 증대시키는데 사용할 수도 있다.

작물에 따라 잎 아랫면에 약제를 살포해야 할 경우 방제용 드론은 공중에서 지면을 향하는 하향풍으로 인하여 작물의 윗부분에만 약제가 도달하게 되고 이는 일부 충과 병을 예방하고 치료하는데 적합하지 못한 방제 방법이 된다.

때문에 이러한 방제 방법을 알지 못할 경우 방제용 드론을 사용하여 방제하면 원하는 방제효과를 얻지 못할 뿐만 아니라 원하지 않는 곳에 과도한 약제가 살포되어 작물로 하여금 약해 발생의 원인이 되기도 한다.

예를 들어, 작물의 윗부분에만 약제가 도달하게 되는 경우, 작물의 아랫부분이나 잎 뒷면에는 약제가 충분히 분사되지 않아서 병,충 예방 및 치료에 불리한 결과를 초래할 수 있다. 적절한 방제효과를 얻기 위해서는 의도적으로 스프레이 드래프트를 이용할 수 있다.

① 드론이 비행하며 발생하는 난기류는 지면을 만나게 되면 지면효과와 더불어 더욱 복잡한 형상의 난기류를 형성하게 되고 단순히 드론에서 지면을 향해 형성되는 하향풍과 더불어 지면에서 공중을 향해 상승하는 **회절성 난기류**(Diffractive Turbulence)가 더해지게 된다.

이러한 회절성 난기류는 중력에 영향이 적은 작은 액적의 약제를 흡착하여 공기중으로 부양시키게 되고, 드론에서 형성되는 하향풍과 반대 방향으로 약제를 유도하게 된다.

② 노즐에서 분사된 약제의 액적(液滴) 크기는 비산과 아주 밀접한 관계가 있다. 액적의 크기가 작을수록 대기 중에 부유하는 시간이 길어지게 되고 이로 인하여 계획하지 않은 구간에 약제가 날리게 되는 것이다.

하지만 작물에 따라 알맞은 고도를 유지하고 노즐의 과도한 압력을 형성하고 의도적으로 분사되는 약제의 액적의 크기를 감소하여 공중에 부양하는 시간을 늘린 후에 하향풍과 지면에 닿아 발생한 회절설 상승 난류를 이용하여 작물의 잎의 뒷면에도 보다 효과적으로 약제를 부착시킬 수 있다.

③ 압력식 노즐의 경우 사용하는 펌프의 회전속도를 증가하거나 펌프당 사용하는 노즐의 개수를 감소시켜 분사되는 약제의 액적을 의도적으로 작게 유도하여 이러한 현상을 형성할 수 있다.

다만 드론에 사용되는 펌프의 압력이 동력 분무기와는 달리 매우 낮은 관계로 일정 압력 이상으로 형성하는 펌프와 해당 압력에서 분사되는 액적 크기가 작은 노즐을 사용하였을 때에만 이러한 현상을 유도할 수 있다. 펌프로부터 연결되는 호스의 직경이 작을 경우 노즐까지 도달되는 압력이 낮아지며 이러한 현상을 끌어낼 수 없다.

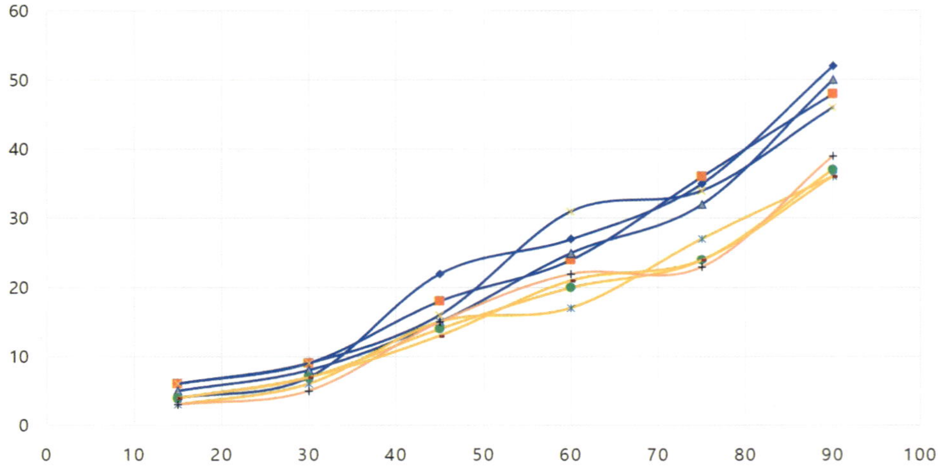

그림 XR11001 노즐의 스프레이 드래프트를 이용한 수직면 낙하 범위

④ 의도적으로 스프레이 드래프트와 난기류를 활용한 방제를 실시할 경우 일반적인 방제 방법보다 더욱 낮은 고도가 필요하며, 작물의 해를 입지 않는 수준에서 최대한 낮은 고도의 비행이 필요하다. 그렇지 못한 경우 회절성 난기류에 의한 부양된 약제가 적어지고, 작물을 벗어나 드론의 후방에 형성된 나선형 난기류에 휘말리며 공중으로 비산되게 된다.

- 압력식 노즐은 원심 디스크의 회전식 노즐를 보다 작은 입경의 약제를 분사할 수 있고 이를 더 효과적으로 사용 가능한데 압력시 분사노즐은 원심 디스크 회전식 노즐보다 약 1.4 배에 약제를 수직면 또는 작물 입 뒷면에 부착 가능하게 한다.

주 **스프레이 드래프트를 이용한 수직면 낙하범위 증가**
비산 효과 줄이기 및 약제 부착의 최적화 드론을 이용한 항공방제에서는 볼텍스, 유도항력, 스트림튜브와 배경 회절성 난기류 등이 방제효과에 큰 영향을 미친다. 이러한 요소들이 약제의 분포와 부착에 영향을 주기 때문에, 이를 관리하고 제어하는 기술이 매우 중요하다.

2 밀집 작물의 하향풍과 침투

1. 방제용 UAV의 하향풍과 벼 방제 효과

우리나라에서 드론을 이용한 방제 중 가장 많이 사용되는 작물인 수도(벼)방제는 다른 작물들과는 다른 특성을 가지고 있다. 벼는 밀집 재배가 특징이며, 작물이 성장함에 따라 작물간 거리가 좁아지게 되어, 방제 시 하향풍의 강도가 방제효과에 중요한 역할을 한다.

(1) 하향풍의 강도와 약제의 침투 효과

① 드론 비행 중 하향풍은 분사된 약제가 작물 표면에 도달하는 데 중요한 영향을 미친다. 그러나 하향풍의 강도가 너무 약하면, 약제가 작물 하단부인 잎까지 충분히 도달하지 못하고, 상단 부위인 잎에 집중되는 현상이 발생할 수 있다.

② 일반적으로 실시하는 방제실태를 측정하 게되면 작물의 상단부에 형성되는 하향풍의 강도는 1.5 ~ 2.5m/s 정도로 측정되며, 이 정도의 강도는 약제가

작물의 하단부까지 도달하지 못하게 한다. 이 경우, 약제의 분포는 작물 상단부인 잎에만 집중되어, 약제의 효과적인 침투가 어려워진다.

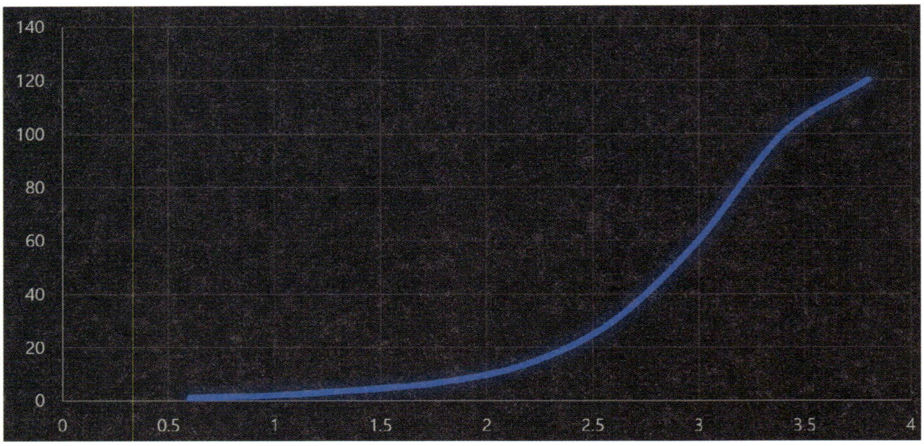

그림 하향풍의 영향과 침투 효과(수도작)

(2) 하향풍 강도에 따른 약제의 침투 변화

① 하향풍의 강도가 3m/s 이상으로 증가하면, 작물 하단부인 잎까지 약제가 도달하는 비율이 현저히 증가한다. 이 경우, 약제의 침투가 강화되며, 약 3.5 ~ 4m/s의 하향풍에서는 약제의 도달량이 1.5m/s보다 약 20~25배 증가하고, 2.5m/s에서의 약제 도달량 보다 5~6배 이상 증가한다.

② 이러한 강한 하향풍은 작물의 하단부까지 약제가 도달하게 하여, 전체적인 방제 효과를 높여주고, 효율적인 약제 분포가 가능하게 된다.

(3) 하향풍 강도와 드론 비행 고도

① 하향풍의 강도는 드론의 비행 고도와 비행 속도에 영향을 받는다. 드론이 높은 고도로 비행하면 하향풍의 강도가 약해져, 작물 하단부까지 약제가 제대로 도달하지 않게 된다. 반면, 저고도로 비행할 경우 하향풍이 강해지며 약제가 하단부까지 도달할 가능성이 커진다.

② 드론의 비행 속도가 증기하면 히행풍의 영향이 작아지고 느리면 많아지게 된다.

③ 드론의 이륙 중량과 프로펠러의 회전 속도에 따라 하향풍의 강도가 달라지므로, 효과적인 방제를 위해서는 적절한 비행 고도와 속도 조절이 필요하다.

수도 방제에서 하향풍의 강도는 방제의 효율성에 중요한 영향을 미친다. 하향풍의 강도가 3m/s 이상일 경우, 작물 하단부까지 약제가 도달하여 방제 효과가 극대화된다. 반면, 하향풍이 약하면 약제가 상단부에 집중되어 효과적인 침투가 어려워진다.

따라서 드론 비행 고도, 속도, 이륙 중량 등을 조절하여 적절한 하향풍 강도를 유지하는 것이 효과적인 방제를 위해 매우 중요하다.

3 노즐의 위치와 방제효과

방제용 UAV는 운행을 위해서 필연적으로 다중 로터의 회전력을 이용할 수밖에 없고 로터의 위치 구성과 회전방향 구성에 따라 볼텍스, 다운워시, 스트림튜브의 형상이 달라지게 된다.

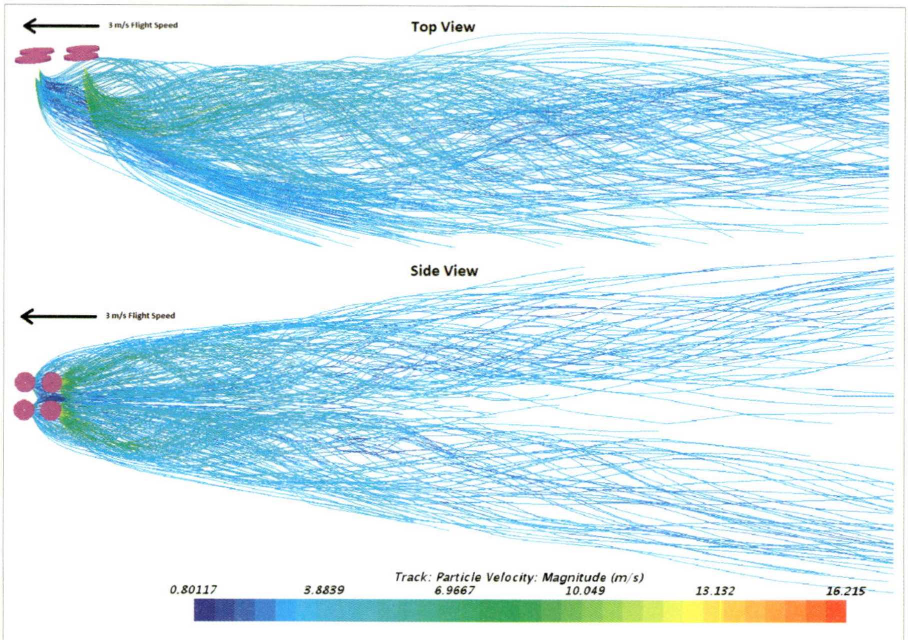

(b) 3 m/s forward flight speed

그림 드론의 비행과 난기류의 형성

스트림튜브는 사용 드론의 이륙 총중량에 따라 강도와 지속거리가 다르며 대기압력과 차단효과를 발생시킨다. 프로펠러의 크기, 형상, 회전 속도에 따라 스크류형의 와류가 다중 발생하게 된다. 또한 이렇게 형성된 스트림튜브 사이의 거리에 따라 새로운 볼텍스를 형성하게 된다. 이 볼텍스는 공기중에 부유하는 약제를 기압골로 빠르게 이동시켜 약제의 분포에 영향을 미치며 **엉김현상**(Drouplet Drift)이 증가하게 된다.

그림 드론에서 형성되는 엉김현상(Droplet Drift)

스트림튜브와 내리 흐름에 의해 하강하는 에너지는 드론의 진행 속도에 따라 빠르게 변형되고 소용돌이치게 한다. 이러한 엉김현상은 공기 중에 부유된 약제가 기압골로 빠르게 유도되어 **층류**(Laminar Flow)를 형상하고 지속적으로 약제를 유도하여 프로펠러의 상단으로 유입시키거나 후방의 나선형 난기류에 공급하게 된다.

이로 인하여 약제가 좁은 일정 구간에 모이게 되고 약제의 균일 살포를 방해한다.

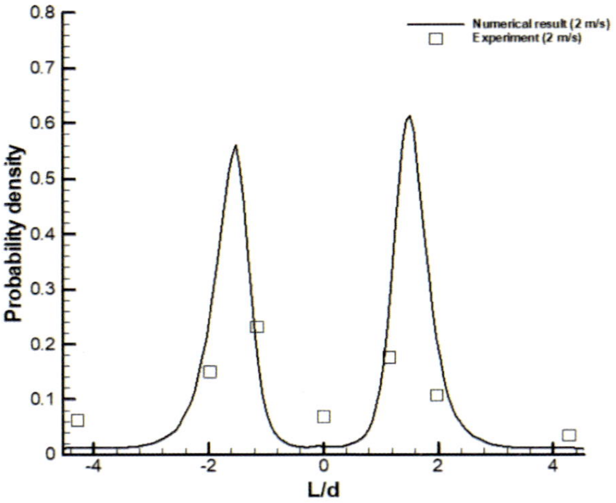

그림 엉김현상(Droplet Drift)으로 인한 약제 불균형 낙하

4 엉김현상(Drouplet Drift)와 낙하 밀도

분사노즐이 회전축(모터 중앙)보다 바깥쪽으로 위치하게 되면 이러한 유도 현상에 의한 엉김현상(Drouplet Drift)이 매우 강하게 발생하게 된다. 회전하는 드론 로터 주변으로 형성되는 이러한 기압골은 드론이 가지고 있는 유효 살포 구간에 약제를 균등하게 분사시킬 수 없게 만든다.

장대형 연장 노즐 등을 사용하게 되면 더 넓은 분사폭과 균일 살포를 실현할 수 있을 것이라 생각되지만 더 많은 약제가 기압골로 유도되며, 유도된 약제는 드론에서 형성되는 난류에 의하여 공중으로 부양하였다가 기압골을 따라 일정 구간에 모이게 되어 낙하하게 된다.

이런 약제에 낙하 액적은 대부분 좌우 30cm 구간에 노즐에서 분사된 약제에 많은 양을 집중시키게 된다. 좁은 구간에 집중된 약제는 작물에 분사되어 **임계점**을 넘는 과도한 약제를 흡수하게 되고 이는 약해 발생의 원인이 된다.

잘못된 노즐의 위치는 스트림튜브와 기압골로 더욱 많은 약제를 빼앗기게 되고 동일한 양의 약제를 사용하더라도 원하는 약효를 얻을 수 없게 되며, 약해 비율이 증가하게 되어 작물의 성장을 저해하고 수확량을 감소시키게 된다.

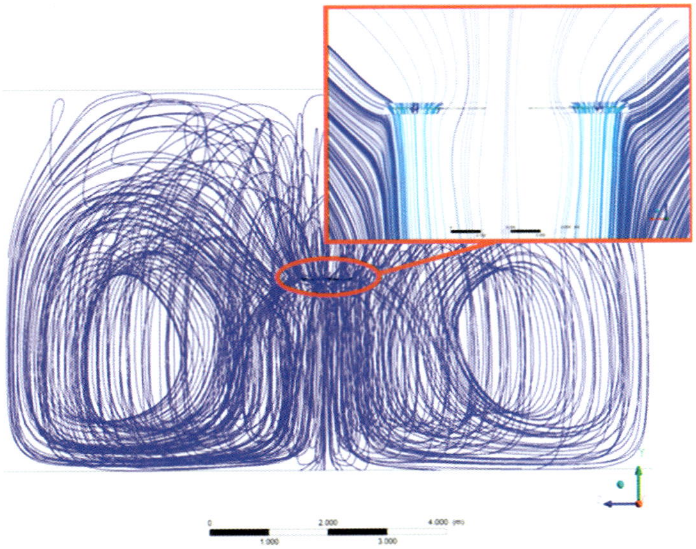

그림 드론의 비행시 발생하는 스트림튜브 주변의 기압 변화 현상

이러한 이유로 농기계 실용화제단에서는 노즐이 회전축(모터의 중심)을 벗어지 않은 곳에 설치하도록 하고 있다.

또한 노즐을 바깥쪽인 모터의 회전축에 설치하였을 때 가장 넓은 유효 살포폭을 형성할 것이라 생각할 수 있지만, 오히려 안쪽으로 10cm~20cm 위치하였을 때 더 넓은 면적에 고른 분포로 약제가 낙하하게 된다.

주 **드론 방제에서의 기압골과 엉김현상(Drift)**
드론을 이용한 방제에서 로터와 프로펠러의 회전이 공기 흐름을 만들어 내며, 이 흐름이 방제의 효율에 큰 영향을 미친다. 특히, 스트림튜브, 볼텍스, 다운워시와 같은 공기 흐름의 변화가 약제의 분사와 이동 경로에 영향을 준다.

1. 원심회전 노즐과 엉김현상 (Drouplet Drift)

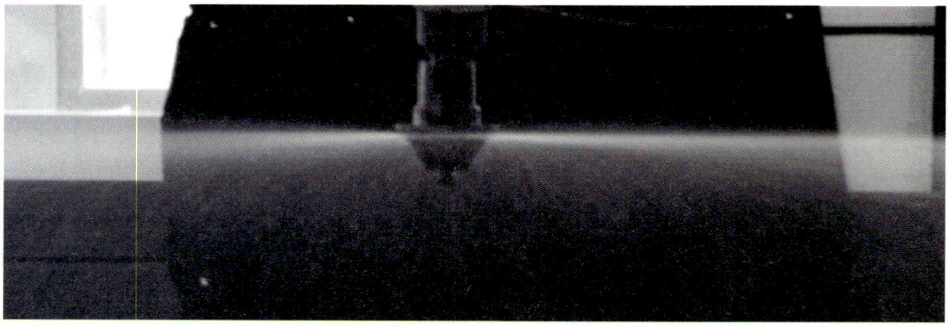

그림 원심 회전 노즐의 준사 모습

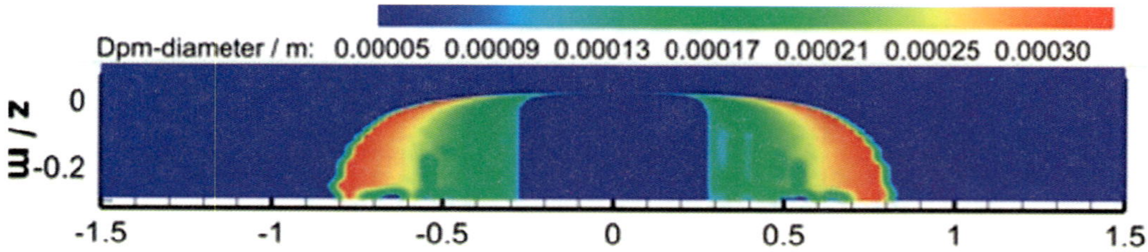

그림 원심 회전 노즐의 액적 크기별 낙하궤적/호버링

5 원심 노즐의 분사와 측면 변위(Lateral Displacement)

원심 회전 노즐은 원형의 수평디스크 형상으로 분사되며, 원주방향의 유도력에 영향을 받는다. 분사된 약제는 노즐 상단에서 형성된 하향풍의 영향으로 종(鍾) 모양으로 분사가 진행된다.

지면을 향해 하향풍과 동일 방향으로 분사되는 압력식 노즐과는 달리 원심 노즐에서 분사된 액적은 동일형상의 하향기류에 직접적인 영향을 받게 되며 스트림튜브의 형상에 수렴되게 된다. 하지만 프로펠러의 회전과 노즐의 고속 회전으로 인해 하류기류에 교란되고 **측면 변위**(Lateral Displacement)가 최대로 도달하고 인접한 로터의 스트림튜브 사이의 난기류와 기압골에 유도되어 엉김현상이 심화된다.

3 약제별 액적의 방제효과

1 액적의 크기와 방제효과

드론을 활용한 농약 분사는 효율적이고 정밀한 방제가 가능하도록 도와주지만, 이 과정에서 액적(물방울)의 크기는 방제 효과에 중요한 영향을 미치는 요소 중 하나이다. 액적의 크기에 따라 농약이 작물에 어떻게 분포되는지, 침투력과 잔류 효과는 어떻게 달라지는지가 결정되므로, 이를 최적화하는 것이 효과적인 방제를 위해 필수적이다.

액적의 크기가 작을수록, 즉 미세한 분무가 이루어질수록 농약 입자는 작물의 표면에 더 균등하게 퍼질 수 있다. 이는 특히 잎이 무성한 작물이나 세밀한 구조를 가진 식물에 적용할 때 유리하다. 작은 물방울은 잎 표면뿐만 아니라 잎의 뒷면, 작물의 내부까지 침투할 수 있어 해충이나 병원균이 숨어 있는 부분에도 약제가 효과적으로 도달할 수 있다.

반면, 액적의 크기가 크다면 분무된 약제가 일부 특정 부위에 집중적으로 떨어지게 되며, 이는 방제 효과를 저하할 가능성이 있다. 특히 큰 물방울은 잎의 표면에서 쉽게 흘러내릴 수 있으며, 식물의 조직으로 충분히 침투하지 못해 약제의 효과가 기대만큼 발휘되지 않을 수 있다.

농약이 효과적으로 작물 전체에 도포되려면, 단위 면적당 분포하는 방울의 개수가 충분해야 한다. 액적의 크기가 지나치게 크다면 단위 면적당 방울의 수가 감소하게 되어 약제가 충분히 퍼지지 못할 수 있으며, 이 경우 일부 병해충이나 병원균이 남아 생존할 가능성이 높아진다. 이와 반대로, 액적의 크기가 작으면 단위 면적당 더 많은 방울이 형성되므로 농약의 균일한 분포가 가능하며, 적은 양의 약제로도 높은 방제 효과를 얻을 수 있다.

또한, 농약을 공중에서 살포하는 경우 소량의 농약으로도 균일한 커버리지를 확보하는 것이 중요한데, 액적이 작으면 넓은 범위에 농약이 퍼져 경제적인 방제 효과를 기대할 수 있다.

그림 액적에 따른 약제의 낙하율

살충제나 살균제의 효과는 기본적으로 치사량(효과적인 농도와 용량)을 충족해야 한다. 하지만 액적의 크기가 적절하지 않으면 효과적인 치사량을 확보하지 못할 수 있다.액적이 크면 충분한 농약이 살포된 것처럼 보이지만, 일부 병해충은 약제에 노출되지 않고 살아남아 방제 실패로 이어질 수 있다.

액적이 작아 단위 면적당 방울이 많아지면 더 적은 양의 농약으로도 효과적인 방제가 가능하므로, 약제의 사용량을 줄이면서도 방제 효율을 높일 수 있다. 결과적으로, 적절한 액적 크기를 유지하는 것은 농약의 경제성과 환경적 안전성을 확보하는 중요한 요소가 된다.

2 액적의 크기와 증발

드론 방제 작업에서 노즐에서 분사된 농약의 액적 크기는 방제 효과와 직결되는 중요한 요소이다. 액적 크기가 작을수록 대기 중에 부양하는 시간이 길어지며, 이는 방제 작업의 효율성과 정확성에 부정적인 영향을 미칠 수 있다.

특히, 온도가 높고 습도가 낮은 환경에서는 분사된 농약의 액적에서 수분이 빠르게 증발한다. 이로 인해 약제가 작물 표면에 효과적으로 부착하거나 침투하지 못하고,

공중에서 사라지거나 주변으로 비산되는 문제가 발생할 수 있다. 이러한 현상은 약제의 손실을 초래할 뿐만 아니라, 방제 효과를 저하시켜 추가 작업이 필요하게 될 가능성을 높인다. 또한, 드론 방제에서 비행 고도는 약제가 대기 중에 머무르는 시간과 분포에 큰 영향을 미친다. 너무 높은 고도에서 방제를 진행하면, 분사된 약제가 긴 시간 동안 공중에 부유하게 되며, 바람이나 기류의 영향을 받아 목표 지점을 벗어나 비산될 가능성이 커진다. 이는 약제의 비효율적인 사용과 더불어 인근 작물이나 환경에 비의도적 영향을 미칠 수 있다.

주 30ℓ급 드론의 경우 4m이상의 고도는 한계고도 임계점을 넘은 것이다.

1. 작물의 특성

키가 큰 작물이나 밀도가 높은 작물은 약제가 표면에 잘 부착되도록 낮은 고도에서 방제하는 것이 유리하다. 반대로, 키가 낮고 간격이 넓은 작물은 약제가 고르게 분포하도록 약간 높은 고도가 필요할 수 있다.

2. 드론의 하향풍 영향

드론의 총 이륙 중량과 프로펠러에서 발생하는 하향풍은 약제를 작물 표면으로 밀어 넣는 데 중요한 역할을 한다. 가벼운 드론은 하향풍이 약해 고도와 속도를 세밀히 조정해야 하며, 중량이 무거운 드론은 강력한 하향풍으로 인해 약제가 지면 일정 구간에 지나치게 집중될 수 있다.

드론 방제를 효과적으로 수행하려면 작물의 특성과 생장 단계, 환경 조건, 드론의 하향풍 강도를 모두 고려하여 방제 고도를 조정해야 한다. 이를 통해 약제의 비산과 손실을 줄이고, 목표 작물에 약제를 고르게 부착시켜 방제 효과를 극대화할 수 있다.

그림 액적에 따른 균일 살포도

3 약제의 특성과 액적 크기의 적합성

드론 방제 작업에서 사용되는 살충제, 살균제, 그리고 액상 비료는 약제가 분사될 때 액적의 크기에 따라 방제 효과와 흡수 효율이 크게 달라질 수 있다.

이는 약제가 작물 표면에 부착되는 방식, 표면에서의 확산, 그리고 대기 조건에 따른 수분 증발률 등에 의해 영향을 받는다. 따라서 약제의 특성과 외부 환경 조건을 고려해 액적 크기를 조절하는 것이 매우 중요하다.

1. 살충제의 액적 크기와 방제 효과

살충제는 약제가 작물 표면에 부착된 이후 해충과의 접촉 또는 섭취를 통해 효과를 발휘한다. 살충제의 경우, 약제가 가진 수분이 일부 증발하더라도 방제 효과가 크게 감소하지 않는 특성이 있다.

작은 액적으로 살충제를 분사하면 작물 표면에 더 많은 약제가 균등하게 분포되어 해충과의 접촉 가능성이 높아지고 방제 효율이 증가한다. 다만, 드론의 이륙중량, 조종사의 비행 숙련도, 높은 비행 고도 그리고 외부 기온이 높아 수분 증발 속도가 급격히 빨라질 경우, 약제의 일부가 목표 지점에 도달하기 전에 손실될 가능성이 있으므로 주의가 필요하다.

2. 살균제의 액적 크기와 방제 효과

살균제는 약제가 작물 표면에 충분히 부착되고, 균등하게 확산되어야 병원균에 효과적으로 저항할 수 있다. 높은 고도에서 방제를 실시하거나 작은 액적으로 분사했을 경우, 살균제의 수분이 증발하면 작물 표면에 약제가 제대로 부착되지 않거나 확산이 불균일하게 이루어질 수 있다.

살균제는 약제가 포함한 수분이 증발할수록 방제 효과가 크게 저하될 수 있으므로, 적절한 액적 크기를 유지하여 작물 표면에서 약제가 균일하게 퍼지도록 해야 한다.

외부 기온과 습도가 낮은 경우, 상대적으로 큰 액적으로 분사하면 약제가 표면에서 충분히 확산될 시간을 확보할 수 있다.

주 살충제보다 상대적으로 큰 액적이 방제 효과에 유리하지만 그 크기는 100㎛~200㎛ 사이가 가장 방제 효과가 높은 적정 범위이다.

3. 액상 비료의 액적 크기와 흡수 특성

액상 비료는 작물의 잎 표면에 고르게 분포되어야 효과적인 영양 공급과 빠른 흡수가 가능하다. 작은 액적으로 분사하면 잎 표면에 비료가 더 균일하게 퍼져 흡수율이 높아지지만, 기온이 높고 습도가 낮은 환경에서는 비료의 수분이 빠르게 증발해 흡수 효율이 감소할 위험이 있다.

반면, 큰 액적으로 분사하면 대기 중 수분 증발이 적어 표면에 비료가 남아있을 가능성이 높다. 이는 흡수가 즉각적으로 이루어지지 않더라도, 이후 이슬이나 안개와 같은 수분 공급을 통해 비료 성분이 재흡수 될 수 있는 장점을 제공한다.

4. 환경적 요인과 조절 필요성

온도, 습도, 바람 등 외부 환경 요인은 약제와 비료의 효과를 크게 좌우한다. 온도가 높고 습도가 낮은 환경에서는 액적 크기를 키워 증발 손실을 줄이고, 바람이 강한 경우 약제가 목표 지점에 고르게 분포되도록 비행 고도를 낮추는 것이 중요하다.

드론의 비행 속도도 액적의 분포에 영향을 미치므로, 적절한 속도를 유지하여 약제가 공기 중에서 표류하지 않도록 해야 한다.

5. 약제 및 비료에 따른 최적화 방안

① **살충제** : 작은 액적(100㎛)으로 분사하여 표면에 균등한 분포를 유도하되, 수분 증발을 방지하기 위해 낮은 고도, 농약의 수분 증발 방지제(Evaporation Suppressant for Pesticides)등을 사용하여 환경 조건을 조정

② **살균제** : 적당한 크기의 액적으로 분사하여 표면 부착과 확산을 극대화. 기온과 습도를 고려하여 비행 고도를 낮추는 방식으로 보완

③ **액상 비료** : 환경 조건에 따라 액적 크기를 조절. 즉각적인 흡수가 필요하면 작은 액적을, 지속적인 흡수가 필요하면 큰 액적으로 분사

6. 작물의 형상과 환경에 따른 차이

농업 현장에서 드론 방제 작업은 작물의 특성과 약제 분사의 원리를 제대로 이해하고 활용할 때 가장 효과적으로 수행될 수 있다. 재배되는 작물의 형태와 구조는 방제 작업의 성패를 좌우하는 중요한 요인으로, 잎의 형태와 줄기의 재배 구조에 따라 약제가 표면에 부착되는 방식이 달라진다.

(1) 잎사귀 모양에 따른 방제작업

예를 들어, 넓고 납작한 잎을 가진 작물의 경우, 스프레이 드래프트(Spray Drift)를 활용하여 약제를 잎 뒷면까지 효과적으로 부착시킬 수 있다. 이 과정에서 드론의 비행 중 발생하는 스트림튜브와 기류를 적절히 활용하면 약제가 단순히 잎의 윗면에만 머무는 것이 아니라 뒷면까지 균등하게 도달하도록 유도할 수 있다.

또한, 수직 형태의 잎을 가진 작물에서는 드론의 비행으로 인해 형성되는 스트림튜브와 후방 난류가 중요한 역할을 한다. 이 난류는 약제를 공중에서 분산시키며, 잎의 측면이나 줄기와 같이 접근이 어려운 부위에 약제가 부착되도록 도와준다. 이런 방식은 방제효과를 높이고 약제 손실을 줄이는 데 기여할 수 있다.

(2) 분사 액적의 크기에 따른 분사

약제 분사의 또 다른 핵심 요소는 분사되는 액적의 크기이다. 작은 액적은 넓은 범위에 약제를 고르게 분포시킬 수 있는 장점이 있다. 그러나 이러한 작은 액적은 바람과 같은 외부 기류에 의해 쉽게 이동하거나, 대기 중에서 증발하여 약제가 목표 지점에 도달하지 못할 위험이 있다. 특히, 드론의 종류, 노즐의 위치, 조종자의 숙련도와 같은 변수가 이러한 문제를 더욱 복잡하게 만든다.

(3) 드론의 크기와 조종자의 숙련도

드론의 형상과 조종자의 숙련도는 약제의 분포와 부착에 중요한 영향을 미친다. 숙련된 조종자는 드론비행 경로를 최적화하고, 기류와 약제의 분포 특성을 잘 이해하여 방제 작업의 효율성을 극대화할 수 있다. 반면, 조종자의 숙련도가 낮거나 드론 설정이 잘못되면 작은 액적이 가진 이점조차 이해하지 못하거나 제대로 활용하지 못할 가능성이 크다.

(4) 최적의 방제 환경 조건이란?

작은 액적이 방제 효과에 유리한 경우가 많지만, 항상 이상적인 선택은 아니다. 약제의 특성과 기후 조건, 드론의 비행 속도와 고도, 작물의 형태를 모두 종합적으로 고려해야 한다.

예를 들어, 고온 건조한 환경에서는 작은 액적이 대기 중에서 증발하여 방제 효과를 저하시킬 수 있으며, 강한 바람이 불 경우 작은 액적이 목표 작물을 벗어나 비산될 위험이 커진다.

(5) 결론

방제 작업에서 작은 액적을 활용하는 것이 효과적일 수 있지만, 농약의 특성과 환경 조건, 드론의 설정과 조종자의 기술을 함께 고려하는 것이 가장 중요하다. 방제 작업은 단순히 약제를 뿌리는 것이 아니라, 작물의 구조와 환경, 기계적 요인을 모두 이해하고 조화롭게 운영하는 복합적인 과정이다. 이를 통해 약제의 효율성을 극대화하고, 불필요한 손실을 줄이며, 목표한 방제 효과를 최적으로 달성할 수 있다.

그림 방제 작업을 위한 환경 조건

> **주** **농약의 올바른 희석 방법과 사용**
> 약제의 희석은 농약 살포 작업에서 피할 수 없는 작업 중의 하나이며, 방제의 효과를 높이고 약제간의 물리적, 화학적 상호작용인 혼용장애를 막기 위해 정확한 희석 방법을 숙지한 후에 진행해야 한다.

4 살포 농도와 방제효과

동력분무기와 노즐 농약대를 사용한 일반적인 농약의 희석 배율은 400 : 1~ 800 : 1의 희석 배율을 가진다. 살충제의 경우 500 : 1~1000 : 1, 제초제의 경우 100 : 1~500 : 1, 생장 조절제의 경우 1000 : 1~2000 : 1의 희석 배율을 가지게 된다.

이는 노즐 농약대를 사용하는 특성상 농업인이 직접 작물에 인접하여 걸어가며 농약을 살포하기 때문에 작물에 도달하는 약제의 양이 일관적이지 못하고, 살포 시간이 길어지는 만큼 분사시간 확보가 필요하기 때문이다. 또한 약제의 투입량이 비교적 많고, 노동력이 많이 투입되는 단점도 존재한다.

물론 저농도 희석 분사의 이점이 없는 것은 아니다. 분사 입자가 크기 때문에 증발이 늦어 지속 시간이 길고, 살포되는 약제의 입경이 매우 크기 때문에 비산에 의한 피해도 드론에 비해 적을 수 있다.

드론을 이용한 방제는 동력분무기와 노즐 농약대를 이용한 방제 방법과 달리 매우 낮은 희석 배율의 고농도 약제를 살포한다.

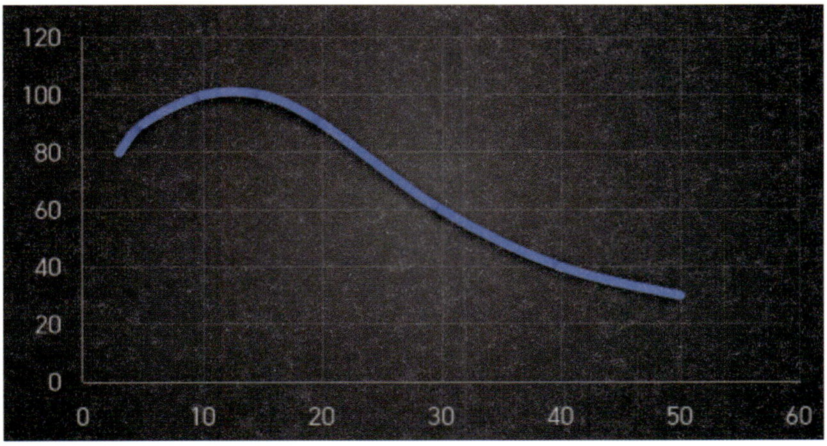

그림 희석 배율에 따른 방제 효과

일반적으로 수도용 약제 살포의 경우 대다수의 농가 또는 공동방제에서 살충제, 살균제, 영양제를 한번에 희석하여 살포하게 되고, 희석 배율은 2.5 : 1 ~ 10 : 1 사이의 원액에 가까운 고농도 살포가 이루어지게 된다.

1 고농도 살포의 이점

1. 유효성분의 절대량 감소

일반적으로 농약의 살포 효과는 작물까지 도달하는 유효성분의 양에 의하여 결정되게 된다.

농약의 희석 비율이 높아질수록 (즉, 2.5 : 1→20 : 1로 갈수록) 동일 부피의 용액에서 농약의 유효 성분의 농도가 낮아지게 된다. 따라서 작물에 도달하는 유효성분의 절대량이 감소하여 병해충 방제 효과가 떨어지게 된다.

반대로 생각하면 드론을 이용한 고농도 약제의 살포는 단위 면적당 사용되는 약제의 투입량을 줄일 수 있게 된다.

2. 부착성과 침투성의 변화

희석액의 농도가 너무 낮아지면 표면장력이 증가하여 작물 표면에 고르게 퍼지지 않거나 쉽게 흘러내릴 수 있다. 때문에 노즐 농약대를 이용한 분사는 약제의 일부가 작물에 붙지 못하고 흘러내리며 약제의 낭비도 심해진다.

또한, 유효 성분이 식물체 조직 내부로 침투하는 능력도 낮아질 수 있어 접촉 살충제나 침투 이행성 농약의 효과가 감소할 가능성이 높다.

실제 연구 사례에서도 5 : 1의 희석 배율보다 20 : 1의 희석 배율에서 농약 성분별로 약제의 효과가 5%에서 최대 30% 가까이 낮게 나타난다고 보고되었다. 약제의 희석 배율이 높고 단위 면적당 살포량이 적어 효과가 떨어진다는 것은 반은 맞고 반은 틀린 것이다.

이런 경우 대부분 분사 액적의 크기를 크게 하여 살포시간의 단축과 육안상의 살포 모습에만 치중하기 때문이다.

실례로 단위 면적당 절대 살포량이 적어 방제 효과가 낮다고 판단하여 2~3배의 물을 희석하여 다량의 희석 약제를 살포하는 지역과 농가가 늘고 있는데 이는 적절한 살포 액적의 크기, 살포고도, 하향풍의 강도 등의 방제 요구조건이 맞지 않아 발생했을 가능성이 매우 높다.

침투 이행성 농약(식물체 내부로 흡수되는 농약)과 표면장력이 높은 작물(예: 양파, 배추 등)에서는 약제가 제대로 부착되지 않거나 유효 성분의 적절한 농도가 유지되지 않아 방제 효과가 낮아지거나 방제에 실패하는 원인이 되기도 한다.

2 고농도 살포의 단점

이러한 고농도 살포는 장점만 존재하지는 않는다.

고농도 살포가 가진 장점을 적극 활용하기 위해서는 고농도 살포의 단점을 이해하고 예방할 수 있어야 한다.

1. 내성(Resistance) 발생 위험 증가

농약을 고농도로 사용하면 병해충이 빠르게 사멸하는 것처럼 보이지만, 일부 개체가 살아남을 경우, 빠른 속도로 저항성을 가지게 될 위험이 있다. 농약 저항성이 생기면 해당 농약이 효과를 잃어버리고, 이후에는 더 강한 농약을 사용해야 하는 악순환이 발생할 수 있다. 때문에 액적의 크기, 살포고도, 하향풍의 강도 등을 알맞게 활용하여 침투 가능 구역과 작물 낙하면적을 늘려야 한다.

2. 살포 액적(Droplet)의 크기 변화와 드리프트(Drift) 증가 가능성

드론 살포에서는 일반적으로 미립자(ultra-low volume, ULV) 살포 방식을 사용한다. 특히 고농도 농약은 적은 양의 물에 희석되므로 약제의 증발이 빠르고, 작은 입자가 공중에서 쉽게 떠다니는 문제가 발생할 수 있다.

때문에 약제가 살포대상에 고르게 분포되지 못하거나 비산에 의해 피해가 발생할 수 있다. 고농도 약제의 살포는 일반적 사용자의 예상보다 더 낮은 고도에서 방제를 진행하여야 한다.

3. 약해(Phytotoxicity) 발생 가능성

고농도 살포 시 작물에 약제가 과다 흡수되거나 표면에 높은 농도로 남아 약해(약물 피해, phytotoxicity) 가 발생할 가능성이 높아진다.

특히 사용자의 조종기술이 부족하거나 사용하는 드론의 분사기구의 종류와 특성에 따라 달라지게 된다. 따라서 연약한 잎을 가진 작물(예: 상추, 배추 등)이나 어린 묘목에서는 고농도 농약이 잎 조직을 손상시키고, 갈변(변색), 잎 마름 현상, 생장 저해 등이 나타날 수 있다.

드론으로 고농도 약제를 이용한 살포는 약제의 효과 증대, 투입 약제의 감소, 환경 오염 방지, 빠른 살포 , 인건비 절감 등의 순기능이 있다. 하지만 무분별한 고농도 살포보다 약제에 따른 부착력과 침투력, 작물 표면특성 등을 고려하여 분사 액적의 크기를 조절하고 사용자의 조종능력과 사용 드론의 특성에 따라 살포 전략을 수립하는 것이 매우 중요하다.

P/A/R/T

04

식생지수와 디지털 활용 방제

1 식생지수의 분석과 응용 등

멀티스펙트럴 카메라란?

멀티스펙트럴 카메라는 가시광선뿐만 아니라 인간의 눈으로 볼 수 없는 근적외선 및 다른 파장 대역의 빛을 감지할 수 있는 특수 센서를 장착한 카메라이다. 이를 통해 작물, 토양, 물체 등의 특성을 다양한 파장 대역에서 관찰할 수 있다.

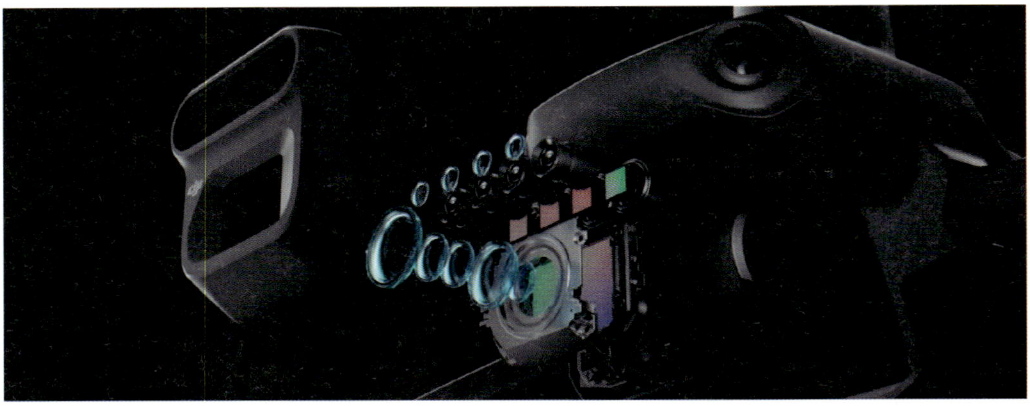

그림 DJI의 Multiispectral camera 드론 Mavic3M

멀티스펙트럴 카메라를 이용한 식생지수 분석은 드론과 같은 플랫폼에 장착된 멀티스펙트럴 카메라를 활용하여 작물 및 식생의 상태를 분석하는 기술이다. 이를 통해 농업 및 환경 관리에서 효율성과 정밀성을 크게 향상시킬 수 있다.

1 식생지수 분석 과정

1. 데이터 수집

멀티스펙트럴 카메라는 가시광선(녹색, 적색)과 근적외선(NIR) 대역의 이미지를 촬영한다.

이 과정에서 식물은 서로 다른 파장의 빛을 흡수하거나 반사한다.

① 건강한 식물: 엽록소로 인해 적색 대역의 빛을 많이 흡수하고, 근적외선 대역의 빛은 많이 반사한다.

② 스트레스받은 식물: 근적외선 반사율이 감소하고 적색 흡수율이 낮아진다.

2. 식생지수 계산

촬영된 이미지 데이터를 기반으로 픽셀 단위로 식생지수를 계산한다.

(1) 식생지수(NDVI) 공식

$$NDVI=\frac{(NIR-Red)}{(NIR+Red)}$$

NIR : 근적외선 대역에서의 반사율

Red : 적색 대역에서의 반사율

(2) 식생지수(NDVI) 값의 범위

- 1에 가까울수록 건강한 식물
- 0에 가까울수록 스트레스 받은 식물 또는 식물이 없는 구역

3. 결과 시각화

계산된 식생지수(NDVI) 값은 색상 지도로 표현된다.

- **녹색** : 건강한 식생
- **황색** : 약간 스트레스 받은 식생
- **적색** : 병든 식생 또는 식물이 없는 지역

4. 다양한 식생지수 예시

(1) NDVI (Normalized Difference Vegetation Index)

가장 널리 사용되는 지수로 식물의 광합성 활동 및 생물량을 평가한다.

(2) EVI (Enhanced Vegetation Index)

대기 조건과 배경반사효과를 보정하여 보다 정확한 결과를 제공한다.

$$EVI = G \cdot \frac{(NIR - Red)}{(NIR + C_1 \cdot Red - C_2 \cdot Blue + L)}$$

• G : 이득계수 • C_1, C_2C_1, C_2C_1,C_2: 대기보정계수

• L : 조도보정계수

5. SAVI (Soil-Adjusted Vegetation Index)

토양 반사율 영향을 줄이기 위해 조정된 지수이다.

$$SAVI = \frac{(NIR - Red)}{(NIR + Red + L)} \cdot (1 + L)$$ L : 토양보정계수

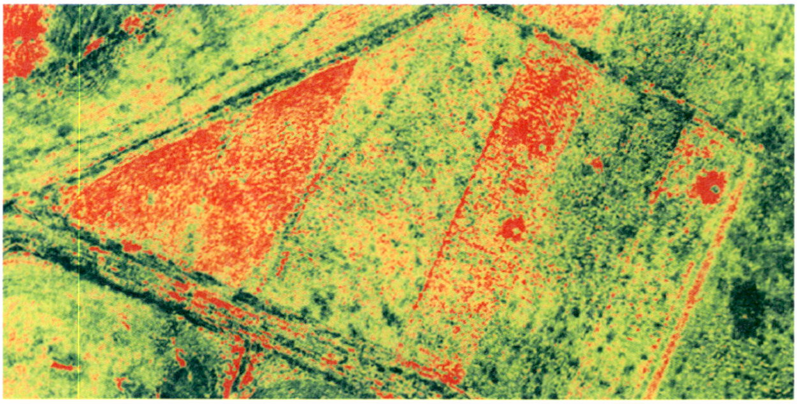

그림 식생지수 NDVI 적용 이미지

식생지수를 활용한 기술은 농업, 환경 관리, 재난 대응 등 다양한 분야에서 매우 유용하게 사용된다. 이를 통해 작물과 식생의 상태를 빠르고 정밀하게 파악할 수 있어 시간과 비용을 절약하고, 효율적인 관리가 가능하다. 그러나 이 기술에는 몇 가지 장점과 한계가 존재한다.

2 식생지수의 응용 분야

1. 정밀 농업에서의 활용

식생지수는 농작물의 상태를 모니터링 하는데 유용하다. 예를 들어, 식물이 건강하지 않은 지역을 식별하고, 영양 부족, 병충해, 수분 부족 같은 문제를 조기에 발견할 수 있다. 이 정보는 농부가 필요한 구역에만 비료나 농약을 투입하도록 돕기 때문에 자원을 절약할 수 있다. 또한, 작물의 상태를 기반으로 수확량을 예측할 수 있어 농업 관리의 효율성이 높아진다.

2. 산림과 환경 관리

산림의 건강 상태를 모니터링하거나 숲이 병해충으로부터 얼마나 손상되었는지 평가하는데 식생지수가 사용된다.

기후 변화나 가뭄 같은 환경적 변화가 산림과 녹지에 미치는 영향을 파악하고, 이를 기반으로 복구 계획을 수립할 수도 있다. 예를 들어, 탄소 흡수량을 평가하여 탄소 중립 목표를 달성하는데 기여할 수 있다.

3. 재해 대응

산불이나 홍수 같은 재해 이후에는 피해 지역의 식생 상태를 평가하는 것이 중요하다. 식생지수를 활용하면 식물이 얼마나 손상되었는지 빠르게 파악할 수 있어, 복구 작업을 어디에 집중해야 할 지 결정할 수 있다. 또한, 가뭄으로 인해 식물이 스트레스를 받는 지역을 감지하면 사전에 대응할 수 있다.

4. 도시 녹지 관리와 생태계 보전

도시 공원이나 녹지의 상태를 분석하고, 필요한 관리 작업을 계획하는 데 식생지수를 사용할 수 있다.

예를 들어, 열섬 현상을 완화하기 위해 도심에 나무를 더 심어야 할 곳을 식별할 수 있다. 또한, 생태계 보호를 위해 야생동물이 서식하는 지역의 식생 상태를 모니터링하고, 건강한 환경을 유지하도록 돕는다.

5. 식생지수의 장점

① 식생지수의 가장 큰 장점은 데이터를 수집하고 분석하는 데 매우 빠르고 효율적이라는 점이다. 드론이나 위성 같은 장치를 사용하면 넓은 지역의 식물 상태를 짧은 시간 안에 분석할 수 있다.

② 그리고 이 데이터는 객관적이고 정량적인 결과를 제공하기 때문에, 사람의 주관적인 판단 없이도 신뢰성 있는 결정을 내릴 수 있다.
특히 농업에서는 비료나 농약을 필요로 하는 지역만 선택적으로 관리할 수 있어 비용을 줄이고 환경에 미치는 영향을 최소화할 수 있다.

3 식생지수의 한계

① 기상 조건의 영향을 많이 받는다는 점이다. 예를 들어, 위성이나 드론으로 데이터를 수집할 때 구름이 끼거나 비가 내리면 정확한 데이터를 얻기 어려울 수 있다.

② 토양 반사율이나 배경 환경에 의해 데이터가 왜곡될 가능성이 있다. 이러한 문제를 해결하려면 추가적인 보정 작업이 필요하다.

③ 초기 장비 비용이 높다는 점도 한계이다. 드론, 멀티스펙트럴 카메라, 소프트웨어 같은 장비를 구입하고 이를 유지하는 데 큰 비용이 들 수 있다.

④ 식생지수는 데이터를 정량화하는데 효과적이지만, 이를 올바르게 해석하고 현장 상황과 결합하는데 전문 지식이 필요하다. 비전문가는 데이터를 활용하는 데 어려움을 겪을 수 있다.

식생지수는 농업과 환경 관리에서 매우 강력한 도구로, 정확하고 효율적인 관리를 가능하게 한다. 하지만 이를 최대한 활용하려면 기상 조건과 비용 같은 한계를 해결할 수 있는 보완 기술이 필요하다. 또한, 데이터를 쉽게 이해하고 활용할 수 있는 사용자 친화적인 시스템도 함께 개발되어야 한다. 식생지수를 통해 지속 가능한 농업과 환경 관리를 실현할 수 있는 가능성은 매우 크며, 이를 통해 보다 나은 미래를 만들어갈 수 있을 것이다

2 매핑과 자동방제

드론을 활용한 농업 기술은 단순히 시간과 비용을 절약하는 것을 넘어, 농업 전반의 방식과 철학을 변화시키고 있다. 특히나 단순 농업용 약제 살포를 넘어 매핑을 이용한 자동방제 기술은 특히 대규모 농지 관리나 노동력이 부족한 지역에서 더 큰 효과를 발휘한다.

※ 출처 : DJI.com

그림 DJI의 매핑 도식화 장면

1 자동화 기술의 발전과 응용

드론과 GIS의 결합은 단순히 기계적인 비행을 넘어, 농업의 자동화를 한 단계 더 진화시켰다. 예를 들어, 드론은 지형 데이터를 실시간으로 수집하고 이를 분석하여 방제 작업이 최적의 조건에서 이루어지도록 돕는다. 이런 실시간 데이터 기반으로 접근법은 기존의 수동 작업 방식과 비교할 때 더 정확한 작업이 가능하며, 농작물의 손상을 최소화할 수 있다. 또한, 방제 경로 생성 시 농작물 사이의 간격, 지형의 복잡성, 예상되는 장애물 등을 고려하여 설계되기 때문에, 작업자가 일일이 현장을 확인하거나 조정할 필요가 없다. 결과적으로 드론 한 대로도 여러 명의 인력을 대체할 수 있는 수준의 효율성을 구현할 수 있다.

주 **GIS란?**

드론의 GIS(Geographic Information System)는 드론 운영에 사용되는 지리 정보 시스템을 의미하며, 드론을 이용한 다양한 작업에서 위치 기반 데이터를 수집, 분석, 시각화, 관리하는 데 핵심적인 역할을 한다. GIS는 드론의 경로 설정, 데이터 매핑, 정확한 작업 수행 등을 지원하며, 특히 농업, 토지 조사, 건설, 재난 관리, 환경 모니터링 등에서 광범위하게 활용된다.

2 AI와 머신러닝의 활용

AI 기술은 농업 데이터를 단순히 수집하는 것을 넘어, 이를 해석하고 예측하는 데 활용된다. 예를 들어, 드론이 촬영한 이미지를 분석하면 작물의 성장 패턴과 병해충 발생 가능성을 미리 예측할 수 있다.

이렇게 축적된 데이터는 머신러닝 알고리즘에 의해 학습되어, 시간이 지날수록 더 정확한 분석 결과를 제공할 수 있다. 또한, AI는 작물마다 다른 생육 특성을 반영한 맞춤형 분석도 가능하게 한다.

그림 DJI의 AI를 이용한 과수 인식

예를 들어, 쌀과 옥수수는 각각 다른 병충해와 생육 조건을 갖고 있기 때문에, AI는 이러한 차이를 학습하여 각각의 작물에 적합한 관리 방안을 추천할 수 있다. 이는 농업 생산성과 품질을 동시에 향상시키는 데 크게 기여한다.

과수와 같은 대형 작물의 경우 AI 기술을 통하여 작물의 분포와 지형 등을 분석하여 약제의 낭비 없이 효율적인 방제를 진행할 수 있도록 촬영한 이미지를 데이터화하여 자동 인식한다.

3 친환경 농업의 실현

기존의 농업은 대량의 약제 사용으로 인해 환경오염을 유발하는 경우가 많았다. 하지만 DJI 드론은 정밀한 방제 경로와 약제 사용량 최적화를 통해 불필요한 약제 낭비를 줄인다. 특히, 특정 지역에만 집중적으로 방제를 실행하는 것이 가능하므로, 주변 환경에 미치는 영향을 최소화할 수 있다. 이는 지속 가능한 농업으로 나아가는 데 중요한 역할을 한다.

4 농업의 디지털 전환 (Digital Transformation)

DJI 기술은 농업의 디지털 전환을 촉진하고 있다. 과거에는 경험과 감각에 의존하던 농업이 이제는 데이터 기반으로 의사결정을 내리는 방향으로 전환되고 있다. 농부들은 드론과 AI가 제공하는 데이터를 통해 작물의 상태를 직관적으로 이해할 수 있으며, 이를 활용해 비료 사용량, 방제 빈도, 수확 시기를 최적화할 수 있다.

5 실질적인 경제적 효과

농업 기술이 발전하면서 농부들은 초기 투자 비용에 대한 부담을 느낄 수 있지만, 장기적으로는 큰 경제적 효과를 기대할 수 있다. 드론과 AI 기술은 노동 비용을 절감하고, 약제 사용량과 물 소비를 줄여 비용 효율성을 극대화한다. 동시에 작물의 수확량과 품질이 향상되므로 농업의 수익성을 높이는 데 기여한다.

3 AI를 이용한 방제 성공 사례

1 중국의 대규모 쌀 농지 관리

중국의 한 대규모 쌀 농장에서는 드론을 활용하여 기존 방제 방식 대비 작업 시간을 60% 단축하는 데 성공했다. 이 농장은 수백 ha에 달하는 면적을 관리해야 했으며, 방제 작업에 많은 시간과 인력이 투입되었다.

드론을 도입한 후, 미션 플래너를 사용해 방제 경로를 설계하고 자동으로 작업을 수행했다.

식생지수(NDVI) 데이터를 통해 병충해가 발생한 지역을 정확히 식별하고, 특정 구역에만 약제를 살포하여 약제 사용량을 30% 절감할 수 있다.

결과적으로 수확량은 15% 증가했고, 농장의 운영 비용은 크게 감소했다.

2 유럽의 포도밭 병해 관리

이탈리아의 한 포도 농장은 고급 와인 생산을 위해 병충해 방제를 정밀하게 관리해야 한다. 전통적인 방법으로는 농장 곳곳을 수작업으로 조사해야 했지만, 드론과 AI 기술을 도입한 후 작업이 훨씬 효율적으로 바뀌었다.

드론은 멀티스펙트럼 이미지를 통해 포도밭의 건강 상태를 매주 모니터링했다.

병해가 발생한 구역을 조기에 감지하고, 필요한 구역에만 선택적으로 약제를 살포하여 환경 피해를 줄였다.

이를 통해 농장의 와인 품질을 유지하면서 생산비를 20% 절감했다.

※출처 : DJI.com

그림 GIS를 이용한 경사지 자동방제

3 한국의 스마트 농업 프로젝트

한국의 한 스마트 농업 시범단지에서는 드론과 AI 분석 기술을 활용해 다양한 작물을 관리했다. 특히, 배추와 무와 같은 김치 재료 작물을 대상으로 병해충 방제를 진행했다.

드론은 실시간으로 촬영한 영상을 클라우드로 전송하여 AI가 분석하도록 했고, 병충해 발생 가능성이 높은 지역을 자동으로 표시했다.

농부는 모바일 앱을 통해 즉각적으로 필요한 조치를 확인하고 드론에 명령을 내려 약제를 살포했다.

결과적으로 병충해 피해를 50% 이상 줄였고, 농작물의 상품성을 크게 향상시켰다.

4 미래 농업의 중심

드론과 AI 기술은 농업의 자동화와 정밀화를 가능하게 하여 농업의 미래를 혁신적으로 변화시키고 있다. 또한 작업 효율성을 높이고 자원을 절약함으로써 경제적 이점을 제공한다.

데이터를 이용한 정확한 방제를 진행하는 AI 농업 방제는 환경오염을 줄이고 지속 가능한 농업을 실현할 수 있는 도구로 자리 잡고 있다.

데이터 기반 농업의 확산으로 농민은 더 나은 의사결정을 내릴 수 있으며, 이는 전 세계 농업 생산성을 높이는 데 기여할 것이다.

5 FPV 카메라를 이용한 1인칭 방제

최신 방제용 드론은 고화질과 낮은 지연율의 영상을 조종사에게 제공하여 드론의 비행 경로와 작물의 상태에 장애물의 유무를 빠르게 파악하는데 도움이 된다.

※ 출처 : DJI.com

그림 FPV 카메라를 이용한 방제

① FPV 카메라를 이용한 방제용 드론은 기존의 육안비행으로 진행했던 방제 작업보다 운용 효율성을 높이는 데 큰 기여를 한다. 농지의 규모나 형상에 따라 경계가 확인되지 않는 곳도 많이 있다.

② FPV 카메라를 이용하면 드론이 방제해야 되는 구역을 영상을 보며 실시간으로 확인하여 약제분사를 실시할 수 있다.

이는 단순 자동방제보다 더 유연한 현장 대응을 가능하게 되어 장애물이나 예상치 못한 야생 동물의 접근 등에도 빠르게 대응이 가능하다.

③ 특히, 카메라를 이용한 원거리 방제는 차량과 농기계의 이동 경로가 수풀에 뒤덮여 진입하지 못하는 경우, 일부 계곡 위주의 진입로가 없이 계단형으로 형성된 농지의 경우 작업자의 접근 없이도 효과적이고 빠른 방제가 가능하다.

1. FPV를 이용한 방제 작업의 장점

① FPV 카메라를 활용한 방제는 약제를 낭비하지 않고 필요한 곳에만 살포할 수 있도록 하여 비용을 절감할 수 있다.

② 드론의 비행 경로를 실시간으로 조정하여 불필요한 비행 시간을 줄인다.

③ 농지의 경계가 조종자의 위지에서 확인 불가능하도라도 정확한 방제가 가능하다.

④ 접근이 어려운 방제 지역도 원거리에서 방제가 가능하다.

⑤ 기존 자동 경로 방식에서 발생할 수 있는 오차를 줄이고, 방제가 필요한 곳에만 약제를 살포할 수 있다.

2. FPV를 이용한 방제 작업의 단점

① FPV 카메라는 드론 조종자의 시야를 실시간으로 제공하지만, 조종자가 실시간으로 모든 상황을 처리해야 하므로 고도의 조작 기술이 요구된다.

특히, 초보자는 FPV 화면만 보고 드론을 조종하는 데 어려움을 느낄 수 있으며, 이는 작업의 정확도에 영향을 미칠 수 있다.

② 조종자가 전송되는 화면을 주시하게 되어 노즐의 이상 분사 등을 파악할 수 없다.

③ 조종사의 기량에 따라 매우 큰 폭의 방제 퀄리티의 차이가 발생한다.

④ FPV 카메라는 드론의 특정 방향(주로 전방)만을 보여주기 때문에 주변 환경에 대한 시야가 제한적이다. 드론 주변의 장애물이나 작업 구역을 완전히 파악하기 어려워 충돌 사고나 작업 누락 가능성이 있다.

⑤ 악천후(예 : 비, 안개, 강한 바람)에서는 FPV 카메라의 화질이 저하되거나 조작이 어려워질 수 있다. 특히, 안개나 먼지가 많은 환경에서는 시야가 제한되어 작업의 정밀도가 떨어질 가능성이 크다.

⑥ FPV 방제 드론은 조종자가 화면에 집중하여 작업을 수행해야 하므로, 장시간 작업 시 피로감이 커질 수 있다. 특히, 화면을 집중적으로 보면서 조작해야 하는 작업 특성상 목과 눈의 피로가 누적될 가능성이 있다.

6 RTK를 이용한 GPS 위치 교정방법

RTK(Real-Time Kinematic)는 위성항법시스템(GNSS, Global Navigation Satellite System)을 기반으로 실시간으로 위치 데이터를 교정하여 높은 정밀도를 제공하는 기술이다. 일반적인 GPS 기술이 몇 미터의 오차를 가지는 반면, RTK는 이를 센티미터 수준으로 줄여 준다.

1. RTK의 작동 원리

RTK는 위성에서 수신한 GPS 신호를 기준으로, 기준국(Base Station)과 이동국(Rover)간에 실시간으로 데이터를 교환하며, 오차를 교정하는 방식으로 작동한다.

(1) 기준국(Base Station)

기준국은 정확한 위치를 알고 있는 고정된 수신기이다. 위성에서 수신한 신호와 자신의 정확한 위치를 비교하여 발생하는 오차(위성 신호의 지연, 대기층 왜곡 등)를 계산한다.

계산된 오차를 교정 신호(오차 데이터)로 변환하여 이동국으로 전송한다.

일반적인 이동식 기준국은 나무 등의 장애물이 있을 경우 약 0.5~3km의 신호를 송출한다. 개활지의 경우 약 5~15km에 신호를 송출하게 된다.

일부 농업용 기기 제조사에서는 약 50Km 범위의 고정식 기준국을 지역별로 설치하여 사용자가 별도의 RTK 스테이션의 설치 없이 사용 가능하도록 국내에서 서비스하고 있다.

(2) 이동국(Rover)

이동국은 드론, 트랙터, 로봇 등 이동하는 장비에 탑재된 GPS 수신기이다.

기준국으로부터 받은 교정 신호를 이용해 자신의 위치 데이터를 실시간으로 보정한다.

이를 통해 높은 정밀도로 위치를 계산할 수 있다.

※ 출처 : DJI.com

그림 RTK 기지국 설치

2. RTK의 주요 특징

(1) 실시간 교정

RTK는 기준국이 실시간으로 오차를 계산하고 이동국이 이를 즉시 적용하므로, 작업 중에도 정밀한 위치 데이터를 제공한다.

(2) 센티미터급 정밀도

일반 GPS는 대기, 전리층, 다중 경로 오류 등으로 인해 13m의 오차가 발생하지만, RTK는 오차를 거의 제거하여 12cm 수준의 정밀도를 제공한다.

(3) GNSS 데이터 활용

RTK는 GPS뿐만 아니라 GLONASS, Galileo, BeiDou와 같은 다양한 GNSS 데이터를 활용하여 더 많은 위성 신호를 처리할 수 있다. 이를 통해 신호 안정성과 정확도가 향상된다.

(4) 실시간 데이터 전송

RTK는 기준국과 이동국 간에 UHF/VHF 무선 통신, LTE, Wi-Fi 등을 사용해 데이터를 주고받는다.

3. RTK의 장점

(1) 높은 정밀도

기존 GPS보다 훨씬 높은 위치 정밀도를 제공하여 농업, 측량, 건설 등 정밀한 작업이 필요한 분야에서 유용하다.

(2) 실시간 처리

오차를 실시간으로 교정하기 때문에 빠르게 변화하는 작업 환경에서도 정확한 위치 데이터를 사용할 수 있다.

(3) 다양한 응용 가능

정밀 농업(방제, 이앙, 수확), 토목 공사, 지도 제작, 드론 비행 제어 등 다양한 분야에서 활용된다.

4. RTK의 단점

(1) 기준국 설치 필요

RTK는 기준국이 반드시 필요하며, 기준국이 없는 환경에서는 사용할 수 없다.

(2) 통신 제약

기준국과 이동국 간의 통신이 끊기면 RTK의 교정 기능이 중단된다. 통신 범위는 사용되는 기술(UHF, LTE 등)에 따라 제한된다.

(3) 비용

RTK 장비와 기준국을 설치하는 데 초기 투자비용이 발생한다. 고성능 장비를 요구하기 때문에 유지 관리 비용도 고려해야 한다.

고비용인데도 왜 RTK를 사용하나요?

- **RTK**(Real-Time Kinematic)는 드론이 농약 살포, 파종, 비료 살포와 같은 작업에서 위치를 정확히 제어할 필요가 있을 때 매우 유용한 기술이다. 특히 경로 선택형 자동 방제, 지형 데이터를 활용한 자동 방제, AI 기반 자동 방제 작업에서 정밀한 위치 정보는 작업의 성공 여부를 결정짓는 중요한 요소이다.

① 일반 GPS는 위성이 보내는 신호가 대기와 전리층을 통과하면서 발생하는 신호 지연과 굴절로 인해 1~3미터 정도의 위치 오차를 가지게 된다. 또한 강우, 폭설, 두꺼운 구름 같은 기상 조건도 신호를 약화시켜 정확도를 떨어뜨릴 수 있다. 이러한 오차는 정밀한 작업이 요구되는 드론 비행에서는 문제가 될 수 있다.

② 반면, RTK는 cm 단위의 정밀한 위치 정보를 제공하여 GPS의 한계를 극복한다. RTK는 기준국에서 실시간으로 교정 데이터를 제공하여 드론의 위치 오차를 보정한다. 이를 통해 드론이 설정된 경로를 정확히 따라 비행할 수 있으며, 방제 구역의 약제를 균일하게 살포하는 등 작업 품질을 크게 향상시킬 수 있다.

③ 특히, 산악 지역이나 건물이 많은 도심 지역처럼 GPS 신호가 불안정한 환경에서는 RTK가 더욱 중요한 역할을 한다. RTK는 이러한 환경에서도 안정적인 위치 정보를 제공하여 드론의 안전한 비행을 돕고, 작업중 발생할 수 있는 사고나 누락을 방지한다.

결론적으로, RTK는 드론 작업에서 필수는 아니지만, 정밀성과 안전성이 중요한 작업에서는 매우 유용하며, 작업의 효율성과 품질을 크게 향상시키는 도구로 활용된다.

7 방제 패턴의 이해

방제 패턴은 드론을 활용한 농업 방제 작업에서 약제를 효율적이고 고르게 살포하기 위해 필수적인 요소이다. 정확하고 체계적인 방제 패턴은 작업의 성공 여부를 좌우할 수 있기 때문에 매우 중요하다. 다음은 방제 패턴의 중요성에 대한 이유를 정리한 내용이다.

1. 약제의 균등한 분포

방제 패턴은 약제가 작물 전체에 고르게 분포되도록 보장한다. 패턴이 없거나 불규칙하면 특정 구역에 약제가 과다 살포되거나 누락될 가능성이 높아, 병해충 방제가 제대로 이루어지지 않을 수 있다. 균등한 살포는 농작물의 생육 상태를 균일하게 유지하는 데도 필수적이다.

2. 약제 낭비 방지

방제 패턴은 약제가 필요한 구역에만 정확히 살포되도록 경로를 계획하기 때문에 약제의 낭비를 줄일 수 있다. 약제를 불필요하게 많이 사용하면 비용이 증가할 뿐만 아니라 환경에도 부정적인 영향을 미친다.

3. 방제 효율성 향상

체계적인 방제 패턴을 통해 드론의 비행 경로를 최적화하면 작업 시간을 줄이고, 배터리 사용 효율을 높일 수 있다. 동일한 농지에서 더 짧은 시간 안에 작업을 완료할 수 있어 생산성이 향상된다.

4. 환경 피해 최소화

방제 패턴이 체계적으로 설계되면 약제가 목표 구역 외로 비산되는 것을 방지할 수 있다. 비산 방지는 주변 환경 오염을 줄이고, 근처 주민이나 비농업 지역에 약제가 노출되지 않도록 한다.

5. 작업자의 안전 보장

바람 방향, 안전거리 등을 고려한 방제 패턴은 약제가 조종사나 작업자에게 날아오는 것을 방지한다. 이를 통해 작업자는 작업 중 약제 노출로 인한 건강 위험을 줄일 수 있다.

6. 반복성과 재현성

체계적인 방제 패턴은 동일한 작업을 반복하거나 재현할 때 일관성을 보장한다. 데이터 기반의 경로 설정을 통해 이전 작업과 비교 및 분석이 가능해, 향후 작업의 품질을 지속적으로 개선할 수 있다.

7. 드론의 비행 안정성

방제 패턴은 드론이 일정한 고도와 속도로 비행하도록 계획되기 때문에 비행의 안정성을 유지한다. 예측 가능한 경로와 일정한 조건은 드론의 수명을 연장하고 장비의 고장을 예방한다.

8. 병해충 방제효과 극대화

병해충이 발생한 지역과 그렇지 않은 지역을 구분하여 살포 강도를 조절할 수 있는 패턴은 방제 효과를 극대화한다. 특정 구역에 집중적으로 약제를 살포하거나 농지 전반에 균일하게 살포하는 방식 등을 적절히 선택할 수 있다.

9. 법적 및 규제 준수

방제 작업은 약제 사용량, 살포 방식, 환경 보호 등을 규제하는 법적 기준이 있을 수 있다. 방제 패턴을 체계적으로 계획하고 실행하면 이러한 규제를 준수하는 데 도움이 된다.

10. 작업 기록 및 데이터 활용

체계적인 방제 패턴은 작업 후 비행 경로와 약제 사용량을 기록하여 분석 자료로 활용할 수 있다. 데이터는 이후의 방제 계획 수립, 약제 효과 평가, 작업 개선 등에 유용하게 쓰인다. 방제 패턴은 단순히 드론의 비행 경로를 설정하는 것을 넘어, 방제의 효율성과 정확성을 보장하고 약제 사용을 최적화하며 환경과 작업자의 안전을 확보하는 데 핵심적인 역할을 한다. 잘 설계된 방제 패턴은 농작물의 생산성을 높이고, 방제 작업의 전반적인 품질을 향상시키는 중요한 요소이다.

P/A/R/T

05

농약의 흑과 백

농약의 흑과 백

1 농약의 분류와 특성

1 농약의 종류

농약은 농업에서 작물의 생육을 방해하거나 해를 끼치는 다양한 해충, 병원균, 잡초, 곰팡이 등을 방제하기 위해 사용하는 화학적, 생물학적 물질을 총칭한다. 농약은 작물의 생산성을 향상시키고, 수확량을 늘리며, 품질을 유지하기 위해 사용된다.

농약은 사용 목적에 따라 다음과 같이 분류된다.

① **살충제** : 곤충 해충을 퇴치하거나 억제하는 약제

② **제초제** : 잡초를 제거하거나 성장을 억제하는 약제

③ **살균제** : 작물에 영향을 미치는 곰팡이, 박테리아 등의 병원균을 제거하거나 예방하는 약제

④ **살비제** : 쥐와 같은 유해 동물을 퇴치하는 약제

⑤ **생장조절제** : 작물의 성장 속도를 조절하는 약제

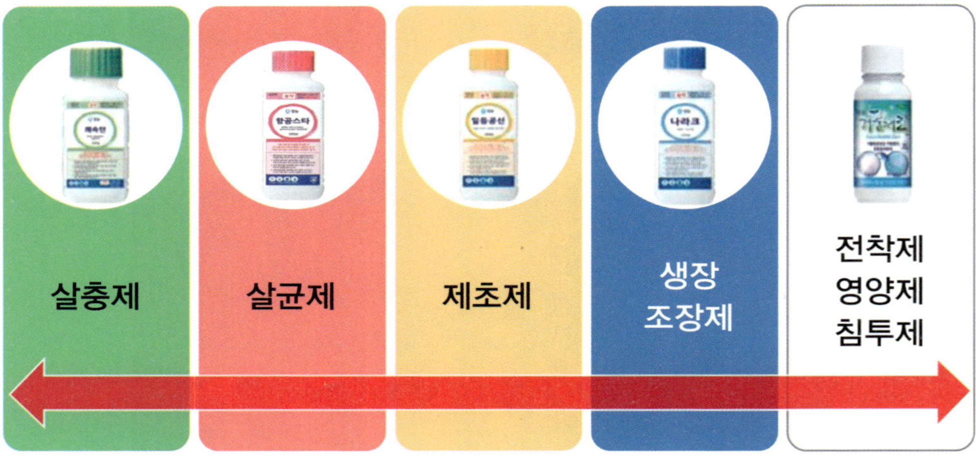

그림 용기의 색상에 따른 분류

약제 중에서 액제는 살충제, 살균제, 제초제, 생장 조장제, 전착, 침투제 등으로 여러 가지 색상으로 구분하여 사용자가 식별하기 쉽도록 되어있다. 용기의 색상별 약제의 종류를 기억해두면 매우 편리하게 사용할 수 있다

2 약제의 현상에 따른 분류

① **수화제(입상 수화제)** : 물에 잘 녹지 않는 주성분에 증량제, 계면 활성제 등을 첨가하여 친수성을 높인 분말 약제를 말한다.

② **액상 수화제** : 물에 녹지 않는 성분을 물에 현탁(懸濁)시킨 것으로 점성이 높아 용기에 달라붙는 단점이 있다.

③ **유탁제** : 소량의 수용성 용매에 농약 원제를 용해하고, 유화제를 사용하여 물에 유화시킨 것을 말한다.

④ **현탁제** : 액상에 고형의 약품을 분산시킨 형태이다.

⑤ **유현탁제** : 물에 녹지 않는 고체 상태의 성분과 오일 상태의 성분을 물에 분산시킨 형태로 액상 수화제와 유탁제가 혼합되어 있는 제형이다. 유제와 액상 수화제의 특징을 겸비한 제제로 유제의 침투 이행성을 향상시키고, 액상 수화제의 부착력을 높이는 장점이 있다.

⑥ **입제** : 대부분의 크기가 8~60메시(mesh, 약 0.5mm~2.5mm) 사이의 입자로 구성된 약제이다.

⑦ **액제** : 물에 잘 녹는 제제로 물에 희석하면 투명한 액상이 된다.

⑧ **과립 훈연제** : 약제의 성분을 가열하여 연기화 후, 연기의 형태로 살포되며, 발연제, 방염제, 점열제 등이 함유되기도 한다.

⑨ **유재(油滓, oil foots)** : 물에 잘 녹지 않는 주성분을 용매에 녹여 유화제를 첨가한 제제로 용매의 종류 및 함량에 따라 약해의 우려가 있다. 물과 혼합 시 우유 색상의 유탁액이 되며, 수화제보다 희석이 편리하고 약효가 다소 높다.

⑩ **정제** : 분말 상의 약제를 작은 원형 모양으로 압축하여 사용 편의성을 높였다.

⑪ **세립제** : 입제보다 입자의 크기가 작은 제형으로 적은 양의 유효 성분을 골고루 뿌리기 위함이다.

⑫ **수용제** : 수화제와 같은 특성을 가진 농약으로, 주로 액제의 성분이 물에 대한 수용도가 높은 제제이다. 원제와 가용화제를 물에 녹이면 수용제가 된다.

⑬ **분산성 액제** : 물에 잘 섞이는 특수 용매를 사용하여 물에 잘 녹지 않는 농약원제를 계면활성제와 함께 녹여 만든 제형이다. 특성은 액제와 비슷하나 고농도 제제를 만들 수 없는 단점을 가지고 있다.

⑭ **가스 훈증제** : 살충효과가 탁월할 뿐만 아니라 정제형 훈증제의 단점을 보완해 작업자의 안전성과 편리성을 높이고 환경보호에 보다 효과적인 제제로 대상을 밀폐시킨 후 가스를 주입하게 된다.

3 약제별 특성

1. 살균제

병원 미생물로 작물을 보호하는 약제이다.

① **종자 소독제** : 종자(씨)의 겉껍질에 묻어있는 병원균을 살균하기 위해 처리되는 약제이다.

② **토양 소독제** : 재배지나 그밖에 종자의 발아 등에 사용되며, 토양을 소독하기 위한 약제이다.

③ 살포용 살균제

- 보호 살균제 : 병원균이 작물에 침투하는 것을 방지하기 위한 약제이다.
- 직접 살균제 : 병원균의 작물침투 예방과 침입된 병원균을 살균하기 위한 약제이다.

2. 살충제

농작물에 해를 가하는 해충의 방제를 위한 약제로 경엽처리제와 토양처리제가 있다.

① 적용 특성

- 침투성 살충제 : 입, 줄기 및 뿌리 등에 침투하는 흡즙성 해충에 효과가 높은 약제이다. 해당 해충의 천적에 대한 피해가 적다.

② **식도제** : 해충이 직접 약제를 먹게 한 후 중독을 일으켜 죽이는 약제이다.

③ **접촉독제** : 해충의 표면에 접촉 흡수시켜 중독을 일으켜 죽이는 약제이다.

3. 제초제

작물의 생육을 저해하는 잡초를 제거하기 위한 약제이다.

① **선택성 제초제** : 화분과 작물에 안전하고 작물 이외의 잡초를 제거하기 위한 약제이다.

② **비선택성 제초제** : 약제가 살포 처리된 모든 식물을 제거하기 위한 약제이다.

4. 생장 조장제

제제(製劑)를 식물에 살포하여 식물의 형태적, 생리적인 특수변화를 꾀하는 물질로 식물 호르몬 이라고도 칭한다. 식물 호르몬과 유사한 성분을 가진 유기화합 물질을 식물 조장제라고 하며, 호르몬계와 비호르몬계로 나누어진다.

5. 보조제

약제의 효력 증대와 확전성을 높이기 위한 약제이다.

① **전착제** : 주요 성분을 작물이나 해충에 방제 시 전착률을 높이기 위한 약제로서 습윤성, 확전성이 높아진다.

② **증량제** : 분제약제 중 약제의 주요 성분의 농도를 낮추어 주는 보조제로 분산성, 고착성, 부착성, 안전성 등이 높은 것이다. 증량제의 종류는 규조토와 고령토, 탈크, 벤토나이트, 납석 등이 있다.

③ **용제** : 약제의 유효 성분을 녹이는 약제로 독성을 증대시킨다.

④ **협력제** : 제제 자체로는 효력을 가지고 있지 않지만 약제와 혼용하여 사용할 때 사용 약제의 유효성분의 효력을 증강시키는 작용을 가진 약제로 증강제라고도 불린다.

⑤ **약해 경감제** : 작물의 약해를 경감시킬 목적으로 약물 또는 제제에 첨가하는 약물을 말한다.

그림 농약의 혼용 현장

4 농약 혼용시 나타나는 현상

1. 물리적 현상

- **침전** : 농약 혼합 시 용액 내에서 고체 형태로 가라앉는 경우.
- **분리** : 농약 성분들이 균일하게 섞이지 않고 층을 이루는 경우.
- **응고** : 혼합 과정에서 점도가 높아지거나 덩어리가 생기는 경우.
- **발포** : 화학적 반응으로 인해 거품이 발생하는 경우.

2. 화학적 현상

- **분해** : 농약 성분이 서로의 화학 반응으로 인해 분해되어 효과가 감소하거나 변질되는 경우.
- **독성 증가** : 특정 성분의 혼합으로 인해 독성이 증가해 작물에 피해를 주는 경우.
- **효과 감소** : 서로 상충하는 성분으로 인해 농약의 효능이 감소되는 경우.

3. 생물학적 현상

혼합된 농약이 작물에 대해 약해(藥害)를 유발하거나 표적 병해충 이외의 생물을 피해 입히는 경우.

4. 상승 효과(Synergism)

두 가지 농약이 섞였을 때, 각 농약의 효과가 합쳐져 단독으로 사용할 때보다 더 강력한 효과를 발휘하는 경우이다. 이때 농약의 효과가 상승하여 더 적은 양으로도 효과를 볼 수 있다.

5. 길항 효과(拮抗, Antagonism)

혼합된 농약이 서로 반응하여 각 농약의 효과가 약화되는 현상이다. 예를 들어, 하나의 농약이 다른 농약의 작용을 방해하거나 차단하여 효과가 떨어지는 경우이다.

6. 화학적 변성

농약의 화학 성분이 혼합된 농약들끼리 반응하여 물리적 성질이나 화학적 성질이 변할 수 있다. 이로 인해 농약의 안정성이 떨어지거나 작용이 불완전하게 나타날 수 있다.

7. 부식성 증가

일부 농약을 섞으면 혼합물이 부식성을 더 강하게 만들어 장비나 다른 자재에 손상을 줄 수 있다.

5 혼용 시 주의 사항

드론을 이용한 농약 살포는 일반적인 동력 분무기와 비교했을 때 매우 낮은 희석 배율로 농약을 사용한다는 특징이 있다. 이는 드론의 약제 탱크 용량이 상대적으로 작기 때문에 농약의 농도를 높게 설정하여 최소한의 물로 최대 효과를 내는 방식이 일반적이기 때문이다.

그러나 이러한 낮은 희석 배율은 희석 과정에서 여러 문제를 야기할 수 있으며,

이로 인해 농약의 효과가 저하되거나 작물 및 환경에 피해를 줄 가능성이 높아진다.

① 드론의 약제 탱크에 농약을 직접 투입하거나 희석 과정을 제대로 따르지 않을 경우, 물리적·화학적 변화가 빠르게 진행될 수 있다.

예를 들어, 종류가 다른 농약을 탱크에 한꺼번에 주입하거나, 희석에 필요한 물 없이 농약 원제를 먼저 주입하면 농약의 농도가 불균형하게 형성된다. 이러한 상황에서는 농약의 화학적 안정성이 저하되면서 약제가 응집되거나 층이 생기고, 일부 성분이 침전물로 변할 가능성이 높아진다.

그림 드론의 약제 탱크에는 완전 희석된 약제만을 주입한다

② 특히 탱크의 아래쪽에 희석되지 않은 농약이 남아 있는 경우, 드론의 분사 노즐을 통해 고농도의 농약이 바로 분사될 수 있다.

이는 작물에 심각한 약해를 유발하며, 잎의 손상, 변색, 말라죽음 등과 같은 문제가 발생할 수 있다. 동시에 농약의 효과가 불균일하게 나타나 병해충 방제 효과가 떨어질 수 있으며, 작물 전체가 아닌 특정 구역에만 과도한 농약이 집중적으로 살포될 위험도 존재한다.

이와 같은 문제를 방지하려면 드론 농약 살포 시 다음과 같은 주의 사항을 철저히 지켜야 한다.

1. 정확한 희석 과정 준수

농약은 반드시 사용 지침서에 따라 적정 농도로 희석해야 하며, 희석 과정에서 농약 원제를 먼저 넣고 물을 나중에 추가하는 방식은 피해야 한다. 물을 먼저 탱크에 채운 후 농약을 서서히 투입하면서 충분히 섞어 균일한 혼합액을 만들어야 한다. 또한 하나의 약제를 완전히 희석한 후 다음 약제를 투입하여야 한다.

2. 혼합 전 테스트

여러 종류의 농약을 혼합해 사용해야 할 경우, 반드시 소량으로 테스트를 진행해 혼합 가능성을 확인하고, 물리적·화학적 변화가 없는지 점검해야 한다.

3. 장비의 적절한 관리

드론의 약제 탱크와 분사 노즐을 정기적으로 점검하고, 약제가 남아있는 상태에서 다른 농약을 추가로 투입하지 않아야 한다. 잔여 농약이 섞이는 것을 방지하기 위해 살포 작업 후 탱크를 철저히 세척하는 것도 중요하다.

4. 농약의 물리적 안정성 확인

농약을 희석하는 데 사용되는 물의 pH와 경도를 확인하고, 필요에 따라 중성 pH로 조절된 물을 사용하는 것이 중요하다. 물의 물리적 성질은 농약의 희석 및 안정성에 큰 영향을 미칠 수 있다.

5. 적절한 작업 순서와 환경 조건 준수

농약 살포는 바람이 없는 날씨 조건에서 수행해야 하며, 농약이 잘 분사되도록 드론의 비행 속도와 고도를 적절히 설정해야 한다.

드론을 이용한 농약 살포는 효율성과 경제성을 높이는 데 매우 유용한 기술이지만, 낮은 희석 배율로 인해 농약의 취급과 희석 과정에서 추가적인 주의가 필요하다. 이를 철저히 관리하지 않으면 작물 피해, 방제 실패, 환경 오염 등 다양한 부작용이 발생할 수 있으므로, 사용자는 반드시 올바른 절차를 준수하고 사전 준비와 관리를 철저히 해야 한다.

2 농약의 작용기작

농약의 작용기작(作用紀作)은 농약이 작물이나 해충에 어떤 방식으로 영향을 미치는지를 설명하는 개념이다. 농약이 작용하는 메커니즘은 다양하며 주로 해충이나 병원체의 생리적, 생화학적 과정을 방해하거나 억제하는 방식으로 작용한다.

농약의 작용기작은 크게 다음과 같이 나눌 수 있다.

1. 신경계에 작용하는 농약

살충제는 해충의 신경계를 방해하는 방식으로 작용한다.

예를 들어, 네오니코티노이드 계열 농약은 해충의 신경 수용체에 결합해 신경 전달을 방해하고, 유기인계 농약은 신경전달물질인 아세틸콜린의 분해를 억제하여 신경계 기능을 마비시킨다.

2. 호흡기계에 작용하는 농약

일부 농약은 해충이나 병원체의 호흡계를 방해하여 생명 활동을 멈추게 만든다.

예를 들어, 인산염계 농약은 해충의 호흡을 방해하고, 산소 공급을 차단하여 죽음에 이르게 한다.

3. 세포막에 작용하는 농약

일부 농약은 세포막에 결합하여 세포의 물질 수송을 방해하거나 세포막을 파괴한다. 예를 들어, 피리디니윰계 농약은 세포막에 결합해 물질 이동을 방해하고 세포 내 기능을 파괴한다.

4. 단백질 합성을 억제하는 농약

리보솜과 같은 세포 내 구조를 방해하여 단백질 합성을 억제하는 농약도 있다. 살균제 중 일부는 병원균의 단백질 합성을 방해하여 병원균을 죽이거나 증식을 억제한다.

5. 호르몬에 작용하는 농약

호르몬 제어 농약은 해충의 생식능력을 방해하거나 성장 과정을 억제하는 데 사용된다. 예를 들어, 유기염소계 농약은 해충의 성장을 방해하여 성숙을 늦추거나 죽음에 이르게 한다.

농약의 작용기작은 해충이나 병원체의 생리적 특성에 맞춰 설계되며, 작물에 해를 끼치지 않도록 정밀하게 개발된다.

1 살균제 작용기작별 분류 기준

작용기작 구분	세부 작용기작	표시 기호
생합성 저해 (핵산 및 뉴클레오타이드)	o RNA 폴리메라제 효소 저해	가1
	o 아데노신 디아미나제 효소 저해	가2
	o 핵산합성저해	가3
	o DNA 토포이소메라제 효소	가4
세포분열 저해	o 미세소관 생합성(벤지미다졸계)	나1
	o 미세소관 생합성(페닐카바메이트계)	나2
	o 미세소관 생합성(톨루아마이드계)	나3
	o 세포분열저해제(페닐우레아계)	나4
	o 스펙트린 단백질 저해(벤자마이드계)	나5
호흡 저해 (에너지 생성 저해)	o 복합제 Ⅰ 의 NADH 기능 저해	다1
	o 복합제 Ⅱ 의 숙신산 탈수효소 저해	다2
	o 복합제Ⅲ의 시토크롬 bc1기능 저해(Qol)	다3
	o 복합제Ⅲ의 시토크롬 bc1기능 저해(Qil)	다4
	o 복합제 Ⅰ 에서 Ⅳ로 이동시 수소이온이 막간 공간 이동 저해	다5
	o ATP 합성효소 저해	다6
	o ATP 생성저해제	다7
	o 복합체 Ⅲ의 사토크롬 bc1기능 저해(Qxli)	다8

작용기작 구분	세부 작용기작	표시 기호
아미노산 및 단백질합성 저해	o 메치오민 생합성저해제	라1
	o 단백질 합성 신장기 및 종료기 작용	라2
	o 단백질합성 개시기 작용(헥소피라노실계)	라3
	o 단백질합성 개시기 작용(글루코피라노실계)	라4
	o 단백질합성저해제(테트라사이클린계)	라5
신호전달 저해	o 작용기구 불명(아자나프탈렌계)	마1
	o 삼투압 신호전달 효소 MAP 저해(os-2, HOGI)	마2
	o 삼투압 신호전달 효소 MAP 저해(os-1, Daft)	마3
지질생합성 및 막 완전성 저해	o 현재 없음	바1
	o 인지질 생합성 효소 중 메틸 전이효소 기능 저해	바2
	o 지질 과산화와 관련	바3
	o 세포막 투과성저해	바4
	o 현재 없음	바5
	o 병원균 세포막 투과막 기능교란 미생물	바6
	o 병원균 세포막 투과막 기능교란 식물 추출물	바7
막에서 스테롤생합성 저해	o 라노스테롤 C-14 디메틸라제 기능 저해	사1
	o 스테롤 C-8 미소메라제 저해	사2
	o 스테롤 C-3 켄토환원 효소 기능 저해	사3
	o 스퀘알렌 에폭시다제 효소 기능 저해	사4
세포벽 생합성 저해	o 현재 없음	아1
	o 현재 없음	아2
	o 트레할라제 (글루코스 생성) 기능저해	아3
	o 키틴 생합성 저해	아4
	o 셀룰로스 생합성 저해	아5
세포막내 멜라닌 합성저해	o hydroxynaphthalene 환원 효소 저해	자1
	o scytalone 탈수소효소 저해	자2
기주식물 방어기작 유도	o 벤즈아이소티아졸 계 아스벤졸라 에스 메틸	차1
	o 벤즈아이소티아졸 계 프로베나졸	차2
	o 티아다이아졸카복사마이드 계	차3
	o 폴리사카라이드 계	차4
	o 식물 추출 계통 마디풀과의 giant knotweed의 추출물과 유사	차5
다점 접촉작용	o 보호살균제 무기유황제, 무기구리제, 유기비소제 등	카
작용기구 불명	o 메트라페논, 사이목사닐, 사이플루페나미드 등	타

2 살충제 작용기작별 분류기준

작용기작 구분	세부그룹 분류	표시 기호
아세틸콜린에스터라제 기능저해	o 카바메이트계 o 유기인계	1a 1b
GABA 의존 염소통로 억제	o 시클로디엔제 유기염소계 o 페닐피라졸계	2a 2b
Na 통로 조절	o 합성피레스로아드계 o DDT, 메톡시클로르	3a 3b
신경전달물질 수용체 차단	o 네레이스톡신계 o 나코틴계 o 설폭사플로르	4a 4b 4c
신경전달물질 수용체 기능향진	o 스피노계	5
염소통로 활성화	o 아버멕틴 계	6
유약호르몬 작용	o 유약호르몬 유도제 o 페녹시카브 o 피리프록시펜	7a 7b 7c
다점저해(훈증제)	o 할로젠화 알킬계 o 클로로피클린 o 설프릴 프르오라이드 o 붕산 o 토주석	8a 8b 8c 8d 8e
매미목 해충의 선택적 섭식저해	o 페메트로진 o 플로니카미드	9b 9c
응애류 생장저해	o 클로펜테진, 헥시티아족스 o 애톡시졸	10a 10b
미생물에 의한 중장 세포막 파괴	o B.t 와 그들의 독성단백질 o B.t 아종의 독성 단백질	11a 11b

작용기작 구분	세부그룹 분류	표시 기호
마이토콘드리아 ATP합성효소 저해	o 디아펜티우론	12a
	o 오르가노틴 살선충제	12b
	o 프로파자이트	12c
	o 테트라디폰	12d
수소이온 구배형성저해	o 클로르페나피르, DNOC, 설플르아미드	13
신경전달물질 수용체 통로폐쇄	o 네레이스톡신계	14
0형 키틴합성저해	o 요소계	15
I형 키틴합성저해	o 퓨프로페진	16
파리목 곤충 탈피저해	o 사이로마진	17
탈피호르몬 수용체 기능향진	o 디아실하이드라진	18
옥토파민 수용체 기능향진	o 아미트라제	19
전자전달계 복합체Ⅲ 저해	o 하이드라메틸론	20a
	o 아세퀴노실	20b
	o 플루아크리피림	20c
전자전달계 복합체Ⅰ 저해	o METI 살비제와 살충제	21a
	o 로테논	21b
전위 의존 Na 통로 폐쇄	o 인톡사카브	22a
	o 메타플루미존	22b
지질생합성저해	o 테트로닉, 테트라믹산 유도체	23
전자전달계 복합체Ⅳ 저해	o 포스핀	24a
	o 시아나이드	24b
전자전달계 복합체Ⅱ 저해	o 베타 케토니트릴 유도체	25
라이아노딘 수용체 조절	o 디아마이드계	28

3 제초제 작용기작별 분류기준

작용기작 구분	세부 작용기작	표시 기호
지질생합성저해	o ACCase 저해	A
	o 기타 지질 생합성 저해	N
아미노산 생합성 저해	o 아세토락테이트 합성효소 저해	B
	o EPSP 합성효소 저해	G
	o 글루타민 합성효소 저해	H
광합성 저해	o 광계Ⅱ에서 광합성 저해(트리아진계)	C1
	o 광계Ⅱ에서 광합성 저해(요소계)	C2
	o 광계Ⅱ에서 광합성 저해(벤조티아디아지논계)	C3
	o 광계Ⅰ에서 광합성 저해(비피리딜리움계)	D
	o protoporpyrinogen 산화효소 저해	E
생합성 저해	o PDS에서 카로티노이드 생합성저해	F1
	o HPPD에서 플라스토퀴논 생합성저해	F2
	o 카로티노이드 생합성 저해	F3
Dihydropteroate 합성효소 저해	o dihydropteroate 합성효소 저해(아슐람)	I
세포분열 저해	o microtubule 조립저해(디나이트아닐린계)	K1
	o 세포분열/microtubule 구성저해(카바메이트계)	K2
	o 초장쇄 지방산 합성저해(클로르아세타마이드계)	K3
벽 셀룰로오스 저해	o 세포벽(셀룰로오스)합성저해	L
에너지(호흡)형성저해	o 탈공역(uncoupling)에 의한 산화적 인산화과정 저해	M
식물호르몬 작용 교란	o IAA 유사작용(2,4-D, 디캄바 등)	O
	o 옥신이동저해(phthalamate 계)	P
	o 작용기작 불명(다이뮤론, 브로모뷰타이드, 인다노판)	Z

4 동종 농약 다중 사용 시 작용기작

작용기작이 같은 농약을 반복적으로 사용하면 여러 가지 문제가 발생할 수 있다. 주로 내성 문제와 환경 및 생태적 영향이 주요 문제로 나타난다. 구체적으로는 다음과 같다.

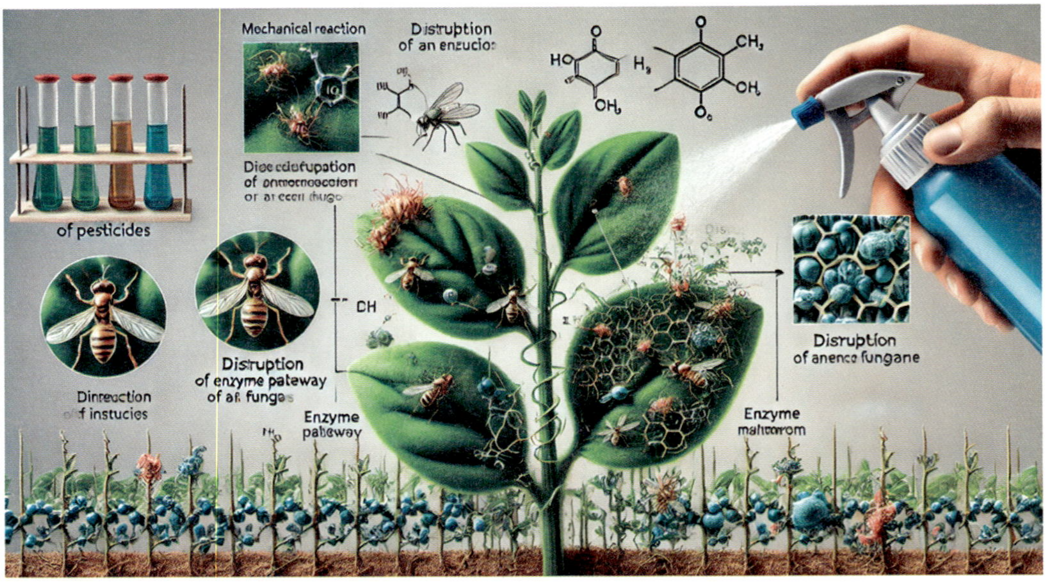

1. 내성의 발전

농약의 작용기작이 같은 농약을 계속 사용하면, 대상 해충이나 병원균이 그 농약에 내성을 가지게 될 수 있다. 내성(耐性)은 특정 농약이 해충이나 병원균에게 더 이상 효과를 보이지 않게 만드는 현상이다.

내성은 자연 선택의 결과로 발생하며, 농약이 지속적으로 사용되면 농약에 내성을 가진 개체들이 살아남아 번식하게 되고, 결국 해당 농약이 더 이상 효과적이지 않게 된다.

예를 들어, 살충제의 경우 신경계에 작용하는 농약을 지속적으로 사용하면 해충들이 해당 농약의 작용을 막는 변이를 나타내거나, 농약을 분해하는 능력을 가지게 되어 농약이 효과를 잃을 수 있다.

2. 병해충의 진화

동일한 작용기작을 가진 농약을 반복적으로 사용하면 병해충들이 진화적으로 해당 농약에 적응하게 되어, 장기적으로 농약의 효능이 감소하거나 아예 소용이 없게 될 수 있다.

이는 병해충의 증식 속도와 번식력에 따라 빠르게 발생할 수 있기 때문에 농약의 사용 주기를 짧게 만드는 요인이 된다.

3. 농약의 남용 및 환경 오염

동일한 작용기작을 가진 농약을 반복적으로 사용하면, 농약이 토양, 물, 공기 등 환경에 축적되어 환경 오염을 초래할 수 있다.

해충뿐만 아니라 농약의 부작용으로 인해 유익한 곤충, 미생물, 동물에도 피해를 줄 수 있다. 예를 들어, 살충제가 비타민D의 합성을 방해하거나, 물에 흘러 들어가면 수생 생물에 영향을 미칠 수 있다.

4. 농업 생태계의 균형 파괴

농약이 반복적으로 사용되면 농업 생태계 내의 자연적인 해충 억제 메커니즘이 약화될 수 있다. 예를 들어, 천적이나 다른 자연적인 해충 관리 방법이 제대로 기능하지 않게 될 수 있다.

지속적인 농약 사용은 농업 생태계의 다양성을 감소시키고, 지속 가능한 농업 환경을 저해할 수 있다.

5. 작물 피해

농약을 반복적으로 사용하면 일부 농약이 작물에 축적되어, 장기적으로 농작물의 품질에 영향을 미치거나, 약리적 효과로 인해 작물에 피해를 줄 수 있다.

6. 해결 방법

① **농약 순환 사용:** 동일한 작용기작을 가진 농약을 계속 사용하지 않고, 다양한 작용기작을 가진 농약을 번갈아 사용하는 것이 효과적이다. 이를 통해 내성 발달을 늦추고, 환경에 미치는 영향을 줄일 수 있다.

② **기타 방제 방법 병행:** 농약 외에도 자연적 해충 방제 방법(예: 천적 곤충 사용, 생물학적 방제)을 병행하여, 농약에 대한 의존도를 줄이고 생태적 균형을 유지할 수 있다.

③ **저농약 농업:** 농약 사용을 최소화하거나, 환경 친화적인 대체 기술을 사용하여 농업을 지속 가능하게 만들 수 있다. 따라서 농약의 사용 시, 지속 가능한 방법과 균형 잡힌 접근이 필요하다.

5 항공방제용 농약의 특징

항공방제용 농약 등록기준은 항공방제 기법을 통해 농약을 대규모로 뿌릴 때, 그 농약이 효과적이고 안전하게 사용될 수 있도록 하는 기준이 있다.

항공방제는 빠르고 효율적인 방제 방법이지만, 약제가 넓은 지역으로 퍼질 수 있기 때문에 비산, 환경오염, 인체 및 동물에 대한 안전성 등을 고려한 엄격한 기준이 필요하다. 한국에서의 항공방제용 농약 등록기준은 농약관리법과 농림축산식품부의 지침에 따라 설정된다.

1. 주요 등록기준

(1) 약제의 효과성

① 목표 병해충에 대한 효과

항공방제용 농약은 해충, 질병 또는 잡초 등에 대해 효과적인 방제 능력을 보여야 한다. 농약이 목표한 대상에 대해 일정 농도에서 충분히 효과를 발휘해야 하며, 비산 시에도 그 효과가 유지될 수 있어야 한다.

② 항공 방제에 적합한 성질

농약의 효과 지속 시간과 타깃 선택성도 중요한 평가 요소이다.

(2) 약제의 비산 저감성

① 비산 최소화

항공방제에서 중요한 점은 농약이 비산되어 주변 환경에 영향을 미칠 수 있다는 점이다. 따라서 항공방제용 농약은 비산을 최소화할 수 있는 물리적 특성(입자 크기, 점도 등)을 가져야 한다.

② 입자 크기 조절

약제의 입자 크기나 제형은 비산을 방지하는 데 중요한 역할을 하며, 약제가 바람에 날리지 않고 목표지점에 잘 떨어지도록 해야 한다.

(3) 안전성

① 인체와 동물의 안전성

농약은 사람과 동물에게 안전해야 하며, 독성 시험을 통해 사람, 가축, 애완동물에 대한 위험성을 평가해야 한다. 항공방제 농약은 그 특성상 더 넓은 지역으로 퍼지기 때문에, 인체나 동물에 미치는 영향을 최소화해야 한다.

② 수생 생물에 대한 안전성

농약이 수질 오염을 일으키지 않도록 해야 하며, 수생 생물에 대한 독성 시험이 필수적이다.

2. 환경 영향 평가

(1) 토양 및 수질 보호

농약이 환경에 미치는 영향을 평가하는 과정에서 토양 오염과 수질 오염을 방지할 수 있는 성질이 필요하다. 또한 자연 생태계에 미치는 영향도 고려되어야 하며, 비산된 농약이 주변 농작물이나 야생 생물에게 미치는 영향도 평가된다.

자연적인 해충 억제 역할을 하는 곤충이나 미생물에게 미치는 영향도 중요하다.

3. 농약의 물리적 / 화학적 성질

(1) 혼합성 및 제형 안정성

항공방제에서 여러 농약을 혼합할 수 있기 때문에 혼합성이 중요하다. 농약은 혼합 후에도 성질이 변하지 않고 안정적이어야 하며, 비행기나 드론에서 안정적으로 분사될 수 있어야 한다.

(2) 제형 및 점도

약제가 분사기계에 적합한 제형(劑形)이어야 하며, 너무 끈적이지 않거나 너무 액체 상태로 흐르지 않도록 점도와 입자 크기가 적절하게 설계되어야 한다.

4. 사용기기와의 호환성

항공방제 농약은 항공 방제 장비와 호환이 되어야 하며, 약제가 균일하게 분사되도록 설계되어야 한다. 따라서 분사기계(비행기, 드론 등)에 맞는 기계적 성질이 중요한 기준이 된다

5. 사용 및 보관 지침

항공방제용 농약은 사용 지침이 명확해야 하며, 과용을 방지하고 적절한 농도를 유지할 수 있도록 안내해야 한다. 또한, 보관 방법과 유효기간이 명시되어야 하며, 보관 시 안전성에 대한 사항도 반드시 포함되어야 한다.

그림 드론 방제 작업 현장의 이모저모

농약의 흑과 백

3 해외에서의 드론 방제

1 미국

1. 캘리포니아

캘리포니아는 농업 드론 방제의 선도적인 지역으로, 특히 아몬드, 포도, 과일 작물 등에서 드론을 이용한 방제가 활발히 이루어지고 있다.

2. 미시시피

미시시피는 드론 방제와 관련된 연구 및 실험이 이루어지고 있는 지역 중 하나이다. 농업 드론을 사용하여 잡초 방제 및 살충제 분사가 이루어지고 있다.

3. 텍사스

텍사스는 드론을 이용한 농약 방제를 대규모로 도입한 주로, 특히 면화 농장 등에서 드론 방제 기술이 점차 확산되고 있다.

2 유렵의 드론방제

1. 프랑스

프랑스는 드론 방제를 선도하는 국가 중 하나로, 특히 포도원, 옥수수 농장 등에서 활발하게 드론을 활용한 농약 방제가 이루어지고 있다. 프랑스 정부는 드론 방제를 촉진하기 위해 드론에 대한 기술 지원과 함께 규제를 개선하는 방향으로 나아가고 있다.

2. 스페인

스페인에서는 지중해 연안 지역의 농업에서 드론 방제를 적극적으로 도입하고 있으며, 특히 올리브 농장과 아몬드 농장에서 드론을 이용한 농약 방제가 활발히 이루어지고 있다. 스페인 정부는 농업 드론을 위한 교육 프로그램과 기술적 지원을 제공하고 있다.

3. 독일

독일은 정밀 농업에 대한 투자를 많이 하고 있으며, 드론 방제를 위한 연구 및 개발이 활발하게 이루어지고 있다. 특히 벼 농사나 밀 농사에서 드론 방제를 활용하여 농약 사용을 최적화하고 있다.

4. 네덜란드

네덜란드는 스마트 농업을 위한 기술 도입에 앞장서고 있으며, 드론을 이용한 정밀 방제 기술을 적극적으로 연구하고 있다. 네덜란드는 드론 방제를 통해 농약의 효율적인 사용과 환경 보호를 동시에 달성하려는 목표를 가지고 있다.

P/A/R/T

06

농약 안전사용 기준

농약 안전사용 기준

1 PLS 제도란?

잔류량이 허용기준을 넘지 않도록 농작물별로 각 농약의 사용횟수, 수확 전 살포가능 일수, 사용방법 등을 설정한 것.

한국에서는 현재 56개 작물에 대하여 104개 품목의 농약에 대해서 안전사용기준을 설정하였다.

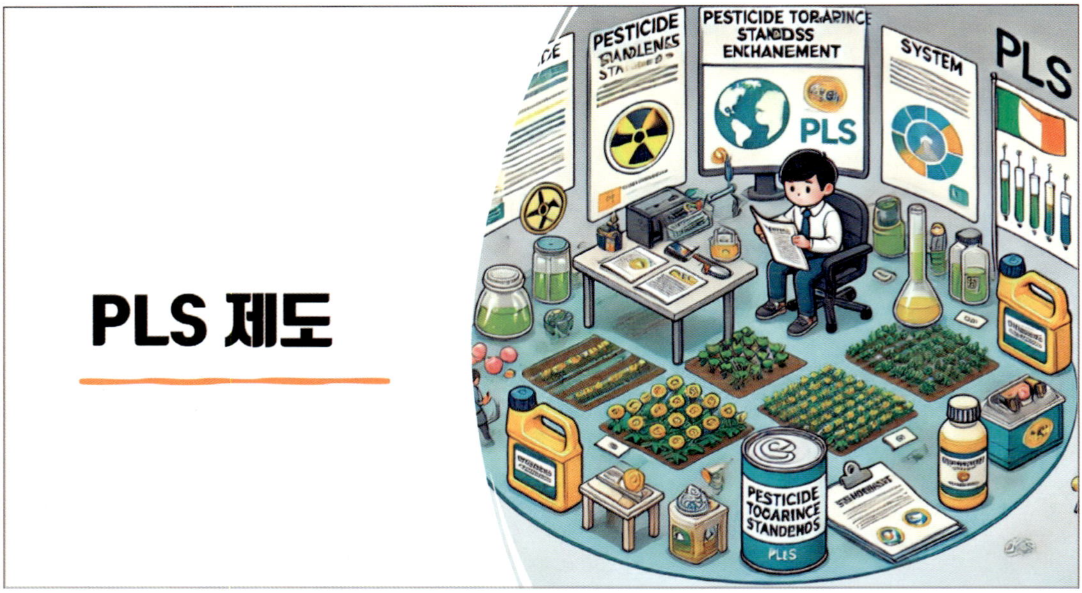

1 PLS

PLS(Positive List System)는 「농약 허용기준 강화제도」로, 2019년 1월 1일부터 시행되고 있다. 이 제도는 작물별로 등록된 농약만을 일정 기준 내에서 사용하도록 규정하여, 농약 사용을 체계적으로 관리하고 먹거리의 안전성을 강화하기 위해 도입되었다.

기존에는 농약 안전성 조사를 할 때 잔류허용기준이 없는 농약이나 미등록 농약 성분에 대해 외국 기준 또는 유사 농산물에 설정된 기준을 적용하여 적합 또는 부적합을 판정해왔다.

그러나 PLS 시행 이후, 미등록 농약에 대해서는 0.01ppm이라는 일률적인 기준이 적용된다. 이를 통해 농약의 무분별한 사용을 방지하고, 국민이 소비하는 농산물의 안전성을 더욱 강화할 수 있게 되었다.

1. PLS는 다음과 같은 목표를 가지고 있다

① **약 관리의 엄격화:** 등록되지 않은 농약의 사용을 차단하여 무분별한 농약 사용을 방지한다.

② **먹거리 안전 강화 :** 강화된 기준을 통해 농산물 내 농약 잔류를 최소화하여 소비자에게 안전한 먹거리를 제공한다.

③ **제 기준 준수 :** 글로벌 식품 안전 기준과의 조화를 통해 국내 농산물의 신뢰도를 높이고, 수출 경쟁력을 강화한다.

이 제도는 농업 현장에서 농약 사용에 대한 세심한 관리와 책임감을 요구하며, 농산물의 생산부터 소비까지 전 과정에서 먹거리 안전성을 확보하는 중요한 기반이 된다.

2. PLS 제도의 법적 근거

「농수산물품질관리법」 제60조~제68조(농식품부 위탁 : 제61조~제67조) · 생산 · 유통 · 판매단계 농산물 안전성조사를 통해 부적합 농산물의 시중 유통 차단

「친환경농어업육성 및 유기식품 등의 관리 · 지원에 관한 법률」 제31조 「농수산물 품질관리법」 제30조에 따른 친환경 · GAP 농산물의 생산과정 및 시판품사후관리

「농업 · 농촌공익기능 증진 직접지불제도 운영에 관한 법률」, 「인삼산업법」 등에 따라 직불제 지원 대상, 인삼 재배농가 등에 대한 잔류농약 분석 등

3. PLS 제도의 도입배경

PLS(Positive List System)는 농약 안전관리의 중요성이 증가함에 따라 농산물의 안전성을 강화하고 국민 건강을 보호하기 위해 도입되었다. 주요 도입 배경은 다음과 같다.

(1) 농산물 다양성과 수입량 증가에 따른 농약 관리 필요성

농산물의 종류가 다양해지고 수입 농산물의 양이 꾸준히 증가하면서, 농약 안전관리의 중요성이 대두되었다.

다양한 농산물에서 발생할 수 있는 농약 잔류 문제를 체계적으로 관리하여 소비자 안전을 확보하기 위한 제도적 보완이 필요했다.

(2) 관행적인 농약 오남용 예방

기존 농업 관행에서는 농약의 부적절한 사용, 과다 사용, 미등록 농약 사용 등의 문제가 발생해 왔다.

이러한 관행을 개선하고, 농약의 올바른 사용을 유도하기 위해 엄격한 기준과 관리가 필요했다.

(3) 국민 건강 보호

농작물 보호와 병해충 예방을 목적으로 사용되는 농약이 적절히 관리되지 않을 경우, 국민의 건강에 위험을 초래할 수 있다.

PLS는 농약의 무분별한 사용을 방지하여 농산물 소비로 인한 건강상의 위험을 최소화하고 국민의 안전한 식생활을 보장하기 위해 도입되었다.

(4) 국제 기준에 부합하는 농약 관리 제도 도입

PLS는 일본(2006년), EU(2008년), 대만(2008년) 등 주요 수입국에서 이미 시행 중인 제도로, 국제적인 농약 관리 기준과 조화를 이루기 위해 도입되었다.

이를 통해 국내 농산물의 신뢰성을 확보하고, 글로벌 시장에서의 경쟁력을 강화하는 데 기여한다.

4. 현행 규제와 PLS도입 후 규제 비교

구 분	PLS 도입 전 규제	PLS 도입 후 규제
잔류허용 기준이 정해진 것	기존 규격에 따라 기준 적용	기존 규격에 따라 기준 적용 (수입 식품 기준 포함)
잔류허용 기준이 정해지지 않은 것	CODEX기준 및 유사농산물의 기준을 적용하여 유통 가능	일정량(0.01ppm)을 초과하는 잔류물질을 함유하는 실물은 유통 금지 ※ 전 세계에서 사용하는 대부분의 농약에 대해 검사 실시

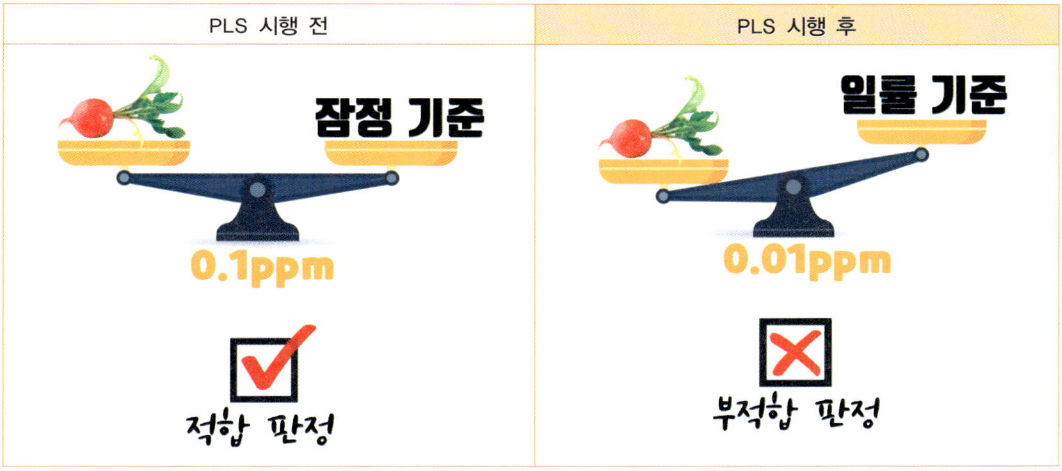

그림 PLS 시행 전후

PLS 도입은 기존의 유연한 규제 방식을 일률적이고 엄격한 기준으로 전환하여 농약 관리의 신뢰도를 높이고, 안전한 농산물 공급 체계를 구축하는 중요한 전환점이 되었다.

PLS(Positive List System) 도입 이전과 이후의 농약 잔류 허용 기준 규제를 비교하면 다음과 같은 차이점이 있다.

(1) 잔류허용 기준이 정해진 농약

- **도입 전후 모두 동일** : 잔류허용 기준이 정해진 농약의 경우, 기존 규격 및 수입 식품 기준에 따라 적용되며, 규제 방식에 큰 변화는 없다.
  기존 규격을 기반으로 하여 안전성 검사를 실시하며, 유통에 문제가 없는 농산물로 판정된다.

(2) 잔류허용 기준이 정해지지 않은 농약

- **현행 규제(도입 전)** : 잔류허용 기준이 없는 경우에는 국제 기준(CODEX 기준) 또는 유사 농산물에 설정된 기준을 적용하여 유통 가능 여부를 판정했다. 이는 비교적 유연한 규제 방식으로, 잔류 기준이 없는 농약에 대해 일정 수준의 기준을 간접적으로 설정한 것이다.
- **PLS 도입 후** : 잔류허용 기준이 없는 농약에 대해서는 일률적으로 0.01ppm이라는 엄격한 기준이 적용된다. 이 기준을 초과하는 잔류물질을 함유한 농산물은 유통이 금지된다. 이는 농약의 무분별한 사용을 차단하고, 보다 철저한 농약 관리와 안전성을 보장하기 위한 조치이다.

(3) 검사 범위 확대

PLS 도입 후, 전 세계에서 사용되는 대부분의 농약 성분에 대해 검사를 실시하여, 잔류 허용 기준을 충족하지 못하는 농산물의 유통을 원천적으로 차단한다. 이는 농약 관리의 엄격화를 통해 국민 건강과 먹거리 안전을 강화하는 데 기여한다.

2 0.01ppm은 어느 정도의 양일까?

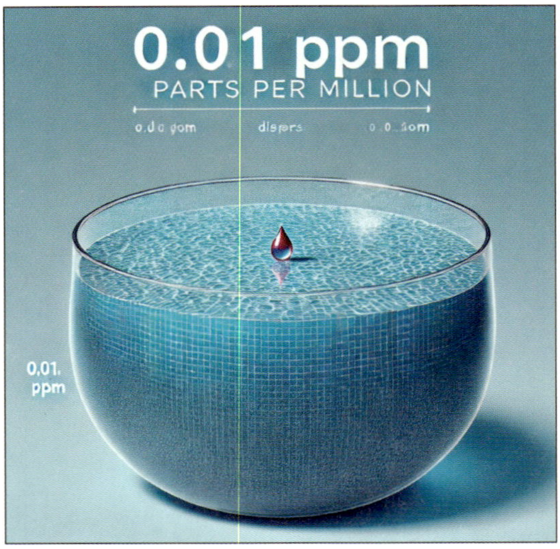

그림 수영장에 농약 $1\frac{1}{2}$스푼 정도의 농도

0.01ppm(불검출 수준)은 국제대회가 열리는 수영장에 물을 가득 채우고, C농약을 한 숟가락 반 정도 넣었을 때의 농도이다.

이는 농약이 검출되지 않는 수준의 적은 양이다.

1. 농약 사용 시 준수사항

① 농약 포장지 표기사항 반드시 확인하기

② 재배작목과 병충해 등 등록된 농약만 사용하기

③ 농약 희석 배수와 살포 횟수 지키기

④ 수확 전 마지막 살포 일수 준수하기

⑤ 출처가 불분명한 농약 사용하지 않기

2. 농약 구입 시 주의사항

① 농약 판매자에게 재배작목을 정확히 말하기

② 추천한 농약이 재배작목에 등록된 농약인지 확인하기

3. PLS관리 제도에 대한 대책

구 분	내 용
농 업 인	농업규모를 마을이나 들녘 단위로 작목 단순화 및 광역화 적용 범위가 넓고 안전성 높은 약제로 공동방제 약제 비산 억제방법을 강구
방제 작업 간	유인 항공기, 광역 방제기, SS 살포기 등 약제 비산이 많은 장비의 사용은 잔류기준 이상의 농약 검출로 PLS위반이 우려됨.
농업용 비행장치	등록된 농약만을 사용하고 살포고도, 희석배수, 살포량을 준수한다.

① 적용대상 농작물에만 사용할 것

② 적용대상 병해충에만 사용할 것

③ 적용대상 농작물과 병해충별로 정해진 사용방법·사용량을 지켜 사용할 것

④ 적용대상 농작물에 대하여 사용시기 및 사용가능횟수가 정해진 농약 등은 그 사용시기 및 사용가능 횟수를 지켜 사용할 것

4. PLS와 드론방제 관방법 추진

① 주변 상황과 비산 우려지역을 확인하여 방제 작업지도 작성

② 살포 예정일 전 이웃 농가 등에 방문, 전화, 문자, 방송으로 안내

③ 살포 후 항공방제 정보(살포지역, 농약정보 등) 기록 및 장비 세척

④ **살포 기준 준수** : 살포시 풍속 3m 이하, 비행고도 2~3m, 비행속도 15km/h 이하

5. 비의도적 농약 오염에 관한 대책 변화

정부는 비의도적 농약 오염으로 인한 농가 피해를 최소화하고, 재심사와 행정 지원 절차를 강화하여 친환경 농산물 관리 체계를 개선하고 있다.

동시에 PLS 제도의 엄격한 처벌 규정을 통해 농약 관리의 신뢰성을 높이고, 국민 먹거리 안전을 확보하고 있다.

(1) 친환경 농산물 관리와 비의도적 농약 오염에 대한 개선 조치

- 최근 드론 등을 활용한 항공방제 증가로 인해 의도치 않은 농약 오염 가능성이 커지면서, 정부는 친환경 농산물 관리 체계의 개선과 농가 구제를 위한 조치를 강화하고 있다.

그림 비의도적 농약 오염시 재심사

- 문제점 및 지적 사항
  농약에 오염된 친환경 농산물은 판매가 금지되며 엄격히 관리되고 있으나, 행정처분 과정에서 불합리한 측면이 있다는 지적이 제기됨.
  비의도적 농약 오염의 경우, 농가가 이를 증명하더라도 적절히 구제받지 못하는 사례 발생.

가. 주요 개선 사항

- 표준 업무 매뉴얼 보급 : 비의도적 농약 오염 확인 방법과 행정처분 절차를 구체화한 「인증업무 표준 매뉴얼」이 2022년 12월 시달됨.
- 개정 절차 완료 전이라도 농가가 주장하는 비의도적 농약 오염에 대해 재심사가 가능하도록 조치.

나. 재심사 절차 강화

- 농가가 비의도적 농약 오염을 증거로 제시할 경우, 인증기관이 반드시 재심사 요구를 수용하도록 법제화 진행 중 ('친환경농어업 육성 및 유기식품 등의 관리·지원에 관한 법률 시행규칙' 개정안).
- 인증 재심사는 기존 인증기관의 재량 결정에서 벗어나, 요건을 구체화하고 제3의 인증 심사원이 수행하도록 개선.

다. 행정 지원 강화

국립농산물품질관리원 지원센터(전국 9개소)에 '친환경 민원 창구' 개설.

인증기관의 평가항목을 개선하여 관리의 공정성과 신뢰성을 높임.

(2) PLS(Positive List System) 관리제도 처벌 규정

PLS 제도는 농약의 무분별한 사용을 방지하고 농산물 안전성을 확보하기 위한 엄격한 관리 체계를 유지하며, 이를 위반할 경우 다음과 같은 처벌 규정을 적용한다.

가. 농약 관리법 제40조 위반

- 미등록 농약 사용으로 잔류허용 기준 초과 발생 시: 농약 사용자와 약제 추천·판매자는 100만 원 이하의 과태료 부과

  단속 횟수에 따라 과태료가 상향되며, 최대 100만 원까지 부과 가능

나. 농수산물 품질관리법 제61조 및 제62조 위반

- 위반 사항 : 출하 연기, 용도 전환, 폐기 등의 이행 명령을 통보받고 이를 이행하지 않은 경우
- 처벌 내용 : 1년 이하의 징역 또는 1,000만 원 이하의 벌금 부과

6. PLS 시행 전과 후 변화는?

PLS 시행 전에는 농약 관리와 규제가 상대적으로 느슨하고 유연했지만, 시행 후에는 농약 허용 기준이 엄격히 적용되고 관리 체계가 강화되었다. 이를 통해 농약 오남용을 방지하고 국민의 먹거리 안전을 보장하며, 국제적 농약관리 기준에 부합하는 체계로 발전했다.

① 잔류허용 기준이 없는 농약은 0.01ppm의 일률 기준을 적용

② 기준을 초과한 농산물은 유통 금지.

③ 엄격한 관리로 농약의 무분별한 사용을 차단하고 농산물 안전성을 크게 강화.

④ 전 세계에서 사용되는 대부분의 농약 성분을 검사 대상으로 포함.

⑤ 미등록 농약의 사용을 철저히 금지하고, 0.01ppm 초과 시 강력한 규제를 적용.

⑥ 검사 체계가 확대되고, 농산물의 안전성이 국제적 수준으로 강화.

⑦ 작물별 등록된 농약만 사용 가능하며, 미등록 농약은 원칙적으로 사용 금지.

⑧ 농업인은 농약 사용에 대한 교육과 사전 관리를 강화해야 하며, 농약 사용 기록을 철저히 관리해야 함.

⑨ 비의도적 농약 오염에 대한 확인 및 재심사 절차가 마련됨.

⑩ 「인증업무 표준 매뉴얼」을 통해 농가 구제를 강화하고 행정 처분의 공정성과 투명성 확보.

⑪ 친환경 농산물 관리 체계 강화로 소비자 신뢰 상승.

⑫ 미등록 농약 사용 시 과태료(최대 100만 원) 또는 농산물 품질관리법 위반 시 징역 1년 이하, 벌금 1,000만 원 이하 등 처벌 강화.

⑬ 강력한 제재로 농약 관리 규범 준수를 유도.

주 PLS 농업인 안전수칙 홍보영상(출처 : 농림축산식품부)
https://www.youtube.com/watch?v=fA4RY-w092g&t=1s

* 「농약 안전사용기준」은 '농약정보서비스(http://pis.rda.go.kr)' 또는 농사로(http://www.nongsaro.go.kr)에서 확인 가능

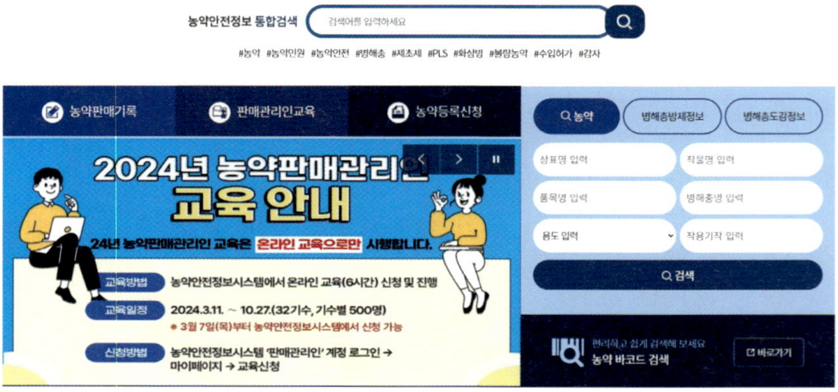

그림 농약 안전사용기준 홈페이지

농약 안전사용 기준

2 농약 사용 지침

1 농약이란?

농약의 공식 명칭은 '**작물보호제**'이지만, 농업 현장과 대부분의 농민은 이를 통칭하여 '**농약**'이라고 부른다.

농약은 단순히 정의하기 어려운 복합적인 개념으로, 농작물에 피해를 주거나 생리 기능을 저하시킬 수 있는 다양한 요소를 억제하거나 제거하고, 농작물의 생리 기능을 촉진시키기 위해 사용되는 약제를 말한다. 이러한 요소에는 균류, 곤충류, 응애, 선충, 바이러스, 달팽이, 두더지 등 일부 동물, 그리고 잡초, 이끼류 등이 포함된다. 또한, 농약의 물리적 성상을 개선하여 효능을 높이는 보조제 역시 농약의 범주에 포함된다. 이는 농약의 효과적인 사용과 작물 보호를 위한 필수적인 요소로 간주된다.

1. 농약의 범위

① 농작물의 생육을 촉진시키거나 억제하여 품질과 수확량의 개선을 시킬 목적의 약제

② 작물의 재배 중 발생하는 잡초, 이끼 등을 제거하거나 작물을 보호하기 위한 목적으로 사용하는 약제

③ 작물의 재배 중 발생하는 병과 해충으로부터 작물을 보호하거나 제거하기 위한 약제

④ 농작물을 재배하기 위해 토양 또는 종자를 소독하기 위한 약제

⑤ 약제의 효과증대나 성상을 변화하여 부착성 증대, 비산방지, 거품 방지 등을 목적으로 사용되는 여러 가지 보조제

⑥ 해충의 천적살포, 해충을 축제하는 해충 병원균 등도 농약의 범주에 포함한다.

2. 농약의 역할

농약은 농업 활동에서 생산성을 높이고 안정적인 생육 관리를 위해 매우 중요한 역할을 한다.

1950년대 화학 농약이 보급된 이후, 농업 생산량은 급격히 증가했으며, 현대에도 농약을 사용한 농지는 미사용 농지에 비해 평균 10% 이상의 생산량 증대 효과를 보이고 있다.

또한, 농약은 생산량 증대뿐 아니라 농산물의 상품성을 높이는 데 기여한다. 미국 농업 조사에 따르면, 농약을 살포한 지역은 미살포 지역에 비해 농산물 품질이 20~40% 향상된 것으로 관찰되었다.

비록 농약 살포 시기, 병해충 발생 빈도 등 다양한 요인에 따라 이러한 데이터의 신뢰도가 다소 변동될 수 있지만, 농약 사용은 병해충과 잡초를 효과적으로 방제하고 수확 시기를 조절함으로써 경제적 효과가 매우 크다는 점이 입증되었다.

3. 요방제 수준의 활용

항공방제업은 지자체 지원사업으로 실시되는 공동방제와 농가에서 실시하는 개별 방제로 나눌 수 있는데 공동방제의 경우 넓은 면적을 동시에 실시하여 방제의 효과를 높이기 위한 수단으로서 요방제 수준과는 별개로 진행된다.

요방제 수준이란 병해충이 발생되었다고 무조건 방제를 실시하는 것이 아닌 작물에 해를 입혀 생장을 저하시킬 수 있는 발생 정도에 따라 방제여부를 결정하는 것을 말한다.

이는 단순 해당 농지의 발생 정도만 고려하기보단 인근 농지의 발생 정도도 참고하여 확신 가능 여부까지 고려되어야 한다.

또한 약제를 살포한다고 하더라도 해당 병해충을 100% 제거할 수 없으므로 약제의 살포로 작물에 생장에 피해를 주지 않을만한 수준으로 낮춘다는 것을 목표로 해야 한다.

요방제 수준은 작물에 따라 달라 사과 탄저병의 경우 0.1%에서 요방제 수준을 충족하지만 보리의 붉은 곰팡이병의 경우 35%가 요방제 수준이 된다.

수도용 제초제의 경우도 미국가막사리는 m^2당 2본이 요방제 수준이지만 한련초의 경우 m^2당 55본이 요방제 수준에 해당된다.

① **사과 탄저병** : 0.1% 발생 시 요방제 수준 충족

② **보리 붉은 곰팡이병** : 35% 발생 시 요방제 수준 충족

③ **수도용 제초제 기준**

- 미국가막사리 : m^2당 2본 발생 시 요방제 수준 충족
- 한련초 : m^2 당 55본 발생 시 요방제 수준 충족

2 농약의 취급방법/ 폐기방법

농약은 적정량을 사용할 경우 농산물의 품질과 수확량 증대에 매우 도움이 되는 물질이지만 오남용 되거나 다량 누출되는 경우, 잘못된 보관 방법으로 인하여 그 성상이 변질된 경우에 오히려 작물과 환경에 피해를 입히게 된다.

1. 농약의 보관방법

- 직사광선이 비치지 않는 그늘진 곳에 보관
- 과냉, 과열되지 않는 일정안 온도를 유지 가능한 곳에 보관
- 다른 농약병에 소분하여 보관하지 않기
- 통풍이 잘되는 곳에 보관
- 유통 기한이 만료되기 전 사용

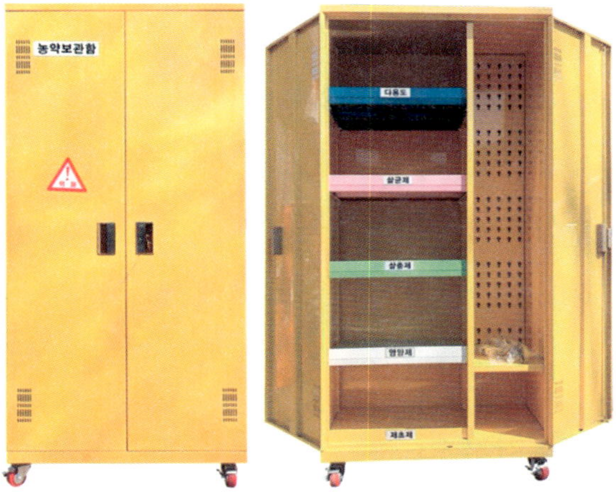

그림 농약의 보관함

농약의 경우 농약 보관함을 구비하여 반드시 보관함 안에 보관하도록 한다, 농약보관함은 용도가 섞이지 않도록 구분되어 있어야 하며, 종작업 이외에 사용하지 못하도록 시건장치가 있어야 한다.

(1) 공동방제의 경우 단시간에 많은 양의 농약을 사용하게 되는데 이때 방제업 종사자는 방제용 차량에 약제를 보관시 직사광선 노출에 의해 농액의 온도가 상승하지 않도록 하여야 하며, 사용 후 빈병에서 농약이 흘러나오지 않도록 주의하여야 한다.

(2) 유통 기한이 만료된 농약, 사용 후 잔류 농약과 약병의 수거

유통기한이 지난 농약이나 사용 후 잔류 농약은 폐기물관리법(생활계 유해폐기물 관리지침)에 따라 처리해야 한다. 농약을 폐기할 때는 농약과 빈병을 분리하여 지정 수거함 또는 황경관리공단에서 지정한 폐기물 업체에 처리를 요청하여야 한다.

잔류 농약은 희석 후 일정시간이 지나면 성분의 변형, 침전 등으로 사용이 불가능하므로 방제 의뢰단체에 요구하여 수거용 통을 준비하여 모아 두도록 한다.

남은 약제를 우수관, 하천 등 작은 도랑에 방류하는 행위는 반드시 없어야 한다.

(3) 사고로 인해 희석 약제가 누출 되었을 경우

드론의 추락, 희석 탱크의 파열 등 불의의 사고로 인하여 다량의 농약이 누출되었을 때에는 별도의 처리 방법이 필요하다.

수리터 희석 약제가 누출되었을 때는 삽 등을 이용하여 농약이 포함된 토양을 걷어내 담아 비점오염을 막아야 하고, 포장된 도로 등의 경우 흡착포 등을 이용하여 약제를 포집한 후 최소 수십 배의 물로 약제를 희석하여 흘려보내야 한다.

수십에서 수백 리터의 약제가 누출될 경우 삽 등을 이용하여 둑을 만들어 약제가 하천에 유입되는 것을 막아야 하고 당국에 신고하여야 한다.

2. 긴급 연락 및 초기 조치

- **긴급 연락** : 관리, 부상 예방, 환경 보호를 위해 즉시 119 또는 관련 당국에 연락.
- **개인 보호** : 유출물 청소 전 개인보호장비(PPE)착용.
- **접근 통제** : 해당 구역을 비우고, 보호 장비가 없는 사람이 접근하지 못하게 차단.

- **유출물 통제 및 청소**
- **유출물 흐름 차단** : 유출물이 더 퍼지지 않도록 즉각 조치.
- **흡수제 사용** : 모래 또는 기타 흡수제로 유출물을 차단.
- **유출물 담기** : 손상된 용기의 내용물을 흠 없는 용기로 옮기거나 덧댐.
- **오염 물질 처리** : 유출된 농약, 흡수제, 오염된 토양 등을 치우고 밀폐 보관 용기에 담음.
- **적절한 폐기 및 상담**
- **담당 기관 상담** : 회수한 농약, 오염된 토양, 흡수제 등의 처리 방법에 대해 담당 기관과 상담.
- **폐기 관리** : 적절한 폐기 절차에 따라 환경오염 방지.

그림 농약 유출의 현주소

주 정당한 사유 없이 공공수역에 농약, 유류를 누출·유출하거나 버리는 경우 3년 이하의 징역이나 3000만 원 이하의 벌금형에 처하게 된다.

3 중독

1. 농약의 독성

일반적으로 농약은 매우 독성이 강한 물질로 이루어져 있을 것이라고 생각하기 쉽지만, 실제로는 그렇지 않다. 과거에 사용되었던 비소 계열의 맹독성 농약은 1980년대부터 사용이 금지되었으며, 현재는 고독성 농약을 찾아보기 어려울 정도로 독성이 낮은 농약이 주로 사용되고 있다.

① 실제로, 현재 사용되는 농약 성분의 약 80%는 매운맛을 내는 캡사이신 보다 독성이 낮으며, 12%는 비타민 C보다도 독성이 낮은 수준이다. 이는 농약의 안전성을 높이기 위한 연구와 규제의 결과로, 농약의 독성이 작물 보호에는 효과적이면서도 인체와 환경에 미치는 영향을 최소화하도록 개선되고 있음을 보여준다.

그러나 농약은 단순히 유효 성분만으로 구성된 것이 아니라, 계면활성제의 종류와 비율에 따라 독성이 달라질 수 있다. 계면활성제는 농약의 효능을 높이기 위한 보조 성분으로, 농약의 작물 표면 부착력이나 흡수력을 증가시키는 역할을 한다. 이러한 보조 성분은 때로 인체나 환경에 영향을 미칠 수 있으므로 주의가 필요하다.

② 농약의 독성은 주로 대량 접촉이나 과잉 노출 시 나타난다. 이는 농약뿐만 아니라 물이나 산소와 같은 인체에 필수적인 물질도 과잉 섭취나 흡입 시 중독 증상을 일으킬 수 있는 원리와 유사하다.

특히, 드론을 이용한 원액 방제의 경우 주의가 더욱 요구된다. 원액 방제는 희석비율이 극히 낮은 상태에서 농약을 살포하는 방식으로, 1회 노출되는 약제의 양이 관행 방제에 비해 수백 배에 이를 수 있다. 따라서 드론 방제 시에는 방제 작업자의 철저한 방호복 착용, 보호 장비 사용, 안전 절차 준수가 반드시 필요하다.

③ 더불어, 드론 방제는 정밀성과 효율성을 높이는 장점이 있지만, 약제의 고농축

사용으로 인해 비의도적 노출 위험이 높아질 수 있으므로, 작업 환경 관리와 적절한 방제 기술 교육이 필수적이다. 이를 통해 농업 현장에서의 안전성을 높이고 농약 사용의 부작용을 최소화할 수 있다.

2. 농약의 독성 규제

① 국내에서는 1990년대 자몽 잔류 농약 사건을 계기로 잔류 위험도가 높은 농약에 대한 안전성과 잔류성 등에 대한 종합적인 평가를 실시하기 시작했다.

이후 2000년대에는 **농약관리기준**이 더욱 강화되어, 단순히 신체에 미치는 영향뿐만 아니라 농지 주변 환경과 환경 생물에 대한 영향도 정밀하게 측정하고 평가하게 되었다. 이에 따라 일부 농약 품목이 폐지되거나 사용량이 제한되고, 등록 제한 조치가 시행되는 등 안전성을 강화하기 위한 노력이 지속되고 있다.

예를 들어, 1980년대 당시 경상북도 내에서 농작업 중 농약 중독으로 인한 사망자가 약 450명에 달했다는 조사 결과가 있다. 이는 자살 목적으로 음독한 사례를 제외한 수치로, 전국적인 통계가 이루어지지 않았던 당시를 고려하면, 농지 면적을 기준으로 추산했을 때 전국적으로 약 2500명 이상의 중독 사망자가 발생했을 것으로 추정된다.

② 2000년대에 들어 농약 중독 문제를 해결하기 위한 연구가 일부 의사들을 중심으로 진행되었으며, 고독성 농약 사용이 제한되면서 농약 중독 사망자는 전국적으로 연간 약 120명대로 크게 감소했다. 그러나 중독 사망자 중 제초제 중독으로 인한 사망자가 전체의 64.5%를 차지하며, 제초제의 독성과 관리 필요성이 여전히 중요하게 다뤄지고 있다.

농약 중독으로 인한 사망자는 감소하고 있지만, 여전히 농약 중독으로 치료가 필요한 피해자는 매년 약 1200명에서 1400명에 이르고 있다. 특히, 방제 기술의 발전과 항공방제의 보편화로 고배율 희석 농약을 사용하는 빈도가 증가하면서, 방제업 종사자(항공방제, 광역방제 등)를 중심으로 만성 중독 증상이 늘어나는 추세를 보이고 있다.

③ 이는 방제 기술의 효율성이 향상됨과 동시에, 방제 작업에 종사하는 인원의

건강 보호와 안전 관리가 중요해지고 있음을 의미한다. 농약 중독으로 인한 피해를 줄이기 위해 더욱 철저한 안전 장비 사용, 방제 작업 환경 개선, 그리고 종사자들에 대한 건강 관리 대책이 요구된다.

주 한국의 1990년대 자몽 잔류농약사건은 당시 국내에서 수입된 자몽에서 잔류 농약이 검출되면서 큰 사회적 논란을 일으킨 사건이다. 이 사건은 농산물의 잔류농약 사건은 한국 농약 관리와 식품 안전 정책이 한 단계 발전하는 계기가 되었다. 이를 통해 농약 사용의 부작용에 대한 경각심이 높아졌고, 소비자와 농업계 모두가 농산물의 안전성과 환경 영향을 중요하게 고려하게 되었다.

3. 중독의 예방

농약의 중독으로부터 신체를 보호하기 위해서는 농약 성분이 신체로 유입되는 경로를 명확히 이해하고 예방 조치를 취하는 것이 중요하다. 농약은 주로 피부 침투, 흡입, 경구 섭취 등의 경로를 통해 인체에 침투할 수 있다.

① 대부분의 농약 중독 사례는 방제 시 분무되는 약제와 피부가 직접 접촉하거나, 코나 입을 통한 호흡으로 약제가 폐에 침투하는 경우에 발생한다. 방제 작업 중에는 약제의 미세한 입자가 공중에 떠다니며 신체의 노출된 부위와 접촉하거나, 호흡기를 통해 흡입될 가능성이 높다.

특히 약제를 희석하는 과정에서 맨손으로 농약에 접촉하거나, 실수로 약제를 쏟아 신체에 묻게 되는 경우도 농약 중독의 주요 원인으로 작용한다. 이러한 상황은 작업 중 방호장비를 제대로 착용하지 않거나 안전 절차를 준수하지 않았을 때 더욱 빈번히 발생한다.

② **농약을 입으로 음용하는 경우**는 극히 드문 사례이지만, 만약 경구로 노출될 경우 단시간 내에 심각한 중독 증상이 발생할 수 있다. 특히 제초제 등 몇몇 약제는 다른 농약에 비해 독성이 강하고, 소량이라도 치명적일 수 있으므로 더욱 세심한 주의가 필요하다.

③ **항공방제의 경우**, 농약의 희석 비율이 매우 낮고 입자의 크기가 작아 약제가 공기 중으로 더 멀리 비산된다. 이는 관행적인 방제 방법과는 다른 특성으로, 조종자나 신호수 등 작업자들이 피부나 호흡기를 통해 중독될 위험을 증가시킨

다. 따라서 항공방제 시에는 보호장비의 철저한 착용과 함께, 안전한 비행거리를 확보하여 약제 비산으로 인한 중독 위험을 최소화해야 한다.

④ 더불어, 방제 전후에는 작업자의 건강 상태를 주기적으로 점검하고, 약제와의 접촉을 최소화할 수 있는 안전 절차를 철저히 준수해야 한다. 특히, 작업 중 발생할 수 있는 사고에 대비한 응급처치법과 약제 노출 시 대처 요령을 사전에 숙지하고 훈련하는 것도 매우 중요하다. 이러한 예방 조치를 통해 농약 중독으로 인한 신체적 피해를 효과적으로 줄일 수 있다.

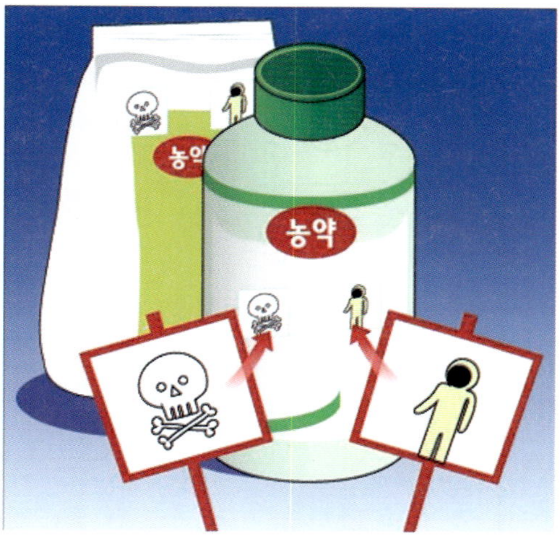

그림 농약 중독 예방

4. 중독의 증상

(1) 중독의 인식과 증상

중독의 증상은 흡수 경로나 약제의 종류에 따라 다르게 나타나며 농약 중독 주요 증상은 다음과 같다.

- 눈 : 가려움, 과도한 눈물, 안구가 뜨거워지는 느낌 등
- 피부 : 따가움, 가려움, 뜨거워지는 느낌 등
- 호흡기 : 코가 매움, 숨이 가쁨, 가슴의 통증, 기침 등
- 소화기 : 메스꺼움, 입과 목이 타는 느낌, 복통, 설사 등
- 신경계 : 어지러움, 근육경련, 부정확한 발음, 의식불명 등
- 그 밖의 반응 : 극도의 나른함, 극도의 피곤함 등

(2) 농약중독 실태의 문제점

농약중독 사례가 줄지 않는 이유는 우선 농촌주민들의 농약 사용 형태와 이로 인한 문제점을 파악하면 다음과 같이 정리할 수 있다.

- 농업 종사자의 연속 살포일수 증가, 일일 살포시간의 증가, 안전수칙 실천

도 등

- 장기사용에 따른 만기 중독 증상으로 농약 중독이라 의심하지 않는 경우
- 보호구 미착용과 보호기능이 없는 규격 외 보호구 착용으로 인한 흡입
- 가벼운 투통, 피곤함 어지러움 등으로 피로 누적으로 인한 증상이라 간과하는 경우
- 만성중독에 의한 추적조사 연구 미흡

이러한 여러 가지 이유들로 전라남도에서 실시한 조사 보고서에 의하면 농약중독 의심 증상을 겪는 주민 중 약 6.8%만이 의료기관에 내원한 것으로 타나났다.

또한 전북과 경기에서 실시한 조사에서 경증 농약 중독 의심 증상을 경험한 농업종사자 중 72%가 아무런 조치를 취하지 않는 것으로 나타나기도 하였다.

5. 중독의 경로

(1) 피부 침투

- 농약은 매우 농축된 제품으로 소량으로도 중독을 일으킬 수 있다. 피부흡수는 농약에 의한 인체의 침투경로 중 가장 흔히 볼 수 있는 경로이다.
  여름철에는 피부의 땀 구멍이 열려 피부로의 흡수가 늘어나며, 상처 등이 약제에 노출될 경우 농약의 흡수가 매우 빨라진다. 의복이 땀에 젖어 있으면 피부접촉을 막지 못하고 옷의 수분에 희석되어 피부로 침투된다.

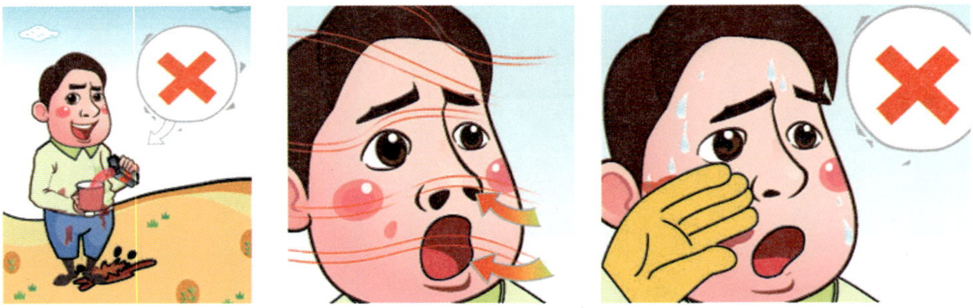

그림 피부 접촉 주의

- 약제를 희석하거나 혼합 할 때에는 맨손으로 약제를 만지는 행위는 절대 지양한다. 또한 약제가 희석 또는 배합 중에 피부에 튀거나 옷에 엎질러지는

것을 주의해야 하며, 저독성과 고독성을 떠나 어떠한 농약이라도 피부에 묻었거나 특히 눈에 들어갔을 때는 가능한 빨리 다량의 흐르는 물로 씻어내야 한다.

옷에 약제가 묻어 있을 경우, 직접적으로 피부에 닿지 않아 간과할 수 있다. 그러나 장시간에 걸쳐 피부와 접촉 오염을 일으킬 수 있어서 반드시 세탁 후 착용한다.

가. 보호 의류

① 보호 의류는 일반적으로 면 100%나 폴리프로필렌 부직포로 제작되며, 약제로부터 신체 대부분을 가리고 충분한 보호 기능을 제공한다.

그림 피부가 보이는 옷이나 찢어진 작업복은 착용 금지

그러나 이러한 보호복은 내구성이 부족하여 장시간 사용하기 어렵고 자주 교체해야 하며, 가격이 높은 단점이 있다. 또한, 여름철 고온 환경에서는 착용이 어려운 경우가 많다.

② 보호복이 아닌 일반 의복을 착용할 경우에도 긴소매 작업복을 통해 피부를 최대한 가려 약제와의 직접 접촉을 피하는 것이 중요하다. 하지만 면 소재 의복은 직조 방식이나 두께에 따라 보호 성능이 달라질 수 있으며, 땀에 젖을 경우 농약 흡수를 증가시킬 수 있으므로 주의해야 한다.

특히 여름철 방제 작업 시 활동성과 편의를 위해 착용하는 쿨론 소재의 얇은 작업복은 농약의 피부 침투를 효과적으로 막지 못하므로 피하거나 자주 환복해야 한다.

③ 작업복에 구멍이 나거나 찢어진 경우, 반드시 새 옷으로 교체하거나 수선하여 피부 오염을 방지해야 한다. 면 소재 작업복은 농약을 흡수하기 쉬워 오히려 피부 침투를 증가시킬 수 있으므로 착용을 지양하는 것이 바람직하다.

나. 눈과 얼굴의 보호

안면 보호 기구는 비산되는 약제로부터 얼굴을 효과적으로 보호할 수 있는 구조를 갖추어야 한다. 얼굴 전체를 가리는 보호면은 효과적인 보호 장치로 보일 수 있지만, 실제로 비산에 의한 얼굴 오염을 완전히 막기에는 한계가 있다.

그림 전면보호면은 비산되는 약제를 방호할 수 없다.

① 안면 보호면은 주로 작업 중 튀어나오는 이물질이나 그라인더 작업 중 발생하는 비산물로부터 안구와 안면 부상을 방지하기 위해 설계된 장치이므로, 반드시 용도에 맞게 사용해야 한다.

안면부의 피부 노출을 줄이기 위해 마스크나 바라클라바를 착용하고, 안구 오염 방지를 위해 보호안경을 반드시 사용해야 한다. 단, 스포츠 버프와 같은 얇은 섬유로 된 장치는 보호 기능이 부족하므로 자주 교체하여 사용해야 한다.

특히 안구는 피부에 비해 약제를 약 10배 더 흡수하기 쉬운 부위이므로, 약제 노출에 각별히 주의해야 한다.

다. 장갑

농약은 약제의 성분과 제형에 따라 중독 이외에도 화학적 화상을 발생하기도 한다. 피부접촉으로 인한 중독은 긴 시간 동안 발생되는 반면 화학적 화상은 매우 짧은 시간 동안 접촉해도 피해를 입힐 수 있어 주의가 필요하다.

① 일반적인 면장갑이나 코팅 장갑은 약제에 의한 피부오염을 방지하기 어렵다. 장갑에 약제가 묻을 경우, 오히려 장시간 피부 오염을 일으킬 수 있으므로 사용을 피해야 한다. 장갑 선택 시 손목의 윗부분까지 가릴 수 있는 길이의 고무제품의 장갑을 선정하는 것이 바람직하다.

니트릴 고무로 만들어진 장갑은 여러 종류의 농약에 대한 보호 효과가 탁월하다. 소재가 매우 얇고 탄성이 좋아 작업 간 손놀림이 편하고, 약제를 잡을 때 미끄러짐 없이 단단히 잡을 수 있다, 또한 가격이 매우 저렴하여 일회용으로 사용하기에도 부담이 적다.

② 장갑을 사용하기 전에는 반드시 찢어지거나 구멍이 없는지 확인하고, 고무 제품의 장갑이라 하더라도 여러 번 재사용할 경우 장갑의 안쪽까지 세척하여 보관한다.

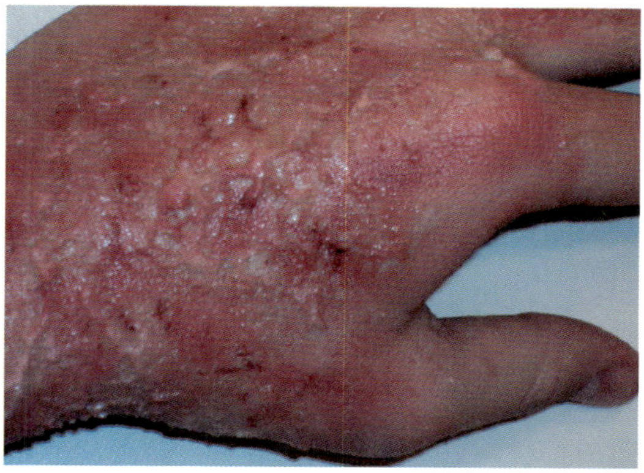

그림 농약 접촉으로 인한 항공방제 종사자 화학 화상

③ 농약 희석 시, 작업자의 왼손과 오른손에 약제가 노출되는 양은 작업 방법에 따라 크게 차이가 날 수 있다. 일반적으로 약병을 잡고 희석하거나 약통에 남아 있는 잔여 약제를 헹구는 과정에서 약병을 고정한 손에 더 많은 양의 약제가 접촉된다. 이 과정에서 물이 튀거나 넘치면서 고농도의 농약이 피부에 직접 닿을 위험이 증가하며, 약제를 잡고 있는 손과 그렇지 않은 손의 농약 접촉률은 약 10배까지 차이가 날 수 있다. 이러한 이유로 농약 희석 작업은 더욱 세심한 주의가 필요하다.

라. 장화

가죽이나 천으로 된 신발은 약제를 흡수하여 장기적인 피부오염을 일으킬 수 있고, 오염된 후 제거하기에도 매우 힘들다. 따라서 고무소재의 장화를 신는 것이 좋다.

장화의 선택 시 목이 짧은 제품을 피하고, 가능한 무릎 아래까지 오는 것을 고르는 것이 좋다.

또한 목 부분에 끈이 있는 것을 선택하거나 바지를 장화 밖으로 내어 입어 이물질이 들어가지 않도록 해야 한다

그림 장화를 올바르게 신는 방법

(2) 흡입

농약의 흡입은 주로 비산된 약제의 미세 입자가 공기 중에서 입이나 코를 통해 들이마셔지는 형태로 이루어지며, 휘발성이 있는 약제는 가스 상태로 폐에 흡수될 수 있다.

따라서 농약을 살포할 때에는 반드시 입과 코를 가릴 수 있는 마스크를 착용해야 하며, 농약의 희석이나 배합 작업 시에도 환기가 잘 되는 환경에서 마스크를 착용한 상태로 작업을 진행해야 한다.

① 특히, 호흡기를 통해 폐로 흡수되는 농약의 양은 피부 흡수량보다 약 30배 이상 많아 위험성이 매우 높다. 농약 희석 작업은 짧은 시간에도 불구하고 고농도의 농약에 직접 노출되기 때문에, 2시간의 방제 작업보다도 5분간의 희석 작업에서 농약 노출량이 더 클 수 있다고 보고되고 있다.

② 현재 항공 방제업 종사자는 2종 방진마스크 이상의 필터가 장착된 마스크를 권장받고 있다. 그러나 2종 방진마스크는 농약을 효과적으로 걸러낼 수 없는 등급으로, 사용을 피해야 한다.

대신, 유기화합물을 걸러낼 수 있는 정화통이 부착된 방독마스크를 착용해야 농약 흡입을 방지할 수 있다. 또한, 반드시 한국산업안전보건공단 인증을 받은 제품을 사용하는 것이 중요하다.

③ 일반적으로 쉽게 구할 수 있는 덴탈 마스크나 KF 규격 마스크는 농약과 같은 유기화합물을 걸러낼 수 없으므로 사용하지 말아야 한다. 이러한 점을 명확히 인지하고 적절한 보호 장비를 갖추는 것이 농약 작업의 안전성을 확보하는 핵심이다.

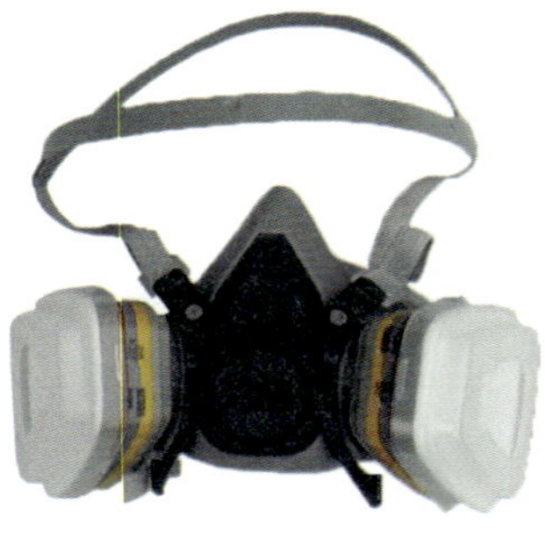

그림 유기 화합물질 정화가능 정화통이 달린 마스크

그림 안면보호 유리가 적용된 농약방제 방독면

(3) 경구 노출(음용)

농약을 삼키는 것은 매우 빠른 시간에 심각한 중독증상을 일으킬 수 있으므로 실수로 농약을 먹는 일이 발생하지 않도록 한다.

간혹 분무기의 노즐이 막혔다고 입으로 불어 뚫으려고 시도하는 경우가 있다. 분무기의 노즐은 물에 씻는다고 하여도 완전히 세척되지 않으며, 경구(經口)에 의한 약제에 침투는 신체가 빠르게 중독되므로 절대로 하면 안 된다.

그림 경구의 노출 금지

또한 방제 중 음식물을 섭취하거나 흡연을 피하고, 음료와 약제를 한 곳에 두어 실수로 농약을 먹는 일이 발생하지 않도록 한다.(실제로 음료와 약제를 동일한 곳에 두어 방제 휴식 중 실수로 음용하여 매우 위급한 상황이 발생한 사례도 있다.)

(4) 기타

항공방제의 경우 창이 있는 모자 등을 착용하여 머리 부분의 오염을 방지해야 한다. 또한 희석된 약제통의 결함을 사전에 점검하여 운반 시 오염이 발생하지 않도록 한다.

방제 작업복 세탁 시 반드시 일상복과 분리하여 세탁하며, 매일 세탁하여 착용하고 가능하다면 오전, 오후 방제시 새로운 의복으로 환복할 수 있도록 한다,

주 살포 작업 후 농약 침투 예방방제

작업 후에는 기체 정비나 작업 정리, 식사 등 다른 일들을 먼저 처리하느라 목욕이 지연되는 경우가 많다. 그러나 이러한 지연은 의복으로 막지 못한 약제나 땀에 젖어 의복을 통과한 약제가 피부로 침투하는 원인이 된다.

작업이 끝난 후에는 가장 먼저 피부에 남아 있는 약제를 깨끗이 씻어내는 것이 중요하다. 목욕 후에는 반드시 깨끗한 의복과 속옷으로 환복 해야 하며, 방제 작업 시 착용한 속옷에도 약제가 침투되어 있을 가능성이 높으므로 신속히 교체해야 한다.

3 농약 중독시 응급처치

1 중독 문제점 파악

만약 농약에 의한 중독이 되었다고 판단된다면, 중독자에게 질문하거나 냄새를 맡는 등의 행동으로 상황을 파악 할 수 있다. 중독 의심 자 발생 시 빠르게 상황을 파악한 후 농약에 의한 중독으로 의심될 경우 적절한 응급조치를 통하여 중독의 속도를 늦추고 가능한 빨리 의료진에게 도움을 요청하여야 한다. 또한 중독 의심자의 정보를 의료진에게 전달하여 빠르고 효과적인 치료가 가능하게 하여야 한다.

① 질문 : 음주나 투약 여부, 방제를 진행한 시간, 사용 농약 종류 등을 질문한다.

② 냄새 : 농약은 특유의 냄새가 있기 때문에 다량의 약제에 노출되어 중독되었다면 중독자의 몸에서 나는 냄새로 오염 여부의 파악이 가능하다.

2 응급조치 재료

1. 물

방제작업 시 약제의 희석을 위해 항상 이용하는 것이 물이다, 하지만 깨끗한 물을 준비하지 않는 경우도 많다. 하지만 눈과 입, 얼굴 등 최소한의 세척을 위한 깨끗한 물은 방제 시 항상 준비 하도록 한다.

2. 세제

오염된 피부를 효과적으로 세척하기 위한 세제를 준비한다.

3. 여분의 옷

만약 피부 접촉에 의한 오염일 경우 대부분 의복에도 오염이 진행 되어진 경우가 많다. 따라서 중독자의 오염된 피부 등을 세척하고 오염된 의복을 환복할 수 있도록 여벌의 의류를 준비하여야 한다.

4. 기타 응급장비(콜라)

콜라는 작업자들이 음료로 애용하고 구하기 쉬우며 세정력 또한 우수하여 농약의 경구 오염 시 빠르고 효과적으로 응급조치가 가능하다.

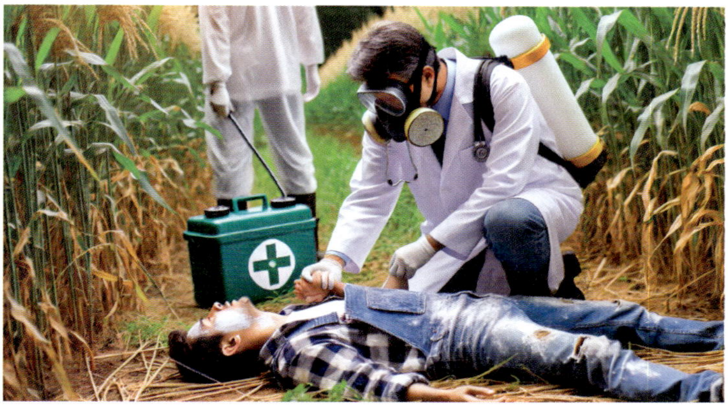

그림 응급조치 현장

3 응급조치 방법

응급조치란 전혀 생각지도 못한 장소나 시간에 발생한 외상이나 질환에 대하여 빠르게 최소한의 조치를 취하는 것이다. 그래서 응급조치는 무엇보다 신속함이 중요하다.

1. 기본 행동요령

중독이 진행된 환자는 심리적으로 안정되지 못하고 매우 흥분한 경우가 대부분이며, 의식이 없거나 구토 등으로 호흡이 곤란한 상황이 발생하기 쉬우므로 필히 환자를 혼자 방치하고 근처를 떠나지 않는 것이 중요하다.

또한 농약의 경구 오염 시 고독성의 치명적인 농약이 아니라면 고의적으로 구토를 피해야 하며, 특히 환자가 의식이 없을 때에는 의도적 구토는 오히려 질식을 일으킬 수 있으므로 절대 하지 말아야 한다. 응급 환자의 최우선 사항은 호흡의 유지이다.

2. 오염원 제거

그림 흐르는 물에 완전히 씻어내자

농약을 엎지르거나 비산으로 인하여 피부 등에 과도하게 노출되었다면, 환자를 오염원에서 이동시키거나 약제의 분사를 중단하여 오염원에서의 지속된 노출을 막아야 한다.

또한 약제에 의해 오염된 의류를 벗기고, 피부, 눈, 머리 등에서 오염물을 다량의 물과 세제로 세척하여야 한다. 이때 10~15분 정도 충분하게 씻어야 한다. 하지만 거친 수건 등으로 피부를 세게 미는 것은 금해야 한다. 특히 세척 시 눈의 경우 더욱 주의해서 씻어야 하며 눈꺼풀을 치켜들고 10분 이상 흐르는 물에 완전하게 씻어야 한다.

3. 호흡 유지

만약 환자가 호흡을 멈추었다면 인공호흡을 실시하여야 한다. 다만 환자가 경구 오염으로 인한 중독이 발생한 경우 먼저 입에 손가락을 넣어 구토물이나 잔류 농약 등을 제거하고 입을 막은 후 입이 아닌 코에 바람을 불어야 처치자의 중독을 피할 수 있다.

4. 경련

중독 환자가 경련을 일으킬 경우 강제로 제지하지 말고, 주위에 상해를 입을만한 요소를 제거하여야 한다.

5. 그 밖의 주의 사항

중독 의심환자는 되도록 물 이외의 음료는 마시지 말고 의료진에게 진료토록 한다. 음료에 따라 농약의 흡수를 빠르게 하는 경우가 있기 때문에 주의하여야 한다. 또한 흡연이나 음주도 반드시 금지하여야 한다.

4. 농약의 독성

1 농약의 독성 기준 (반수치사량 LD50)

농약의 반수치사량이란 급성독성에 대한 강도를 나타내는 것으로 독성 시험에 사용된 동물의 반수(50%)가 치사에 이르게 할 수 있는 화학물질의 양을 체중 1kg 단위로 나타난다.

농약의 독성기준

[단위: 반수치사량.LD50]

구 분	실험동물의 반수를 죽일 수 있는 양(mg/kg)			
	급성 경구		급성 경피	
	고체	액체	고체	액체
1급(맹독성)	5미만	20미만	10미만	40미만
2급(고독성)	~50미만	~200미만	~100미만	~400미만
3급(보통독성)	~500미만	~2,000미만	~1,000미만	~4,000미만
4급(저독성)	500이상	2,000이상	1,000이상	4,000이상

농약과 생활 주변물질과 독성 비교

급성 독성 (반수치사량. *LD50)		
구 분	품질명	LD 50(mg/kg)
1급(맹독성)	보톨리누스(식중독균) 테스트로독신(복어독) 아드레날린	0.00000032 0.0085 10
2급(고독성)	니코틴 카페인	24 175~192
3급(보통독성)	아드레날린	500
4급(저독성)	에틸알코올 설탕	7000 29000

※출처: 농약정보서비스

80kg 성인 경구 1급 1.6g, 2급 16g, 3급 160g 4급 1600g 반수치사량

80kg 성인 경피1급 3.2g, 2급 32g, 3급 320g 4급 3200g 반수치사량

5 약해의 발생과 원인

1 약해의 정의

「약해(藥害)」란 좁은 뜻으로 식물에 발생하는 해로, 식물의 생리장애, 조직파괴, 증산작용, 동화작용 및 호흡작용 등의 생리작용을 억제하며 식물의 정상적인 생육을 억제하는 것을 지칭한다.

① 약해는 발생속도에 따라 급성 약해와 만성 약해로 나뉘며, 급성 약해로는 농약 살포 후 2~4일 후에 엽소현상, 약반, 낙엽, 낙과 등이 발생한다. 만성 약해는 육안으로 증세를 구분하기 힘들며, 생육불량, 영양장애 등 성숙의 지연, 생산량 감소 등의 증세가 나타나는 것을 말한다.

② 일반적으로 무기농약은 유기농약에 비해 약해가 발생하기 쉬우며, 수용성인 농약은 유용성보다 약해가 발생하기 쉽다. 모든 약해피해가 수확량에 영향을 주지는 않으며, 발생 시기, 발생 원인에 따라 달라진다. 또한 일부 약해의 경우 작분 본연의 성장과 면역을 촉진하여 수확량이 증대되는 경우도 존재한다.

그림 농약의 비산으로 약해가 발상한 농지

2 약해의 발생 조건

1. 고농도 살포

기준 약량 이상을 희석하여 살포하면 작물에 과도하게 살포된 약제의 성분으로 작물의 세포가 괴사한다. 일반적으로 항공방제용으로 지정된 약제의 경우 일반 약제에 비하여 고농도 살포시 약해 피해가 적은 것이 사실이지만, 드론을 이용한 항공살포의 경우 고농도의 약제를 사용하기 때문에 제자리에 1초 이상 분사할 경우 대부분 약해가 발생할 수준에 이르게 된다.

2. 부적절한 혼용

영양제(4종 복합비료)를 섞어 뿌리거나 혼용이 불가한 약제를 함께 사용할 경우이다.

비료와 영향제는 농약의 과다 흡수를 촉진하여 발생되기도 한다. 또한 2종 이상의 약제를 섞어 한 번에 살포할 경우 물리성이 변화되거나 살포액의 중요 유효성분이 화학적 변화를 일으켜 발생하기도 한다. PH가 반대인 약제가 혼용되어 증화되는 경우도 발생하며, 유효성분의 가수분해가 촉진되기도 한다.

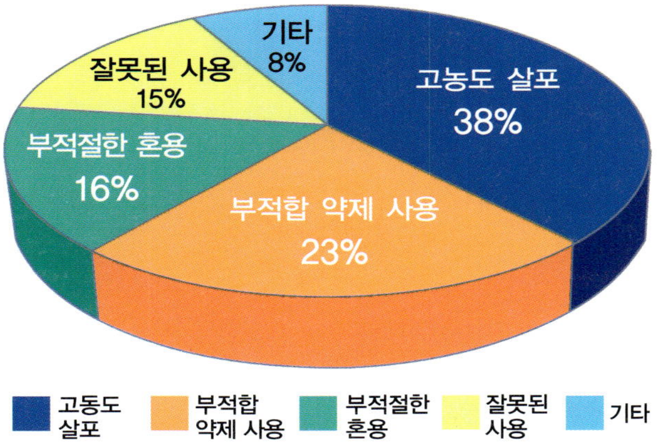

※ 출처 : 농약정보 서비스

그림 농약에 따른 약해 발생원인

드론을 이용한 항공방제는 약제의 혼용시 사용되는 물의 양이 관행 방제방법 대비 수십 배~수백 배 적기 때문에 혼합 종류에 따라 화학반응이 빠르게 나타나게 된다. 때문에 유화제가 분리되거나 계면활성제 등이 엉기게 되는 물리적 분리현상도 발생되게 된다.

3. 부적합 약제의 사용

작용 작물 이외의 약제를 사용한 경우를 말하며, 특히 제초제 사용은 특별히 주의를 해야 한다.

농약의 오용으로 인한 약해는 처리 시기를 지키지 않고 단기간에 중복 처리하였거나, 유효성분이 해당 작물에 등록되지 않은 농약을 사용했을 때 발생하게 된다.

4. 비행 방법에 의한 약해

드론은 기본적으로 비행을 하며 하향풍을 생성하고 **주코프프스키 원리**에 의하여 비행 후방에 와류를 생성하게 된다. 사용 노즐의 종류와 설치 위치에 따라 허용용량을 수십배 초과한 약제가 일부 구간에 쏟아지게 되기도 한다. 또한 잘못된 노즐의 사용은 분사 액적(液滴)의 크기를 키워 약해 발생의 원인이 되기도 한다.

고농도 원액 방제를 기본으로 하는 드론 방제의 특성상 조종자의 숙련도에 따라 턴 구간, 러더 구간에(Rudder section) 약해가 발생하기도 하는데 초보 항공방제업 종사자의 경우 제일 많은 약해가 발생되는 원인이기도 하다.

이는 약제에 의한 약해 피해는 피해 범위, 성상 등이 다르게 나타나게 된다.

5. 비산에 의한 약해

농약을 살포하는 대상지의 경우 인근 지역에 농작물이 재배되는 곳이 대부분이다, 만약 인근 작물이 살포지역에 뿌려진 농약에 대하여 감수성이 낮으면 문제가 되지 않지만 작물의 종류, 생육 정도에 따라 피해가 다르게 나타나기도 한다.

6. 휘산에 의한 약해

농약이 직접적으로 날려 피해를 입히는 비산과는 달리 휘산(輝散)이란 기체로 변화된 약제가 인접 작물에 피해를 일으키는 것을 말한다. 농약에 따라 쉽게 대기중에 증발되는 약제가 있으며, 이는 가스상태로 살포지역을 벗어나 감수성이 높은 인근 재배지 작물에 영향을 미치게 된다.

7. 기타 약해의 원인

누수답, 간척지, 개간답 등에 제초제 사용시에 약해는 위에서 언급한 조건 이외에도 불량환경 조건에 의해 발생되기도 한다. 불량 환경이란 가상적 요인인 이상 고온, 이상 저온, 급격한 일교차, 강한 바람, 강우 등이 있으며, 토양적 요인인 지형, 농지의 PH 등에 따라 발생하기도 한다.

3 약해 발생 시 대처요령

방제를 실시한 농지에 약해가 의심되는 증세가 나타났을 때 방제사는 제일 곤혹스럽다. 대부분의 약해는 약제를 살포하고 수일 이내에 발생하게 되며, 시간이 지남에 따라 증세가 완화되어 간다. 만약 방제 수일이 지난 후에 증상이 발현되고 증상이 점차 악화된다면 약해가 아닌 병에 의한 해가 진행되는 것이라고 볼 수 있다.

약제에 의한 피로는 시간이 지남에 따라 증세가 호전된다. 방제를 하기 전에 해당 농지에 어떠한 병과 충이 발생하였는지 파악이 중요하다.

병과 충이 아니더라도 물 스트레스로 인한 마름증상이 있는지도 파악하여 미리 사진 등을 근거자료로 남겨두면 추후 발생 우려가 있는 약해 피해 주장에 대응할 수 있다. 또한 약해가 발생하였다고 의심되는 살포한 약제의 제조사에 문의할 경우 대부분의 제조사에서는 직원을 파견하여 시료를 채취, 분석하여 약해 유무를 판단해 주기도 한다.

다만 앞서 언급한 것처럼 대부분의 약해는 살포 후 1주 이내에 나타나므로 약제 살포 후 10일 이상 경과된 후 나타난 증상에 대해서는 약해를 의심하기 어려우며, 시료를 채취하여 검사를 진행하여도 인과관계를 증명하기란 쉽지 않다. 또한 근접한 농산물 품질관리원이나 농업기술센터를 이용하여 약해 피해를 규명할 수도 있다.

1. 약해 경감제의 사용

약해를 줄이기 위해 물리적 해독, 즉 약해를 촉발한 유효화학물질을 분해 또는 중화제가 하는 물질로 작물에 미친 약제를 해독시키게 된다.

이러한 약해 경감제는 대부분 제초제에 의한 피해에 사용된다.

2. 생리증진제의 사용

약해는 작물에 생리장애, 조직파괴, 증산작용, 동화작용 및 호흡작용 등의 생리작용을 억제하며 식물의 정상적인 생육을 억제하는 것으로 일종의 스트레스라고 볼 수 있다. 때문에 생리활성물질을 살포하여 스트레스 내성을 확보하고 내병성 효과를 볼 수도 있다.

6 살포와 비산

1 살포와 비산이란?

1. 살포(撒布)란?

액체나 기체 상태의 물질이나 약품을 공중으로 흩어지게 하여 내보내는 방식을 일컫는다.

2. 비산이란?

농약의 사용방법은 농약의 종류와 작물에 따라 매우 다양하지만 가장 일반적인 사용 방법은 「살포」로 이루어진다. 살포(撒布)란 액체나 기체 상태의 물질이나 약품을 공중으로 뿜어서 살포하는 것으로, 이때 살포입자가 공중에 흩어져 살포의 대상이 되는 작물이 아닌 외부 작물로 흩어지는 것을 비산(飛散)이라고 말한다.

목표물 이외의 대상에 도달하게 되는 경우는 크게 두 가지로 나뉘게 된다.

① 살포를 실시하는 분무용 기계(광역살포기 등)의 강한 압력에 의해 살포의 대상이 되는 작물의 재배 범위를 넘어서 직접적으로 외부 작물에 도달하는 경우이다. 이 경우 직접 방제에 의한 살포량과 비슷한 양의 약제가 외부 작물에 도달하기도 한다.

② 바람에 의한 것으로 분사되는 입자의 크기가 작은 것은 공기 중에 떠돌기 쉬우며, 바람에 의해 공중으로 부양하여 외부 작물에 도달하게 된다.

③ 무인비행장치의 경우, 비행 중 발생되는 하향풍을 효과적으로 이용하여 분사된 약제를 작물에 도달하게 한다. 하향풍의 범위는 크지 않은 면적이지만, 비행장치의 조작방법과 자연풍의 풍속과 풍향에 따라 비산의 범위가 넓어질 우려가 있다.

④ 항공방제기의 경우 살포 고도가 높게 되면 하향풍이 강한 무거운 기체라도 약제의 공기 중 비산이 발생하게 된다. 무인 멀티콥터의 경우 회전축이 여러 개이며, 기체의 무게가 무인 헬리콥터에 비하여 가벼워 발생되는 하향풍도 적어지게 된다. 따라서 동일 수준의 조종사가 조종을 한다면 무인 멀티콥터에서 비산을 더욱 줄일 수 있게 된다.

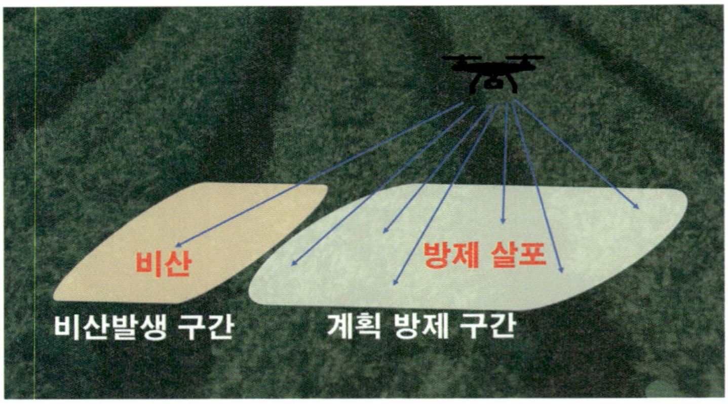

그림 비산의 정의

2 비산의 발생 원인

비산은 다양한 원인에 의해 발생되지만 환경적인 요인을 제외하면 대부분 원인을 제거하거나 줄일 수 있다.

① 살포를 실시하는 분무용 기계의 압력이 과다하여 작물의 재배 범위를 벗어나는 경우이다. 현재 사용되는 드론의 경우 압력식 노즐과 원심 회전식 노즐이 주로 사용된다.

사용되는 펌프의 압력이 동력식 분부기에 비하여 배우 낮기는 하지만 일정 수준을 벗어나면 분사되는 약제의 입경이 의도한 것과 다르게 작아질 경우 비산의 거리가 매우 늘어나게 된다.

또한 노즐의 장착 위치에 따라 드론이 비행 중 발생하는 후방 난류에 의해 살포 구역이 달라지고 비산이 증가된다.

② 비행고도가 높아 살포된 입자가 공기중에 부유하는 시간이 증가하는 경우를

들 수 있는데 항공방제업에서 가장 흔하게 발생되는 비산의 유형이라 할 수 있다.

드론에서 분사되는 약제는 드론에 사용되는 노즐에 따라 다르지만 정상적인 사용의 경우 50~200㎛정도로 동력식 분무기를 이용한 방제 방법에 대비하여 액적의 크기가 매우 작아 장시간 대기중에 체공이 가능하다.

③ 바람에 의해 살포된 입자가 부양하여 외부 작물까지 날아간 경우이다, 우리나라의 경우 항공방제가 줄로 진행되는 농작업 시기에 바람이 부는 날이 많으며 3면이 바다인 지리적 특성으로 외부환경 요인으로 인한 비산이 발생되기 쉽다.

위에서 언급한 바와 같이 드론의 경우 분사되는 액적의 크기가 작아 대기 체공 시간이 길어 작은 세기의 바람만으로 넓은 지역에 비산 피해를 입히기 쉽다

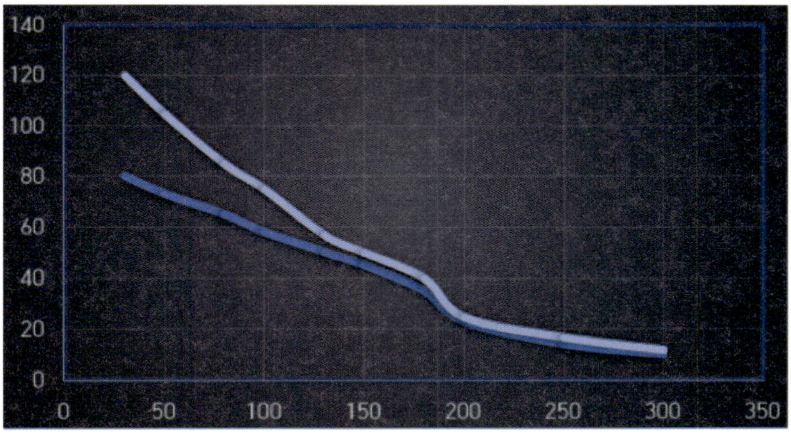

그림 6m/s의 바람이 불 경우 입경에 따른 비산 거리

그림은 고도 1.2m에서 1m/s의 바람이 측면에서 불어올 때의 비산의 영향을 보여준다.

방제용 드론은 일반적인 드론과는 달리 약제의 분사에 따라 이륙 총중량이 달라지게 되고, 때문에 액제가 소모될수록 하향풍의 속도가 낮아지게 된다. 이는 단순 측풍의 세기와 함께 기체 총중량도 비산의 비율 변화의 원인이 된다.

또한 2m/s의 바람이 측면에서 불 때 약8%의 약제가 계획된 유효방제구역에 떨어지지 못하고 날아가는 것으로 나타났다.

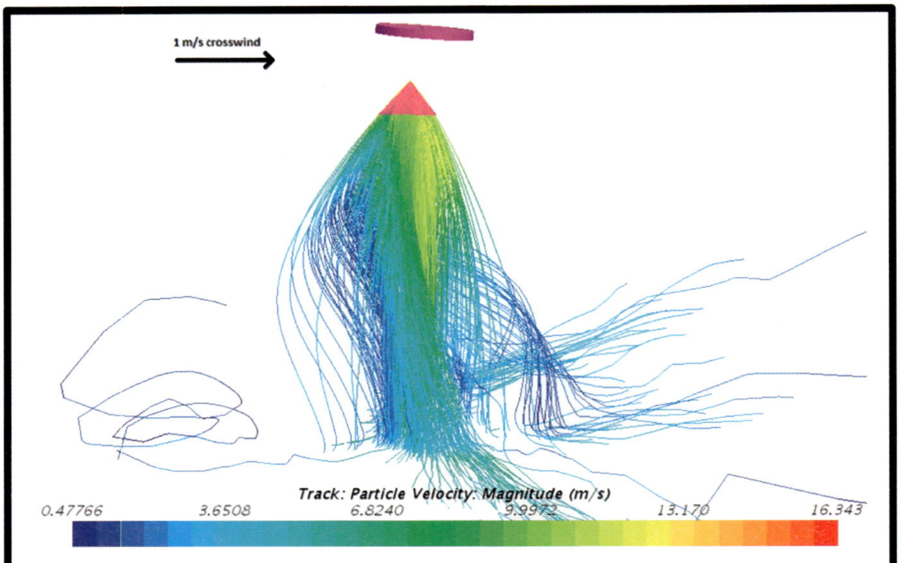

Fig. 11. Particle tracks for single propeller/nozzle in 1 m/s crosswind.

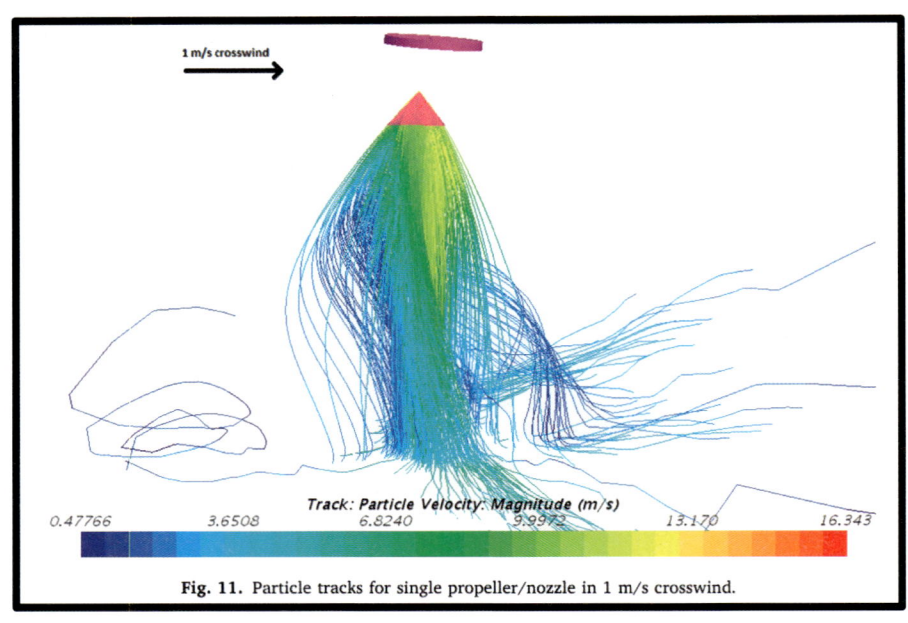

그림 1m/s 측풍 시 싱글 프로펠러 / 노즐이 입자 궤적

3 분사 액적의 크기와 비산

그림은 평면에서 스프레이 입자간의 적층(積層, Lamination layer) 시각적으로 표현한 것이다.

부채꼴의 분사 형상을 가진 압력식 노즐을 이용하여 분사를 실시하고 프로펠러에 의해 형성된 하향풍으로 분사된 약제들이 어떤 분포를 보이는지 관찰이 가능한데, 정지 비행상황에서도 입자의 분포도와 적층형상을 볼 수 있다.

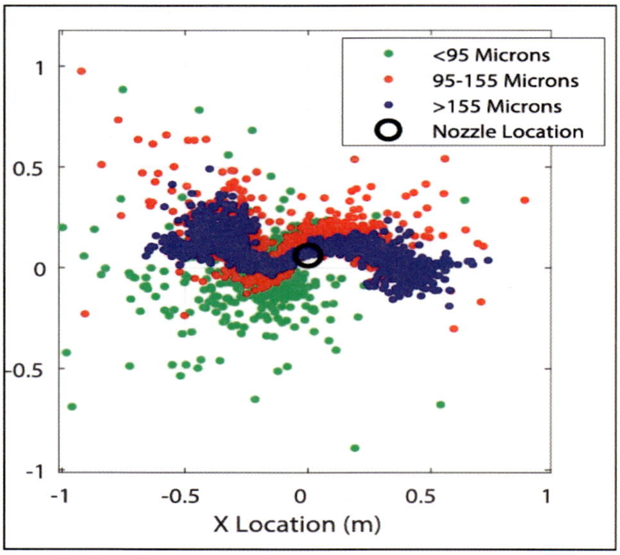

그림 부채꼴 분사형상 노즐의 하향풍에 의한 적층(積層) 변화

여기서 유의해야 할 점은 직선 형태의 압력 분사식 노즐을 사용하였음에도 적층 현상이 S자 모형으로 변형된다는 것이다. 이는 프로펠러가 회전하면서 주변 공기를 회모리 모양으로 전달하기 때문이며, 노즐에서 분사된 입자를 S자 모양의 나선형 모양으로 밀어내게 된다.

또한 파랑색의 155㎛의 입경을 가진 액적이 적층된 구간보다 95㎛이하의 액적 크기에서 광범위하게 스프레이된 것을 볼 수 있는데 이는 분사된 액적의 크기가 작을수록 공기의 흐름에 강한 영향을 받게 된다는 것을 의미한다.

이 데이터는 단순 호버링 상황을 가정한 것이지만, 비행시에 발생되는 스트림튜브의 형상과 볼텍스에 의해 부양된 약제의 엉김현상, 낙하구간의 변화로 인해 더욱 큰 변화를 불러오게 되며, 배경 난기류에 의해 방제품질, 비산의 발생비율이 급격하게 변화하게 되는 요인이 된다.

1. 대상 작물과 인접한 경우

살포를 하기 위한 계획지역과 매우 인접한 곳에 감수성이 높은 작물이 재배중이라면 살포폭, 바람 등의 영향을 고려하여 방제시간을 변경하거나 일부 구간을 제외하여야 한다.

2. 비산 가능거리

바람이 불면 비산의 거리는 늘어나게 된다. 이는 당연한 이치이지만 드론은 비행을 하기 때문에 바람의 방향을 바라보고 비행할 경우 바람과 드론의 상대 속도가 증가하여 매우 많은 약제가 비산되게 된다.

약제에 따라 최대 300미터까지도 비산된 연구 결과가 있으며, 실제 방제현장에서 3m/s의 바람이불 때 4m/s의 속도로 바람을 바라보고 날게 되면 분사 약제가 100미터 이상 떨어진 조종자에게까지 날아오는 현상을 체험하게 된다.

4 비산 발생시 문제점

비산 시의 문제점으로는 약제 살포지역 인근의 외부 작물에 약제 오염이 발생되거나, 살포지역 인근 주민에 대한 영향, 취수장, 양식장 등 수역의 오염 등을 들 수가 있다.

① PLS 제도가 시행된 시점에서 방제지역 인근 지역에 재배되는 농산물의 오염 위험이 발생한다.

살포되는 농약의 종류와 인근 재배지의 작물이 무엇이냐에 따라 문제 발생이 될 수도 있고, 되지 않을 수도 있다. 일반적으로 수확시기가 가까운 경엽채류가 인근 지역에 재배되고 있다면 문제가 될 가능성이 매우 높다. 특히나 좁은 농경지에 다양한 작물을 재배하고 있는 경우 재배 작물에 따라 문제가 발생하게 된다.

② 또한 살포 인근 지역에 취수장, 양식장 등 수역이 있다면 더욱 주의가 필요하다. 인근에 식수원이 있는 경우는 농약의 종류에 관계없이 특별한 주의가 필요하다.

양식장의 경우 생선류뿐만 아니라 갑각류에도 영향을 미치므로 어독성이 높은 약제 사용 시 특별히 주의해야 한다.

특히 곰팡이균류를 배양 재배하는 버섯 농장의 경우 아주 작은 양의 농약이 비산되더라도 피해가 크게 발생하며, 휘산에 의한 피해도 발생되는 경우가 있으므로 방제지 주변 농작물에 대한 관심을 높여야 한다.

5 비산의 역설

① 비산은 방제작업 중 피하고 싶은, 피해야 하는 현상 중의 하나이다. 비산 발생의 근본 원인 중 하나인 분사 약제의 액적 크기는 비산의 양과 거리에 밀접한 관계가 있다. 문제는 액적의 크기가 작을수록 비산의 양이 많아지지만 액적의 크기가 작을수록 약제의 침투효과와 흡수율이 증가한다는데 있다.

반대로 말하자면 비산을 막기 위해 액적의 크기를 키우면 키울수록 방제의 효과가 떨어진다는데 있다. 액적의 크기가 커지면 단순 침투효과와 흡수율만 저하되는 것이 아니라 항공방제 시 드론에서 발생하는 드래프트를 이용한 방제 방법을 사용할 수 없어 배면과 수직면 살포 범위가 매우 낮아진다는 것이다.

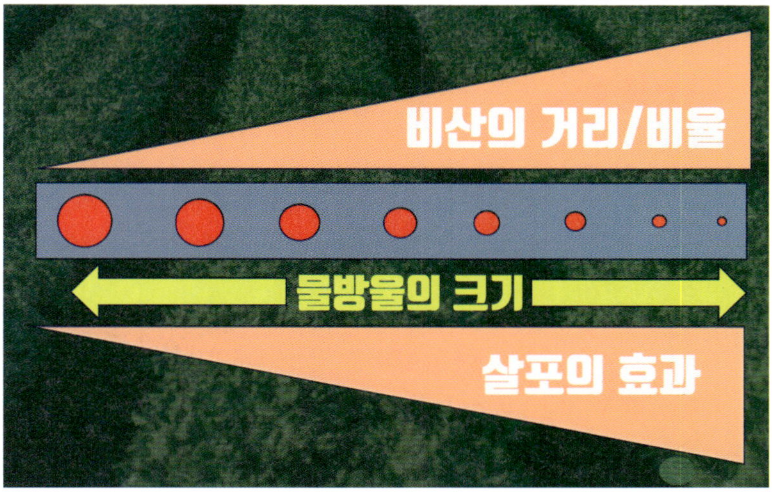

그림 살포 액적의 크기와 비산/효과의 관계

② 보통 비산을 저감하기 위한 방법을 인터넷 커뮤니티 등에 질문하면 압력식 노즐의 경우 DG계열의 노즐을 사용하거나 원심 노즐의 경우 회전양을 낮추라고 조언하고 있다. 하지만 이는 단순 분사 약제의 액적 크기를 키워 중력에 의한 비산을 방지할 뿐 방제효과는 떨어지는 결과를 초래하게 된다.

때문에 이러한 문제를 해결하기 위해 약제의 희석비율을 낮추어 많은 양의 희석 약제를 대상 농지에 분사하는 해결 방밥을 시도하게 된다. 하지만 희석 배율이 낮아지면 또다시 방제의 효과는 낮아지는 악순환에 빠지게 된다. 이는 항공방제의 품질을 저하시키는 대표적인 예이다.

③ 일반적인 사고로 해결 방법을 추론한다면 올바른 방법이겠지만 이는 비산 저감을 위한 올바른 방법과 액적 크기에 비례한 방제효과, 희석 배율에 따른 약제 살포효과를 알지 못하기 때문에 오히려 방제효과를 저해하는 방향으로 진화하게 된다.

6 비산 저감방법

비산을 저감시키는 방법에는 물리적방법과 화학적방법이 있다.

화학적 방법으로는 폴리아크릴산나트륨을 이용하는 방법이다. 폴리아크릴산나트륨은 식품첨가제로도 사용하는 안전성이 높은 물질로 안전제, 응고제, 습윤제, 유화분산제, 조작개량제 등으로 널리 사용되며 아이스팩 제조에도 사용되는 물질이기도하다.

① 폴리아크릴산나트륨을 약제와 함께 희석하여 살포할 경우 수분 증발을 막아주어 동일 액적을 가진 약액의 수분 증발을 막고 중량을 증가시키는 역할을 하게 된다.

이 방법은 액적의 크기를 증가시켜 방제 효과를 저해하지 않으면서 비산을 줄일 수 있는 방법 중 하나로 이미 해외연구로 비산 저감의 효과와 수분 증발 억제로 약제의 점착성 흡수성을 높이는 것으로 조사되었다.

다만 약제에 혼용할 경우 약제의 엉김 현상이 발생되거나 지나친 사용으로 약제가 젤리화 되어 분사 형상이 달라질 수 있다.

② 물리적 방법으로는 비행고도를 낮추는 것이다. 드론방제에 관한 전문 지식이 없는 드론 판매점과 드론교육원의 드론 살포 고도는 「농기계 실용화 재단」의 검정 기준에 입각하여 교육하는 경우가 많고, 초보 조종자의 경우 비행기술의 부족으로 하향풍으로 인한 도복 피해를 막기 위해 과도하게(적정 고도에 대한 가준이 없이) 비행고도를 높이는 경우가 대부분이다.

③ 작물에 따라 방제효과를 높일 수 있는 하향풍의 세기가 다르고, 사용 드론에 따라 생성되는 하향풍의 세기가 다른 만큼 이를 고려하여 최대한 고도를 낮게 비행하는 것이 비산을 줄일 수 있다. 다만 고도가 낮아질수록 살포폭이 좁아지고 비행 속도가 빨라져야 하기 때문에 최적의 방제효과를 얻기 위해서는 다양한 사항이 고려되어야만 한다.

④ 외부 환경적인 요인으로 바람이 부는 경우 바람과 동일 방향으로 방제 패턴을 운용하면 바람과 드론의 상대 속도가 줄어들어 비산이 대폭 감소하게 된다.

다만 이때 바람의 방향과 반대 방향으로 이동할 경우 상대 속도는 바람의 세기 + 기체의 속도가 되어 비산에 배가 되게 된다.

⑤ 방제를 시작하는 농지와 인접한 농지에 타 작물이 재배중일 경우 특히 주의가 필요하다.

표와 같이 뿌리채소는 재배기간, 수확 후 저장기간 등이 고려될 때 비산으로 인한 잔류 농약의 검출은 낮게 나타난다, 하지만 과채류와 콩류에서는 비산으로 인한 잔류 농약의 검출이 비교적 많이 된다.

엽채류의 경우 재배기간이 짧아 약제의 해독 시간이 없고, 수확 후에도 수일 이상의 저장 기간을 가질 수 없는 경우가 대분이어서 매우 주의를 해야 한다. 또한 균류를 재배하는 버섯 재배지의 경우 소량의 살균제가 비산되더라도 극심한 피해가 발생하며 직접적인 비산 이외에도 휘산에 의한 피해를 입을 수 있으므로 각별한 주의가 필요하다.

그림 비산과 잔류농약의 검출

7 비산으로 인한 차량 피해

농약의 비산으로 인한 피해는 주변 농작물이나 양봉 등의 곤충의 피해 이외에도 살포지 주변에 차량에 비산될 경우 도장면에 매우 큰 회복할 수 없는 피해를 주게 된다. 차량의 도장면에 피해를 주는 이유는 농약의 화학적 성분과 살포 과정에 물리적 조건에 있다.

그림 자동차 도장면의 화학 반응

대부분의 농약은 강한 산성 또는 알칼리성 성분을 포함하고 있다. 이러한 화학성분은 차량 도장면의 클리어코트를 침식하여 광택을 잃게 하거나 도장면을 변색시키는 현상을 만든다.

또한 농약에는 유효 성분을 희석하거나 분사 효율을 높이기 위한 알코올과 유기용제 등의 용매가 포함되어 있을 수 있다. 이러한 용매는 차량의 페인트 층에 침투하여 페인트의 균열이나 탈락을 유발할 수 있다.

이처럼 농약의 특정 화학 성분은 차량의 도장 표면 소재와 화학 반응을 일으킨다. 이러한 반응은 변색 얼룩 또는 부식으로 이어지게 된다. 이러한 농약 잔여물과 도장면에 화학적 변화로 진행된 피해는 쉽게 제거되지 않으며 전문적인 보장 복원이 필요하다.

P/A/R/T

07

드론의 노즐 · 펌프 · 배터리

드론의 노즐·펌프·배터리

1 노즐의 구성

농업 방제용 드론의 경우 약제를 분사하는 노즐은 크게 압력 분사식 노즐과 원심 회전식 노즐로 분류된다.

이 두 가지 노즐은 각각 다른 방식으로 약제를 분사하게 되며 가장 주요한 차이점은 약제를 미립화 하는 원리와 사용 방법에 있다.

방제용 드론의 경우 사용되어지는 노즐이 압력식 노즐인지 원심 회전식 노즐인지에 따라 각각 사용 되어지는 펌프 특성에 변화가 발생한다.

① 압력식 노즐의 경우 희석된 약제를 고압으로 압축하여 노즐의 작은 분사구를 통해 분출한다. 이때 발생되어진 압력과 대기업의 차이로 약제를 미립화(스프레이)하는 작동 방식이 필요하므로 펌프의 최대 분사량 뿐만 아니라 최대 형성할 수 있는 압력에 따라 펌프가 사용할 수 있는 노즐의 수량이 결정되게 된다. 또한 노즐의 종류에 따라 그 수량이 많아지거나 적어지게 된다.

② 사용하는 드론의 펌프가 가지고 있는 최대 분사량과 압력이 낮을 경우 노즐에서 분사되는 약제의 액적의 크기가 비약적으로 커지게 되며 이는 단위 면적당 살포되는 약제의 사용량을 늘어나게 하며, 방제 효과를 저하시키고 약해 발생의 원인이 된다.

③ 원심 회전식 노즐을 장착하여 판매하는 완성품 기체(DJI, 지페이 등 조립완성품이 아닌)의 경우 펌프가 형성하는 압력보다는 최대 분사량을 기준으로 사용되어지며, 이는 노즐이 약제를 미립화하는 과정에서 펌프가 형성한 압력보다는 원심 회전자의 형상과 회전 속도에 따라 미립자 되는 정도가 다르기 때문이다.

1 압력식 노즐의 구성

1. 노즐바디

노즐바디는 압력식 분사 노즐을 구성하고 있는 몸체로서 보디는 압력과 역류를 조절하는 다이어프램 밸브와 시트 게스킷, 노즐, 노즐 캡이 장착되어진다.

그림 노즐바디와 다이어프램

2. 다이어프램 밸브

다이어프램 밸브는 유연한 고무로 제작되어지며, 약제가 한쪽 방향으로만 흐르도록 하는 체크 밸브의 역할을 한다. 이는 펌프가 작동을 멈춘 후에 공기가 유입되지 않도록 한다. 또한 약체가 일정 압력에 도달하면 분사를 시작하도록 압력을 조절하며, 다이어프램 캡에 스프링을 조절하여 압력을 변화시키는 작동 방식을 가진 노즐도 있다. 일반적으로는 다이어프램 고무의 경도에 따라 압력을 조절한다.

3. 시트 게스킷

시트 게스킷은 노즐 보디와 노즐간에 약제의 누출을 방지하는 역할을 한다. 다만 농약 분사용 노즐에 사용되는 시트 게스킷은 고무 재질로 유연해야 하지만 사용되어지는 약제의 특성을 고려하여 화학적 현화 및 경화가 진행되지 않는 재질로 구성되어야 한다.

게스킷은 밀봉제로 사용되는 부품이므로 사용시간이 경과할수록 경화되거나 형성이 변화되어 수명이 다한 경우 즉시 새 제품으로 교체되어야 한다.

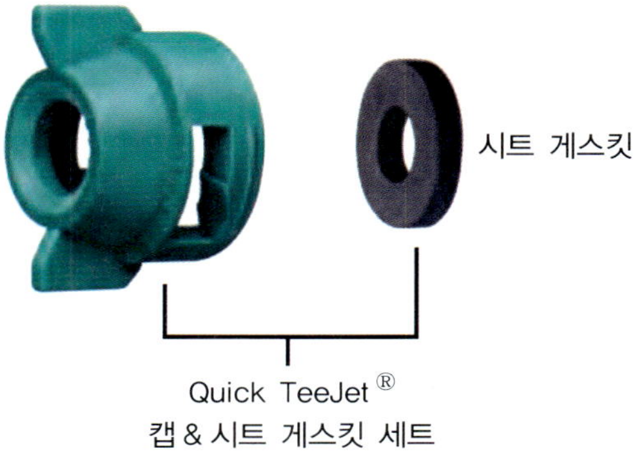

그림 밸브캡과 시트 게스킷

4. 캡(Cap)

노즐캡은 시트에 노즐과 게스킷, 스트레이너를 노즐 바디에 고정하는 일종의 뚜껑이다. 캡은 노즐의 종류와 형상에 따라 다양한 형상을 가지고 있다. 사용되는 노즐에 따라 알맞은 캡을 모두 구비해야 다양한 노즐을 사용할 수 있게 된다.

5. 스트레이너

농업용 드론에 사용되는 스트레이너는 그 크기와 재질에 따라 분류가 가능한데 폴리머 재질과 스테인리스 또는 황동 재질로 구성되어진다. 하우징과 필터가 다른 재질로 형성되는 경우도 있으며 보편적으로 폴리머 재질의 하우징에 스테인리스 재질의 필터가 장착된다.

폴리머 재질의 스트레이너의 경우 가격이 가장 저렴하지만 사용 되어지는 약제에 따라 스트레이너 자체가 녹아내리거나 경화되어 수명이 급격하게 짧아지며, 기능을 상실하여 노즐을 보호하지 못하게 된다.

그림 다양한 재질의 스트레이너

황동 재질의 경우도 약제의 종류에 따라 산화반응을 일으켜 녹이 슬거나 막히는 경우가 발생된다.

이러한 이유로 농업 방제용으로 사용되는 스트레이너는 대부분 전체 스테인리스 재질로 되어 있거나 폴리머 재질의 하우징과 스테인리스 재질의 필터로 구성되어진다.

스트레이너는 사용되어지는 노즐에 따라 규격을 달리 해야 하며, 노즐보다 스트레이너의 필터 규격이 큰 경우 필터의 역할을 하지 못하고 노즐보다 스트레이너 필터의 규격이 너무 작은 경우 펌프에서 형성된 압력이 노즐까지 전달되지 못한다. 때문에 노즐의 종류에 따라 다양한 크기의 필터를 가지고 있는 스트레이너를 준비하여야 한다.

(1) 재질에 따른 스트레이너 분류

가. 폴리머(PP 또는 플라스틱) 스트레이너

① 특징 : 가격이 저렴하며 가볍다. 화학적으로 안정적인 약제에 적합.

② 단점 : 특정 약제(강산성 또는 강알칼리)와 반응하여 녹거나 경화될 수 있음. 약제에 따라 수명이 짧아지며 필터 기능 상실 가능.

③ 사용 예 : 농업 방제에 적합하나, 약제의 화학적 특성을 반드시 확인해야 함.

나. 스테인리스 스트레이너

① 특징 : 내구성이 매우 뛰어나고 산화 및 부식에 강하다. 다양한 약제와 호환성이 높음.

② 장점 : 긴 수명과 안정적인 성능.

③ 사용 예 : 농업용 드론, 고가 약제를 사용하는 정밀 방제 환경에서 사용.

다. 황동 스트레이너

① 특징 : 내구성이 좋고, 일반적인 환경에서는 성능이 우수.

② 단점 : 특정 약제와 접촉 시 산화 반응(부식)이 발생하여 막힘 현상이 생길 수 있음.

③ 사용 예 : 화학 반응이 적은 일반 약제 환경에서 적합.

라. 복합 재질 스트레이너

① 구성 : 폴리머 하우징스테인리스 필터가 일반적.

② 장점 : 비용 효율성이 높고, 내구성과 화학 저항성이 적절히 조화됨.

㉰ 사용 예 : 농업 방제에 가장 널리 사용되는 조합.

(2) 스트레이너의 크기와 규격

가. 스트레이너와 노즐 규격 관계

① 스트레이너의 필터 규격은 노즐의 입자 통과 크기와 일치해야 함.

② 규격이 너무 큰 경우: 필터링이 제대로 이루어지지 않아 노즐 막힘 및 손상이 발생할 수 있음.

③ 규격이 너무 작은 경우: 펌프의 압력이 저하되어 분사력이 약화되거나 불규칙해짐.

나. 규격 선택 기준

① 필터 메쉬 크기 : 메쉬(mesh) 숫자가 클수록 더 미세한 입자를 걸러냄. 일반적으로 농업용 노즐에는 50~100 메쉬 필터가 사용됨.

② 약제 특성 : 미세한 입자가 포함된 약제를 사용할 경우, 필터 메쉬를 더 촘촘하게 선택.

③ 노즐 종류

- 고압 노즐: 적합한 압력을 유지하기 위해 스트레이너의 저항을 최소화해야 함.
- 저압 노즐: 약한 압력에서도 여과 효과를 유지할 수 있는 필터 필요.

(3) 스트레이너 선택 시 고려 사항

가. 약제 호환성

① 스트레이너 재질이 사용하는 약제와 화학적으로 안정해야 함.

② 부식성 약제를 사용할 경우, 스테인리스 재질을 우선 선택.

나. 작동 환경

고온·고압 환경에서는 내열성과 내압성이 높은 스트레이너가 필요.

다. 유지보수

① 스트레이너는 필터에 쌓인 잔여물을 정기적으로 제거해야 하며, 이를 위해 분리 및 세척이 용이한 구조가 바람직.

라. 비용 효율성

- 초기 비용과 유지보수 비용을 모두 고려하여 선택.

2 노즐의 종류와 구조

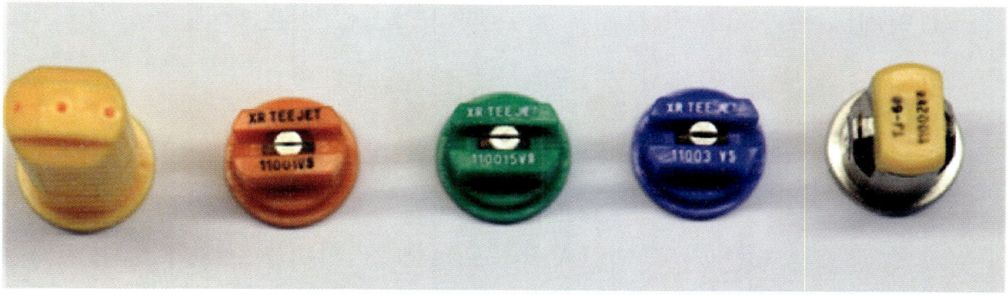

그림 다양한 구조와 종류의 방제 노즐

분사용 노즐은 사용 목적에 따라 약제 분사용, 액상비료 분사용, 초중기 제초제 분사용 등으로 나눌 수 있으며, 분사 형상에 따라 부채꼴 스프레이, 광각 부채꼴 스프레이, 트윈 부채꼴 스프레이, 오퍼센터 부채꼴 스프레이, 이중 부채꼴 스프레이, 원형 스프레이, 도넛형 스프레이 등으로 구분된다.

압력 분사식 노즐의 경우 일반적인 작물에 사용되어지는 약제 살포에서는 대부분 광각 부채꼴 스프레이가 사용되어진다. 또한 이런 부채꼴 스프레이는 액상비료 살포에도 이용된다. 대한민국에서는 액상비료 도포용으로 나온 SJ3 시리즈를 수도용 초.중기 제초제 살포용으로 대부분 사용하고 있으며, 일부는 3D 프린터를 이용하여 수도용 초.중기 제초제 살포용 노즐을 제작하여 사용하기도 한다.

초중기 제초제 노즐은 노즐의 정밀도가 제초 방제의 성능에 큰 영향을 미치지 않기 때문에 가능한 일이다.

(1) 사용 목적에 따른 분류

가. 약제 분사용

① 병해충 방제용 약제 살포에 사용.

② 정밀한 분사와 고른 분포가 요구됨.

③ 일반적으로 광각 부채꼴 스프레이노즐을 사용.

나. 액상비료 분사용

① 작물에 액상 비료를 살포할 때 사용.

② 약제 노즐과 유사한 특성을 지닌 광각 부채꼴 스프레이노즐이 주로 사용됨.

③ 대량 살포를 위해 분사 용량이 큰 노즐이 필요.

다. 초·중기 제초제 분사용

① 작물 생장 초기(초·중기)에 제초제를 살포할 때 사용.

② 정밀도가 낮아도 되며, 일반적으로 SJ3 시리즈노즐이 많이 사용됨.

③ 일부 사용자는 3D 프린터로 자체 제작한 노즐을 활용.

(2) 분사 형상에 따른 분류

가. 부채꼴 스프레이

① 가장 일반적인 분사 형상으로, 약제 및 액상비료 살포에 적합.

② 폭넓은 분사각(80~110도)을 제공하여 고른 분포 가능.

나. 광각 부채꼴 스프레이

① 부채꼴 스프레이보다 넓은 각도로 분사.

② 넓은 면적을 빠르게 커버할 수 있어 일반 약제 및 액상비료 살포에 주로 사용됨.

다. 트윈 부채꼴 스프레이

① 두 개의 분사 패턴이 만들어져 전·후 방향으로 분사.

② 노즐하우징 개수 X2의 노즐 사용 환경 제공.

③ 단위 면적당 많은 약제를 살포하는데 적합.

• 드론에서 사용시 제조사 기준과 달리 분사특성 변화됨

라. 오퍼센터 부채꼴 스프레이

① 중심부에 집중된 분사 형태로, 좁은 범위에 약제를 살포.

② 특정 목표물에 정밀하게 살포할 때 유용.

마. 이중 부채꼴 스프레이

① 두 개의 부채꼴 형태로 분사되며, 입자 크기와 분사량 조절이 가능.

② 병해충 방제 및 비료 살포에 적합.

바. 원형 스프레이

① 분사 패턴이 원형으로 형성.

② 국소 부위에 집중적으로 살포할 때 사용.

사. 도넛형 스프레이

① 분사 패턴이 도넛 모양(중심부는 적고 가장자리에 집중).

② 분사 균일도가 필요한 작업에 적합.

- 차광차열제 살포에 높은 성능 발휘

(3) 노즐의 표기 내용 읽는 법

노즐 표기를 읽는 방법은 노즐에 기록된 정보를 정확히 해석하여 올바르게 선택하고 사용하는 데 중요하다. 위의 설명을 기준으로 노즐 표기의 각 부분을 읽는 방법을 정리하면 다음과 같다.

가. 노즐 표기의 구성 요소

① 상단 좌측: 분사 유형

- 노즐의 분사 형태를 나타낸다.
- 예시 : XR은 부채꼴 분사(fan-shaped spray)를 의미한다.
- 다른 예로 HC는 고압(high capacity) 분사를 FL은 플랫(flat) 분사를 나타낼 수 있다.

② 상단 우측 : 제조사 또는 상표명

- 노즐을 제조한 회사 또는 브랜드 이름이 적혀 있다.
- 예시 : TEEZET은 티제트(TeeJet)라는 회사를 나타낸다.

③ 하단 좌측 : 분사 각도

- 앞 두 자리 또는 세 자리 숫자는 분사각을 의미하며, 노즐이 형성하는 스프레이 패턴의 각도를 나타낸다.
- 예시 : 110은 110도 분사각을 뜻한다.
- 일반적으로 80도, 110도 등 다양한 각도로 제공된다.

④ 하단 중앙 : 분사 용량

- 분사각 뒤에 오는 숫자는 분사 용량(분당 분사량)을 나타낸다.
- 용량 단위는 갤런(GPM, Gallons Per Minute)으로 표시된다.
- 예시 : 4는 분당 4갤런의 분사량을 의미한다.

⑤ 하단 우측: 소재

- 마지막의 영문 표기는 노즐의 소재를 나타낸다.
- 예시 : VS는 스테인리스 스틸(Stainless Steel)을 의미한다.
- 다른 예로 PP는 폴리프로필렌, BR은 황동(Brass), CER은 세라믹(Ceramic)을 나타낼 수 있다.

(4) 예시 노즐 해석

가. 표기 : XR11004VS

① **XR** : 부채꼴 분사 유형

② **110** : 분사각이 110도

③ **04** : 분당 4갤런(GPM)의 분사 용량

④ **VS** : 스테인리스 스틸 재질

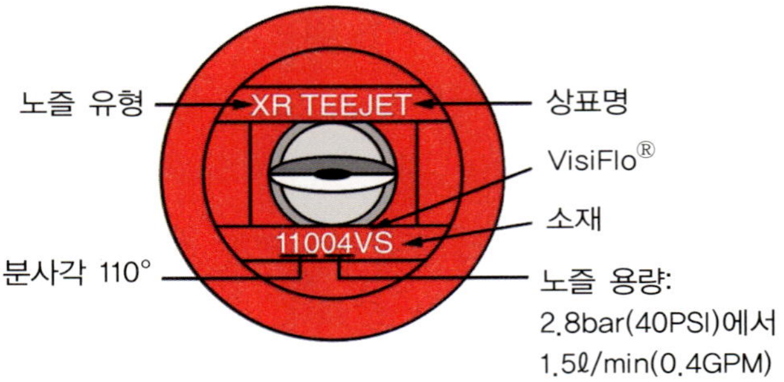

그림 노즐의 표기와 해석

나. 해석 : 이 노즐은 110도 분사각으로 부채꼴 형상을 형성하며, 분당 4갤런의 약제를 스테인리스 스틸 팁을 통해 분사한다. [제조사는 TEEZET]

(5) 참고 사항

가. **정확한 사용을 위해** : 노즐 표기 정보는 사용 환경(압력, 유량, 화학 물질 등)에 따라 적합한 제품을 선택하는 데 필수적이다.

나. **정기 점검** : 노즐의 소재와 분사각이 사용 환경에 적합한지, 마모나 손상이 없는지 주기적으로 확인한다.

다. **문서 확인** : 제조사의 카탈로그나 데이터 시트를 참고하면 더 상세한 정보를 얻을 수 있다.

3 노즐의 유효 분사 각도와 분사 범위

노즐의 유효 분사 각도와 분사 범위는 노즐의 설계와 사용 환경에 따라 이론적인 값과 실제 값이 달라질 수 있다. 다음은 노즐의 분사 각도와 실제 사용 상황에서 발생하는 주요 영향을 정리한 내용이다.

(1) 노즐에는 유효 분사 각도가 표시되며, 이는 특정 조건에서 분사되는 스프레이가 지면에서 형성하는 범위를 계산하는데 사용된다.

(2) 예를 들어, 110도의 분사각을 가진 노즐은 다음과 같은 이론적 분사 범위를 가진다.

① 20cm 높이 : 57cm 분사 범위

② 40cm 높이 : 114cm 분사 범위

③ 80cm 높이 : 229cm 분사 범위

이론적 계산은 단순히 기하학적인 각도와 높이를 바탕으로 한 결과이며, 실제 분사 범위는 다음 요인들에 의해 달라진다.

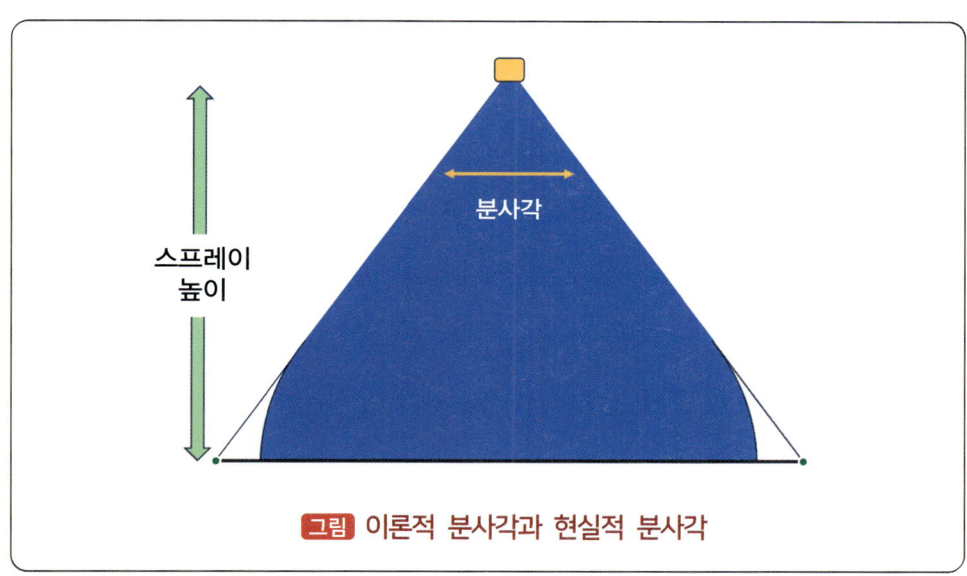

그림 이론적 분사각과 현실적 분사각

4 실제 분사 범위에 영향을 미치는 요인

1. 분사 높이

① 분사 높이가 높아질수록 스프레이의 분산이 증가하여 이론적인 분사 범위를 유지하기 어려워진다.

② 높이가 높아지면 입자가 더 많이 퍼져 분사 밀도가 낮아질 수 있다.

2. 드론의 다운워시

드론의 프로펠러에서 생성되는 다운워시(하향 기류)는 분사된 스프레이의 형상을 흐트러뜨리거나 예상치 못한 방향으로 흐르게 만든다.

3. 배경 난기류

바람, 열적 난기류 또는 주변의 자연 환경에서 발생하는 기류는 스프레이 패턴을 왜곡시킨다.

4. 유도 흐름 및 회전성 상대풍

드론이 비행 중일 때 생성되는 유도 흐름(유체의 특정 방향 흐름)과 회전성 상대풍은 노즐에서 분사된 스프레이의 안정성을 저하시킬 수 있다.

5. 스트림튜브의 형상

드론 주변의 공기 흐름은 스트림튜브(스프레이가 이동하는 경로) 형상을 변화시키며, 스프레이가 고르게 분사되지 않게 만든다.

6. 분사 압력

① 노즐에 걸리는 분사 압력에 따라 입자의 크기와 분사 각도가 달라질 수 있다.

② 낮은 압력에서는 입자 크기가 커지고 분사각이 줄어들 수 있다. 반대로 높은 압력에서는 입자 크기가 작아지고 분사각이 넓어질 수 있다.

7 임계 비행 속도

드론이 이동중일 때 비행 속도가 임계치를 초과하면 스프레이 입자의 분포가 예상과 다르게 나타나며, 특정 구역에 약제가 부족하거나 과잉 살포될 위험이 있다.

5 드론 살포 작업 시 고려 사항

1. 노즐 배치 최적화

노즐이 드론에 장착되는 위치와 각도를 조정하여 다운워시와 기류의 영향을 최소화해야 한다.

2. 분사 높이 조절

분사 범위를 최적화하기 위해 노즐과 지면 사이의 높이를 적절히 설정해야 한다. 일반적으로 80cm~2m 내외로 설정하여 균일한 분사를 유지한다.

3. 기류의 영향을 사전에 분석

드론 작동 환경에서 바람, 온도, 습도 등 기류 조건을 고려하여 분사 패턴을 사전에 조정한다.

4. 분사 압력 확인

노즐의 설계 압력 범위 내에서 사용하여 스프레이가 안정적으로 형성되도록 한다.

5. 실험과 조정

현장에서 드론의 비행 속도와 노즐 분사 상태를 반복적으로 실험하여 최적의 분사 설정을 찾아야 한다.

주 **스프레이 노즐의 관리와 균일도포**

방제용 드론의 분사용 노즐은 농약의 분사 균일성과 방제 효과에 큰 영향을 미치는 핵심 요소이다. 노즐의 특성과 선택은 작물 보호와 농약의 효율성을 극대화하는데 필수적이지만, 실제 사용자(농민 및 항공방제업 종사자)가 이를 간과하는 경우가 많다.

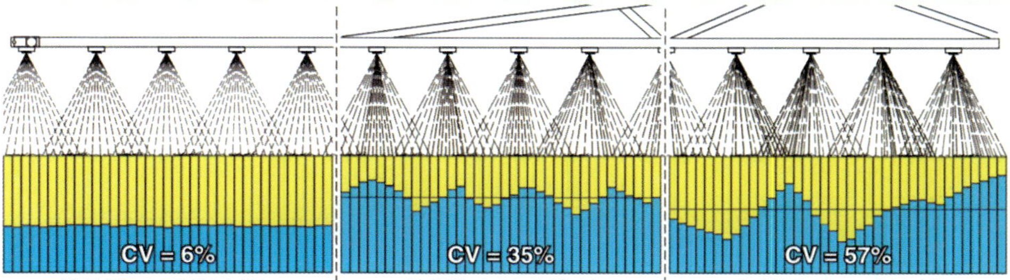

새로운 스프레이 팁	마모된 스프레이 팁	손상된 스프레이 팁
적절히 중첩할 경우 균일하게 도포됩니다.	각 팁 아래에 집중적으로 분무되어 출력이 높게 나타납니다.	과량 도포되거나 불충분하게 도포되는 불규칙한 결과가 나타납니다.

6 방제용 드론 노즐 특성과 농약의 분사 균일성

1. 스프레이 양

① 노즐을 통해 분사되는 약제의 양은 농약의 농도와 방제 효과에 직접적인 영향을 미친다.

② 일정하지 않은 스프레이 양은 농작물의 특정 부위에 약제가 부족하거나 과잉 적용되어 병해충 방제가 비효율적일 수 있다.

2. 액적의 크기

① 액적(Droplet) 크기는 농약의 침투력과 부착력에 영향을 미친다.

② 작은 액적 : 침투력이 뛰어나지만, 바람에 날릴 위험(드래프트)이 큼.

③ 큰 액적 : 바람의 영향을 덜 받지만, 표면 부착력이 낮아 방제 효과 감소. 작물의 특성과 목표 해충에 적합한 액적 크기를 설정해야 한다.

3. 분사 균일성

① 노즐의 배치, 압력 그리고 드론의 이동 속도에 따라 분사 균일성이 좌우된다.

② 균일하지 않은 분사는 약제 낭비를 초래하거나 특정 구역에 방제 효과를 낮출 수 있다.

7 사용자들이 간과하는 주요 요소

1. 노즐 선택의 중요성

① 사용자는 노즐의 분사 각도, 용량, 재질 등이 약제 분사에 미치는 영향을 과소평가하는 경우가 많다.

② 대개 가격이나 단순 편의성만 고려하여 선택하는 경향이 있다.

2. 노즐 유지보수 부족

① 노즐의 막힘, 마모, 또는 손상은 분사 패턴과 균일성에 직접적인 영향을 준다.

② 정기적인 점검과 교체가 이루어지지 않으면 방제 효율이 급격히 떨어질 수 있다.

3. 드론 환경 조건 무시

다운워시(드론 프로펠러로 인한 하향기류), 바람, 습도 등 드론 운용 환경이 스프레이 패턴에 미치는 영향을 고려하지 않는 경우가 많다.

4. 액적 크기와 약제 선택

작물에 적합한 액적 크기와 약제 조합이 방제효과를 극대화할 수 있지만, 이를 고려하지 않고 사용하면 약제가 제대로 작용하지 않을 수 있다.

8 방제 효과를 극대화하기 위한 개선 방향

1. 적절한 노즐 선택

① 약제의 특성, 작물, 방제 목표에 적합한 노즐을 선택해야 한다.

② 예 : 작은 액적이 필요한 해충 방제에는 세라믹 노즐, 큰 액적이 필요한 살균제에는 고압 노즐 사용.

2. 노즐 점검 및 유지보수

분사 균일성을 유지하기 위해 노즐의 상태를 정기적으로 점검하고, 마모되거나 막힌 노즐을 교체해야 한다.

3. 분사 조건 최적화

① 분사 압력, 드론의 비행 속도, 높이 등을 조정하여 균일한 분사 범위를 확보해야 한다.

② 드론의 자동화 시스템(예 : GPS 기반 경로 설정)을 활용해 균일한 작업 수행.

4. 사용자 교육

① 농민 및 항공방제업 종사자를 대상으로 노즐 선택과 관리, 분사 조건 최적화에 대한 교육을 제공해야 한다.

② 노즐의 특성과 농약의 효과 간 상관관계를 이해시켜 실질적인 방제 효율을 높이는 것이 중요하다.

5. 테스트와 데이터 기반 설정

노즐의 분사 패턴을 사전 테스트하고, 실제 작물에서의 분사 효과를 데이터로 분석해 최적 조건을 도출해야 한다.

9 폴리머 재질 분사 노즐의 문제점

구조 전체가 폴리머로 제조된 분사 노즐은 낮은 가격과 유지 보수의 편의성 때문에 조립형 드론에서 널리 사용되지만, 이들의 성능과 내구성에는 심각한 한계가 존재한다.

이는 농민 및 항공방제업 종사자가 방제 작업에서 기대하는 효과를 저하시키는 주요 원인 중 하나로 작용한다.

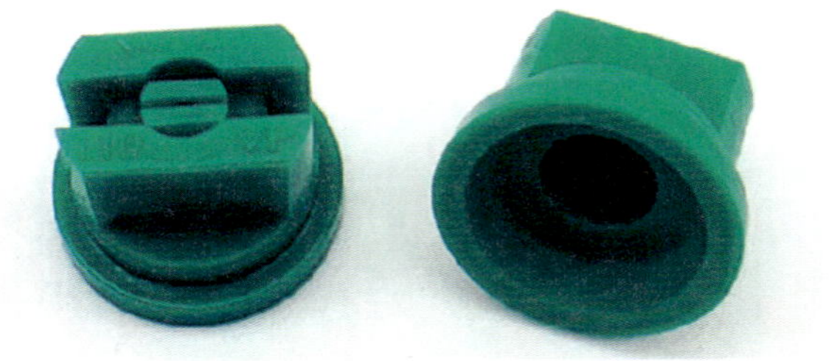

그림 폴리머 재질의 노즐

1. 폴리머 노즐의 문제점

(1) 분사 균일성 부족

가. 폴리머 재질의 노즐은 제작 공정과 재질 특성상 정밀도가 낮아 스프레이의 분사 균일성이 떨어진다.

나. 분사 입자의 크기와 패턴이 일정하지 않아, 약제가 작물에 균일하게 분포되지 못한다.

(2) 빠른 마모

가. 폴리머는 경도와 내구성이 낮아, 희석된 농약이나 약제 속의 미세 입자에 의해 빠르게 마모된다.

나. 분사 압력이 높아질수록 마모 속도는 더 빨라지며, 노즐의 분사 특성이 비정상적으로 변한다.

(3) 방제 효과 감소

가. 신품 상태에서도 분사 균일성이 부족한 경우가 많아, 처음부터 기대하는 방제 효과를 얻기 어렵다.

나. 짧은 시간 내에 노즐이 성능을 잃어 작물의 보호와 농약 사용 효율이 크게 떨어진다.

(4) 환경적 영향

폴리머는 고온, 자외선 등 외부 환경 요인에 의해 경화되거나 변형될 수 있어 장기간 사용이 어렵다.

2. 폴리머 노즐 선택 이유

- **저렴한 가격** : 초기 구매 비용이 낮아 많은 사용자가 선호.
- **유지 보수 편의성** : 구조가 단순하고 가볍기 때문에 쉽게 교체 가능.
- **조립형 드론에 기본 장착** : 가격 경쟁력을 높이기 위해 제조사가 기본 사양으로 제공. 하지만 이런 선택은 단기 비용 절감에는 기여하더라도, 장기적인 방제 효율과 농업 생산성에는 부정적인 영향을 미친다.

폴리머로 구성된 노즐은 낮은 초기 비용으로 인해 많은 사용자가 선택하지만, 분사 균일성 부족, 빠른 마모, 방제 효과 저하라는 치명적인 단점이 있다. 이는 농작물 보호와 농약 사용 효율에 부정적인 영향을 미친다.

따라서 내구성이 높은 노즐 사용, 정기적인 점검 및 교체, 사용자 교육을 통해 방제 작업의 효과를 극대화하는 방향으로 나아가야 한다. 농민과 항공방제업 종사자는 장기적인 관점에서 고성능 노즐을 선택하여 더 높은 효율성과 작물 생산성을 도모해야 한다.

(1) 노즐의 마모 정도 확인 방법

드론 방제 작업에서 스프레이 노즐의 마모 정도를 측정하는 것은 방제 효과를 유지하기 위해 중요한 과정이다. 특히, 노즐의 마모는 육안으로 확인하기 어려운 경우가 많기 때문에, 일반 사용자가 쉽게 확인할 수 있는 방법이 필요하다.

가. 노즐 마모 확인 방법: 유량 비교

노즐의 마모 여부를 확인하는 가장 간단하고 효과적인 방법은 새로운 노즐과 사용중인 노즐의 유량을 비교하는 것이다.

단계별 확인 방법

① **새로운 노즐 준비**: 기존 노즐과 동일한 모델의 신품 노즐을 준비한다.

② **분사 테스트 환경 설정** : 분사 시스템을 동일한 조건(분사 압력, 약제 농도, 높이 등)에서 테스트할 수 있도록 세팅한다.

③ 유량 측정

- 신품 노즐과 기존 노즐을 차례로 장착하여, 동일한 시간 동안 분사된 유량(리터 또는 갤런 단위)을 측정한다.
- 유량 측정 장비(예: 계량 컵, 유량계 등)를 사용하여 데이터를 정확히 기록한다.

④ 유량 비교

- 기존 노즐의 유량이 신품 노즐보다 크다면, 노즐의 구멍이 마모되어 직경이 커졌을 가능성이 크다.
- 유량이 불규칙하거나 일정하지 않다면, 노즐이 마모되었거나 막힘이 발생했을 수 있다.

(2) 마모된 노즐의 영향

가. 유량 증가

① 노즐이 마모되면 분사 구멍의 직경이 커져 약제 소비량이 증가한다.

② 이는 약제의 낭비를 초래하며 비용 상승으로 이어진다.

나. 분사 균일성 저하

마모된 노즐은 액적 크기와 분사 패턴을 불균일하게 만들어 방제 효과를 저하시킨다.

다. 작물 보호 실패

작물에 약제가 고르게 분포되지 않으면 병해충 방제 효과가 감소한다.

(3) 노즐 마모 관리의 중요성

가. **정기 점검** : 드론 방제 작업 전에 노즐의 상태를 점검하여 마모 여부를 확인해야 한다.

나. **예방적 교체** : 마모된 노즐은 발견 즉시 교체하여 분사 효율을 유지한다.

다. **테스트 주기**: 일정 간격(예 : 50~100시간 사용 후)으로 유량 비교 테스트를 수행하여 성능 저하를 조기에 발견한다.

(4) 추가 팁

가. **테스트 도구 사용** : 간이 유량 측정 장치를 활용하면 빠르고 쉽게 유량을 비교할 수 있다.

나. **노즐 수명 참고** : 제조사의 권장 교체 주기를 참고하여 일정 시간이 지나면 예방적으로 교체를 고려한다.

다. **다른 문제 점검** : 유량 차이가 크지 않더라도 분사 패턴이 변형되었는지(예: 분사각 축소, 스프레이 왜곡 등) 추가로 확인한다.

주 노즐 마모 확인을 위한 유량 비교 테스트는 간단하면서도 매우 효과적인 방법이다. 이를 통해 노즐의 상태를 정기적으로 점검하고 필요한 경우 교체함으로써, 방제 작업의 효율성과 농작물 보호 효과를 극대화할 수 있다. 사용자들이 이러한 방법을 적극적으로 활용할 수 있도록 교육과 안내가 이루어져야 한다.

드론의 노즐·펌프·배터리

2 펌프의 구조와 기능

압력식 분사 노즐을 사용하는 드론에서 펌프의 수명과 최대 생성 압력을 관리하는 것은 방제 효율성을 유지하기 위한 중요한 작업이다. 특히, 펌프의 압력 저하는 노즐의 분사 성능에 직접적으로 영향을 미치므로 정기적인 확인과 관리가 필요하다.

그림 드론의 약제 공급 펌프

1 펌프(Pump) 압력 확인의 중요성

1. 펌프 압력 저하의 영향

① **스프레이 노즐의 압력 부족:** 노즐에 충분한 압력이 전달되지 않으면 스프레이 패턴이 변형되고 액적 크기가 커지며, 방제 효과가 감소한다.

② **분사 범위 감소:** 압력이 낮아지면 분사 각도가 줄어들어 약제가 고르게 분포되지 않는다.

③ **약제 낭비:** 액적 크기가 커지면 목표 표면에 부착되지 못하고 낙하하거나 흘러내리는 약제가 증가한다.

2. 펌프 교체 시기의 중요성

펌프의 성능이 저하되었을 때 적절히 교체하지 않으면 드론 방제 작업의 품질이 급격히 떨어진다.

2 펌프 압력을 확인하는 방법

1. 압력 게이지 설치

① 압력 게이지 위치: 펌프와 노즐 사이의 호스 중간에 설치하여 실시간으로 압력을 측정한다.

② 설치 순서

- 펌프와 노즐을 연결하는 호스에 T형 연결부를 사용해 압력 게이지를 부착
- 압력 게이지는 드론 작동 시 진동에 견딜 수 있는 내구성이 강한 제품을 선택

③ 주의 사항 : 게이지의 최대 측정 압력이 펌프의 최대 압력보다 높아야 한다.

2. 펌프 작동 중 압력 확인

① 드론을 작동시키고, 압력 게이지를 통해 펌프가 생성하는 압력을 측정한다.

② 측정된 최대압력값을 기록하여 펌프의 성능을 추적한다.

3. 압력 변화 비교

① 신품 펌프의 초기 최대 압력과 이후 사용 중 기록된 압력을 비교한다.

② 최대 압력이 초기값보다 크게 감소했다면, 펌프의 수명이 다했거나 성능이 저하된 것으로 판단할 수 있다.

3 펌프 성능 저하의 징후

1. 압력 불안정

압력이 일정하지 않고 흔들리는 경우, 펌프 내부의 밸브나 씰(Seal)이 손상되었을 가능성.

2. 분사 패턴 변화

노즐의 분사 패턴이 불균일하거나 액적 크기가 증가.

3. 소음 증가

펌프 작동 중 비정상적인 소음이 발생하면 내부 부품 마모나 손상이 원인일 수 있음.

4 원심 회전 노즐의 구성과 특징

원심 회전식 분사 노즐은 압력 분사식 노즐과는 다른 원리로 작동하며, 원심력과 모터의 회전 속도에 따라 약제를 미립화한다. 이러한 특성 때문에 드론 방제 작업에서 독특한 장점을 가지지만, 동시에 피할 수 없는 단점을 동시에 가지고 있어 설계와 운영상의 주의가 필요하다.

1. 모터와 변속기

원심 회전 노즐은 노즐을 회전시키기 위한 모터와 모터를 구동시키기 위한 변속기가 별도로 장착된다. 모터는 브러시리스 모터가 사용된다.

그림 원심 노즐의 변속기와 모터

① 대부분의 원심 회전식 노즐의 모터는 최대 회전수가 20,000rpm 정도로 표시하고 있지만 실제 사용은 12,000~14,000rpm이 사용된다.

이는 최대 회전수로 모터를 회전할 경우 모터의 내구성과 변속기의 내구성, 원심 회전 디스크의 파손 등을 우려하여 강제로 회전수를 조절하고 있다.

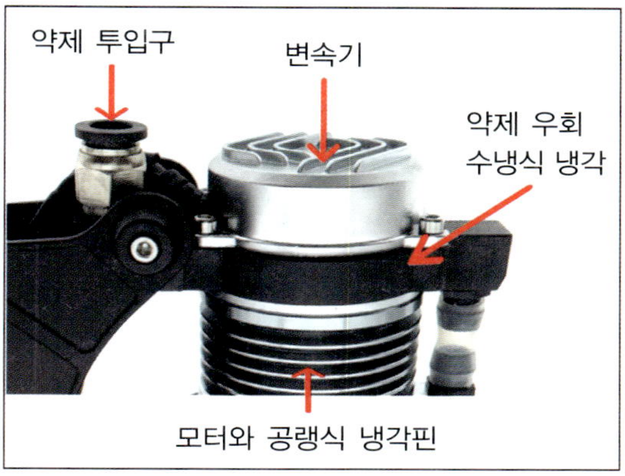

그림 수냉식과 공랭식을 동시 사용하는 원심 노즐

원심 회전 노즐의 변속기와 모터는 많은 열을 발생시켜 내구성이 떨어지게 되는데 일부 노즐의 경우 약제를 변속기와 모터 사이를 경유하게 하여 약제를 사용한 수냉식 냉각을 활용하기도 한다.

② 제조사의 기술적 역량에 따라 동축반전 모터를 장착하여 원심 디스크를 상하 반대 방향으로 회전시키는 노즐이 있다. 이 노즐은 단일 회전식 노즐에 비하여 낮은 회전으로 작은 크기의 액적을 형성 가능하고, 단일 회전식 원심 노즐보다 낮은 모터의 rpm에서 동일 크기의 액적 분사가 가능하다.

동일 크기의 액적을 살포한다면 원심 분무원판의 형상도 단순화할 수 있다. 물리적 특성을 고려한다면 기존 압력식 노즐에서 형성하는 고른 입자 형성이 가능하고 액적의 크기 또한 동일하게 구현 가능하다. 하지만 구조적으로 모터의 열 방출에 어려움이 있으며, 모터 자체의 무게 증가로 사용되는 곳이 제한적이다.

③ 동축반전 원심 회전식 분사 노즐은 구조가 복잡하여 생산 단가가 높다. 이로 인해 노즐의 중요성을 충분히 인식하지 못한 사용자들이 대부분인 드론 농업의 특성상 국내 판매용 농업용 드론에서는 사용되지 않고 있다.

그림 동축 반전 회전 디스크를 적용한 원심 회전식 노즐

5 유류 우회장치(Diverter)의 구조적 한계

유류 우회장치(Diverter plate)는 펌프에서 공급된 약제를 원심 디스크에 균일하게 분사하기 위해 설계된 장치이다.

원심 회전 노즐은 펌프로부터 유입된 약제를 회전력을 얻은 원심 디스크의 돌기를 이용해 빠르게 충격을 주어 미립자화 한다. 이 노즐의 특성상 약제가 360도 전방위로 분사되도록 설계되어 있다. 그러나 단순화된 유류 우회장치는 제조 비용 절감과 유지보수의 편의성을 고려하여 설계되었기 때문에, 약제가 공급되는 특정 위치에 약제가 더 많이 분출되는 문제가 발생할 수 있다. 이는 360도에 걸쳐 균일한 분사를 방해하며, 방제 작업의 효율을 저하시킨다.

1. 올바르게 설계된 유류 우회장치(Diverter plate)의 역할

- **약제 균일 분배**

펌프에서 공급된 약제를 원심 디스크에 균일하게 분사하여 360도 전방위로 약제를 고르게 분사하게 한다.

그림 관로가 있는 유류 우회장치

2. 관로가 없는 유류 우회장치의 특징

그림의 폴라플롯은 유류 우회장치의 360도 출구에서 발생하는 약제 분출량을 나타낸다. 그림의 오른쪽 상단에 약제 투입구를 통하여 유입된 약제는 하단에 회색 분출구를 통하여 스프레이 회전 노즐에 전달된다.

약제 투입구에 가까운 위치에서 더 많은 약제가 분출되고 입구에서 멀어질수록 분출량이 점차 줄어드는 경향을 보여준다. 이는 구조적 한계로 설계상 개선이 매우 필요한 부분이며 공급펌프에 약제 양이 일정 양보다 적으면 약제 입구 90도와 270도 부근에서 많은 양의 약제 감소 효과가 나타낸다.

약제 투입구는 분출량이 상대적으로 증가하는데 이러한 이유는 압력의 축적 및 유체 동역학적 효과 때문이다. 약제가 도넛 모양의 관로를 따라 이동하면서 입구에서 멀어질수록 관로의 유체 흐름이 수렴되거나 축적될 수 있다. 관로의 향상과 특성에 따라 입구 반대쪽에서 압력 축적이 발생하여 분출량이 다시 증가하는 현상이 나타난다. 이는 원심 회전식 노즐을 가지고 있는 단점으로 균일한 분사를 힘들게 한다.

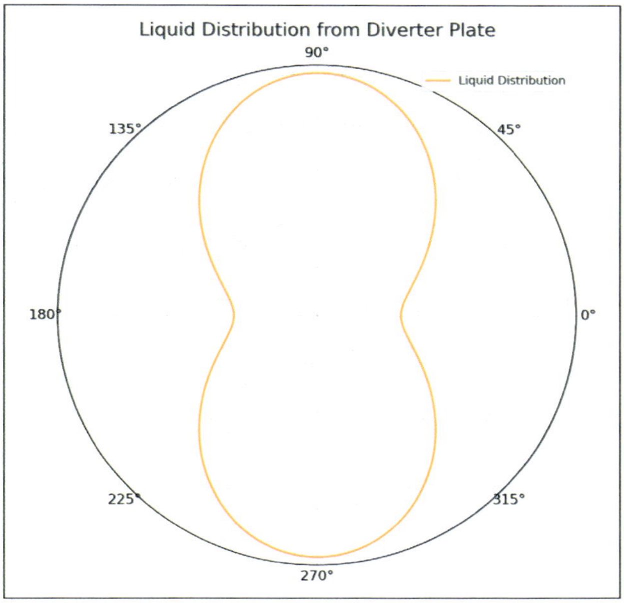

그림 관로가 있는 유류 우회장치의 유도 압력

> 주 이러한 관로가 형성되어 있는 유류 우회장치가 장착된 원심 회전 분사식 노즐은 일정 수준의 약제 공급량이 임계점을 지나게 되면 360°도 전방위에 걸쳐 일정한 약제가 분사되게 된다.

(1) 구조적 한계

가. **분출량 불균형** : 약제 투입구에서 멀어질수록 분출량이 감소하며, 특히 90도와 270도 부근에서 약제가 부족해지는 현상이 발생한다.

공급 펌프의 유량이 일정 수준 이하로 떨어지면 이러한 현상이 심화된다.

나. **압력 축적 효과** : 관로 내에서 압력이 축적되거나 유체 흐름이 재분배되면서, 입구 반대쪽(입구와 180도 부근)에서 약간의 분출량 증가가 나타날 수 있다.

다. **방제 효율 저하** : 약제 공급량이 임계점에 미치지 못하면 균일한 분사가 어려워 방제 효율이 떨어진다.

(2) 관로가 없는 유류 우회장치

대다수의 원심 회전식 노즐은 위 사진과 같이 관로가 형성되어 있지 않고 펌프에서 투입되는 약제를 그대로 스프레이 회전 디스크를 통하여 쏟아질 수 있도록 만들어져 있다.

그림 관로가 없는 유류 우회장치

때로는 관로를 형성할 수 있는 일부 부품이 제거되어 이러한 오픈 형태로 판매되기도 한다. 일반적으로 이런 현상은 생산 단가를 낮추기 위한 방법으로 방제효과를 전혀 고려하지 않은 설계이다.

이러한 경우에도 스프레이 회전 디스크와 거리가 얼마 되지 않아 펌프에서 공급되는 약제의 양이 많을 경우 압력 축적이 발생하여 360도에 걸쳐 고르게 약제가 분사되기도 한다.

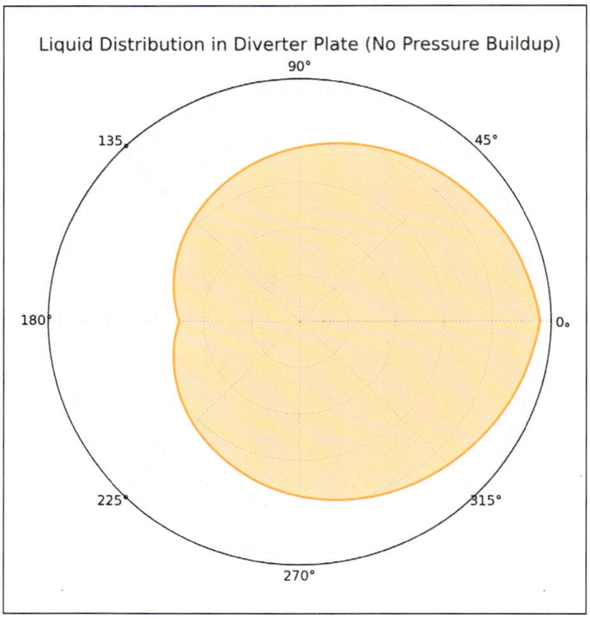

그림 관로가 없는 유류 우회장치의 유도 압력

하지만 원심 노출의 경우 압력분사식 노즐과 분사량이 늘어날수록 압력이 증가하여 분사 액적이 작아지는 것과는 달리 약제 공급량이 일정 수준의 임계점을 넘어서게 되면 약제가 미립화되지 못하고 큰 방울로 쏟아지게 된다.

주 구조적 한계

① **분사 불균형** : 관로가 없어 약제가 투입구 근처에 집중적으로 분출되고, 입구에서 멀어질수록 분출량이 급격히 감소한다. 방제 효과를 전혀 고려하지 않은 설계로 인해 작물 보호 효율이 낮아질 수 있다.

② **약제 미립화 한계** : 약제 공급량이 일정 임계점을 넘어서면 약제가 미립화되지 않고 큰 방울로 쏟아지게 된다. 이는 원심 회전 노즐의 특징으로 액적 크기가 커져 방제효과가 저하된다.

6 원심 분무원판(spray disc)

폴리머 재질의 분무원판은 저렴한 가격으로 다양한 형상을 만들어 낼 수 있으며 금속 디스크 대비 복잡한 형상으로 구조화할 수 있다. 하지만 디스크의 재질상 모터의 회전수가 임계점을 넘어서게 되면 원심력으로 인하여 돌기들이 파손되게 된다.

대부분 알루미늄이 사용되어지는 금속 디스크의 경우 가공이 매우 어렵고 형상을 복잡화할 수 없기 때문에 대부분 단순 구조로 이루어져 있다.

폴리머 디스크보다는 내구성이 높지만 약제를 미립화할 수 있는 돌기의 수가 적으며, 이 돌기로 약제를 유도하는 관로를 만들기 어려워 약제를 미립화하는데 제약이 따른다.

그림 원심 노즐의 폴리머 분무원판

폴리머 재질의 컵 형식과 알루미늄 디스크를 혼합한 하이브리드 방식도 많이 사용되는 방법 중의 하나이다. 하지만 이런 경우 분사된 약제에 균일성과 액적 크기를 작게 만들 목적보다는 생산의 효율성과 생산 비용의 절감을 이유로 도입하는 경우가 대부분이다.

그림 원심 노즐의 하이브리드 분무원판

1. 폴리머 재질의 분무원판

(1) 장점

가. **저렴한 가격** : 폴리머는 금속보다 제조 비용이 낮아 경제적이다.

나. **복잡한 형상 구현 가능** : 금속보다 가공이 쉬워, 미립화를 위한 복잡한 돌기나 구조화된 설계를 만들기 용이하다.

다. **경량성** : 가볍기 때문에 드론의 전체 무게를 줄이는 데 유리하다.

(2) 단점

가. **내구성 부족** : 모터 회전수가 임계점을 넘을 경우, 원심력으로 인해 돌기가

쉽게 파손된다. 약제에 의한 화학적 부식에도 취약하다.

나. 고속 회전의 제한 : 고속 회전 환경에서 구조적 안정성이 떨어져 장기간 사용이 어렵다.

2. 알루미늄(금속) 분무원판

(1) 장점

가. 내구성 : 폴리머에 비해 강도가 높아 고속 회전에서도 안정적인 작동이 가능하다. 돌기가 쉽게 파손되지 않아 수명이 길고 유지보수가 적게 필요하다.

나. 화학적 안정성 : 대부분의 약제에 대한 내화학성이 뛰어나 부식에 강하다.

(2) 단점

가. 가공의 어려움 : 금속은 가공성이 낮아 복잡한 형상을 제작하기 어렵다. 미립화를 돕는 돌기의 수와 형상을 제한적으로 설계할 수 있다.

나. 단순 구조 : 구조의 단순성으로 인해 약제 미립화 효율이 낮아질 수 있다.

다. 무게 : 금속 재질로 인해 드론의 무게가 증가하여 에너지 소모가 커질 수 있다.

3. 하이브리드 방식 (폴리머 + 알루미늄 디스크)

(1) 구성

폴리머로 제작된 컵 형식의 디스크와 알루미늄 디스크를 결합한 형태로서 복잡한 형상을 제공하고, 알루미늄이 구조적 안전성을 보완한다.

(2) 장점

가. 비용 효율성 : 완전 금속 디스크보다 저렴하면서 내구성을 어느 정도 확보할 수 있다.

나. 적절한 복잡성 : 폴리머 돌기 구조를 활용하여 금속 디스크 단독으로는 구현하기 어려운 형상을 추가할 수 있다.

다. 내구성 보완 : 알루미늄이 회전 시 폴리머의 취약성을 보완하여 구조적 안정성이 높다.

(3) 단점

가. **방제 효율성 제한** : 생산 비용 절감과 효율성에 중점을 두고 설계되므로, 균일한 약제 분사와 작은 액적 형성을 위한 최적화는 부족하다.

나. **복잡성 증가** : 두 재질을 결합한 설계로 인해 제조 과정이 복잡해질 수 있다.

다. **장기 내구성 문제** : 두 재질의 결합 부위에서 약제에 의한 부식이나 마모가 발생할 수 있다.

7 압력 분사식 노즐과 원심 회전식 노즐

각각 다른 방식으로 액체를 분사하며, 주요 차이점은 액체를 미립화(스프레이)하는 원리와 적용 분야이다. 아래는 두 노즐의 차이를 정리한 내용이다.

1. 압력 분사식 노즐

(1) 원리

가. 액체를 고압으로 압축하여 작은 분사구를 통해 분출하면서 미립화된다.

나. 압력에 의해 액체가 높은 속도로 방출되며, 노즐의 설계에 따라 분사 패턴(원형, 팬형 등)이 달라진다.

(2) 특징

가. **분사 패턴** : 다양한 패턴 가능(원형, 평면, 부채꼴, 사각형 도넛형 등).

나. **미립화 정도** : 고압일수록 더 고운 입자를 생성.

다. **압력 의존성** : 작동 압력이 높을수록 성능이 향상되지만, 에너지 소모가 증가

라. **유지보수** : 노즐이 막힐 가능성이 있어 정기적인 청소와 관리가 필요

마. **노즐의 마모** : 노즐의 오리피스(분사구) 마모 정도에 따라 방제 효과 감소

(3) 장점

가. 정밀한 분사가 가능해 균일한 분포를 제공

나. 다양한 액체 및 점도에 적용 가능

다. 고속 작업에 적합

(4) 단점

가. 고압 시스템이 필요하여 에너지 소모가 큼.

나. 점성이 높은 액체는 분사 효율이 낮아질 수 있음

다. 펌프의 노후, 노즐의 수량 증가에 따라 분사 압력이 변화되어 액적의 크기가 커짐.

2. 원심 회전식 노즐

(1) 원리

가. 액체가 회전하는 디스크 또는 회전자의 표면에 공급되고, 원심력에 의해 미립화되어 방사형으로 분사된다.

나. 회전 속도가 높을수록 더 고운 입자가 형성된다.

(2) 특징

가. **분사 패턴** : 일반적으로 원형으로 분사.

나. **미립화 정도** : 회전 속도에 따라 입자 크기 조절 가능.

다. **압력 의존성** : 압력이 아니라 회전 속도가 성능에 영향을 미침.

라. **유지보수** : 회전 기계의 마모와 유지보수가 필요.

(3) 장점

가. 낮은 압력에서도 작동 가능.

나. 점성이 높은 액체도 효과적으로 미립화 가능.

다. 넓은 범위에 균일하게 분사.

라. 노즐의 변경없이 액적의 크기 변화 가능

(4) 단점

가. 압력식 노즐에 비해 액적의 크기가 1.5~수 배에 이를 정도로 매우 큼

나. 회전부의 유지보수가 필요(마모, 손상).

다. 복잡한 구조로 인해 초기 설치 비용이 높을 수 있음.

라. 분사 거리 조절이 제한적일 수 있음.

마. 배경 난기류에 영향을 많이 받아 균일 살포가 어려움

주 주요 차이점 요약

특 성	압력 분사식 노즐	원심 회전식 노즐
미립화 원리	고압 분출	원심력에 의한 회전 분사
작동 요소	고압 시스템	회전 기계 및 속도
점도 적합성	점도 낮은 액체에 적합	점도 높은 액체에도 적합
분사 거리	비교적 길다	비교적 짧다
유지보수	주기적 청소 필요	회전부 유지보수 필요

3. 결론

- 압력 분사식 노즐은 정밀한 분사와 고속 작업이 필요한 경우 적합하다.
- 원심 회전식 노즐은 점성이 높은 액체, 낮은 압력에서의 작동 또는 드론과 같은 특수 장비에 적합하다. 용도와 요구 사항에 따라 적절한 노즐을 선택하는 것이 중요하다.

원심 디스크 회전식 노즐은 잦은 기계적 오류와 많은 파손 범위 구조적 한계로부터 발생되는 방제효과의 저하에도 불구하고, 사용자의 편의와 최신 기술을 추구하는 소비자의 니즈에 맞춰 빠르게 확산되고 있다.

① 노후화된 분사노즐을 사용하거나 원신 회전식 노즐을 사용한다. 이때 균일하지 못한 약제의 스프레이로 약효의 저하는 물론 약 5~20%의 약제를 더 많이 소모하게 하고 방제에 투입되는 시간을 50% 가량 더 늘어나게 한다.

이는 방제의 기체에 사용 시간이 늘어 추가되는 유지 보수비용의 증가와 인건비의 증가로 이어지게 된다.

② 일반적으로 생각하는 방제 효과의 증대 방법은 대부분 실제 방제효과를 증대시키는 방법들과는 정반대인 경우가 대다수이다.

때문에 이를 해결하기 위하여 사전 지식 없이 일부 조건을 수정한 경우 방제 효과는 더욱 떨어지게 된다.

전통적으로 사용해온 압력식 노즐과 같은 수준의 균일한 분사를 실현하고 동일한 수준의 방제 효과를 내기 위해서는 더 많은 개선과 개발과 연구와 노력이 필요하다.

3 분사 액적의 크기와 방제효과

ASABE(미국 농업 및 생물공학 학회)의 액적 크기 분류(Droplet Size Classification) 표준은 스프레이 노즐에서 생성되는 액적(droplet)의 크기를 분류하기 위해 사용된다.

이 분류는 주로 농업에서 농약과 기타 화학 물질의 효율적이고 환경적으로 안전한 살포를 위해 중요하다. ASABE의 S572.3 액적 크기 분류 표준에 따라 액적 크기는 볼륨-중간 직경(VMD)을 기준으로 아래와 같이 분류된다.

액적의 크기와 표기

액적 크기	ASABE S-572.1 (분류 카테고리)	컬러코드
60 미만	매우 미세한	보라색
60~105	아주 미세	빨간색
106~235	Fine(F)	주황색
236~340	Medium(M)	노란색
341~403	거친	파랑색
404~502	매우 거친	초록색
503~665	극도로 거친	하얀색
665 이상	울트라 코스	검은색

우리가 주로 살포하게 되는 살균제와 살충제는 50~150μm 이하를 살포하였을 때 가장 좋은 효과를 나타내게 된다.

① 미세한 액적인 150μm를 방제 기준으로 잡는 것은 크기가 매우 작고 가벼워 분사된 약제가 공기 중에 올라 부양할 수 있으며, 농약의 침투력과 작물의 표면에 대한 범위가 매우 우수한 특징을 가지고 있기 때문이다.

작은 액적은 해충의 방제와 곰팡이류 등에 의한 세균성 감염 방제에 매우 적합하며 침투력이 강해 일부 뒷면이나 작물의 미세 구조까지 도달이 가능하다.

② 중간 액적인 150~340μm의 약제 크기가 다소 크기 때문에 부유에 의한 약제 손실의 위험이 감소하며, 외부 난기류나 바람에 의한 비산을 감소시킨다. 하지만 약제가 다소 작물에 균일하게 분포되지 못하며 일부 목적에서는 침투력과 부착력이 액적의 크기가 더 작은 경우보다 오히려 떨어지게 된다.

③ 거친 액적인 340μm 이상 매우 크고 무거워서 바람의 영향을 덜 받게 되며 부유가 최소화되어 비산 없이 작업을 안전하게 할 수 있다. 하지만 이런 경우 작물의 표면에 고른 분포가 매우 어려워지며 침투력이 부족해 약효가 매우 감소될 수 있다.

때문에 이러한 액적의 크기는 살충제와 살균제의 살포에는 적합하지 않으며 제초제나 액상비료 살포 등에 이용되어야 한다.

원심 분사회전식 노즐의 경우 사용하는 노즐에 따라 분무원판의 형상이 다르며, 회전 속도를 조절할 수 있다 하더라도 어느 회전에서 어떤 사이즈에 액적이 분사되는지 파악할 수 없는 치명적인 단점이 존재한다.

우리나라에 유통되고 있는 원심 회전식 노즐의 경우 최소 액적의 크기가 50μm부터 시작한다고 하더라도 실제 150μm 이하의 약제가 전체 분사량의 20% 이내로 매우 적으며 150μm 이상에

XR TeeJet® (XR)

	bar						
	1.0	1.5	2.0	2.5	3.0	3.5	4.0
XR8001	F	F	F	F	F	F	F
XR80015	M	F	F	F	F	F	F
XR8002	M	F	F	F	F	F	F
XR80025	M	M	F	F	F	F	F
XR8003	M	M	F	F	F	F	F
XR80035	M	M	M	M	F	F	F
XR8004	C	M	M	M	M	F	F
XR8005	C	C	M	M	M	M	F
XR8006	C	C	M	M	M	M	M
XR8008	VC	VC	C	M	M	M	M
XR11001	F	F	F	F	F	F	VF
XR110015	F	F	F	F	F	F	F
XR11002	M	F	F	F	F	F	F
XR110025	M	F	F	F	F	F	F
XR11003	M	M	F	F	F	F	F
XR11004	M	M	M	M	F	F	F
XR11005	M	M	M	M	M	F	F
XR11006	C	M	M	M	M	M	F
XR11008	C	C	C	M	M	M	M
XR11010	VC	C	C	C	M	M	M
XR11015	VC	VC	VC	C	C	C	C

그림 노즐에 가해지는 압력에 따른 입적량 변화

서 250µm까지의 약제가 주로 분사된다.

노즐 제조사에서는 다음과 같이 액적의 크기를 나누고 있으며 노즐의 종류와 노즐에 작용한 압력에 따라 분사되는 액적의 크기를 설명하고 있다.

때문에 이러한 그래프를 참고하여 사용하고 있는 펌프의 압력과 허용 노즐에 수량을 계산하여 알맞은 액적의 크기를 선택함으로써 약제 효율성과 안정성을 최적화할 수 있다.

④ 노즐에 걸리는 압력은 사용된 펌프에 생성 압력에서 가장 높으며 펌프로부터 노즐까지 연결되어 있는 유도 호스의 직경에 따라 유지되거나 감소한다. 때문에 적절한 크기의 유도호스를 사용하여야만 한다.

그림 압력 게이지를 이용한 펌프와 노즐의 점검

압력식 노즐의 경우 펌프의 분사량을 줄일 경우 약제의 감소와 더불어 노즐에 가해지는 압력이 감소하고 분사되는 액적의 크기가 커지게 된다.

이러한 경우 압력 게이지를 사용하여 적절한 압력이 형성되어 있는지 확인하고 노즐의 수량을 조절하여야 한다.

DJI T30 모델의 경우 솔레노이드 밸브를 장착하여 이러한 번거로움을 해결하였다.

그림 DJI T30에 장착된 솔레노이드 밸브

펌프의 분사량을 줄이게 되면 압력이 하락하게 되는데 장착되어진 솔레노이드 밸브가 압력을 감지하고 이를 계산하여 일정 압력이 도달하였을 때에만 노즐로 연결된 호스의 약제를 공급하여 노즐에는 항상 동일한 압력이 형성될 수 있도록 하였다.

이는 사용자로 하여금 노즐의 수량 변경이나 압력의 체크 없이 균일한 성능에 분사를 할 수 있도록 만들어 주었다.

이와 같은 기술의 도입은 사용자의 편의와 더불어 방제효과의 증대와 투입되는 약제의 양을 감소시키고 인건비를 절약하는 효과를 내게 된다.

또한 단위 면적에 많은 양의 약제를 빠른 시간 내에 분사하기 위하여 과도하게 큰 노즐을 다수 사용하거나 펌프의 공급능력을 훨씬 상회하는 많은 수의 노즐을 장착하여 압력이 거의 없는 상태에서 약제를 분사해 발생하는 약효의 저하와 약해 발생의 원인을 원천적으로 차단한 것이기도 한다.

4. 배터리의 구조 기능 및 안전관리

1 배터리의 구조와 성능

LiPo 배터리(리튬 폴리머 배터리)와 LiHV 배터리(리튬 하이볼티지 배터리)는 모두 리튬 기반 충전식 배터리지만 화학적 구조와 성능 특성에서 차이가 있다.

LiPo(Lithium Polymer) 배터리와 LiHV(Lithium High Voltage) 배터리의 차이는 주로 화학적 구조와 음극 활성 물질의 특성에서 비롯된다. 이러한 차이는 각 배터리의 충전 전압, 에너지 밀도, 수명, 그리고 전기화학적 성능에 영향을 미친다.

1. 음극 활성 물질의 차이

(1) LiPo 배터리

가. 흑연(Graphite)이 음극 물질로 사용된다.

나. 흑연은 안정적이고 충방전 과정에서 구조 변형이 적어, 높은 수명을 제공하지만 충전 전압이 4.2V로 제한된다.

다. 흑연은 약간의 리튬 손실을 수용하더라도 안정성을 유지할 수 있다.

(2) LiHV 배터리

가. 음극에 변형된 흑연(Material Modified Graphite)또는 실리콘 복합재(Silicon Composite)를 사용한다.

나. 실리콘 복합재는 흑연보다 더 많은 리튬이온을 저장할 수 있어, 더 높은 전압(최대 4.35V)에서 작동 가능하다.

다. 그러나 실리콘은 충전과 방전 시 부피 변화가 크기 때문에 수명이 짧아질 수 있다.

2. 양극 활성 물질의 차이

(1) LiPo 배터리

가. 일반적으로 리튬 금속 산화물($LiCoO_2$, $LiMn_2O_4$)이 양극 물질로 사용된다.

나. 이 물질은 충전 전압이 4.2V를 초과하면 안정성을 잃고, 산소 방출로 인해 화재나 폭발 위험이 있다.

(2) LiHV 배터리

가. 니켈 코발트 망간 산화물(NCM, $LiNiMnCoO_2$) 또는 리튬 고전압 산화물($LiNi_{0.5}Mn_{1.5}O_4$)이 양극 물질로 사용된다.

나. 이 물질은 더 높은 전압(4.35V)에서도 구조적 안정성을 유지하며, 에너지 밀도가 증가한다.

다. 그러나 높은 전압에서 산화 방지 특성을 강화하기 위해 추가적인 전해질 첨가제가 필요하다.

3. 전해질의 차이

(1) LiPo 배터리

가. 일반적으로 탄소 기반 유기 용매(예: EC, DEC)와 리튬 염($LiPF_6$)이 사용된다.

나. 4.2V 이하에서 안정적으로 작동하지만, 더 높은 전압에서는 열적 안정성이 감소하고, 전해질 분해가 가속화된다.

(2) LiHV 배터리

가. 고전압 안정성을 위해 첨가제(예 : LiBOB, LiFSI)를 포함한 특수 전해질을 사용한다.

나. 이러한 첨가제는 전해질 분해를 억제하고, 높은 전압에서 전기화학적 성능을 유지한다.

다. 그러나 복잡한 전해질 조합은 제조 비용을 증가시킬 수 있다.

4. 화학적 구조 차이

(1) LiPo 배터리

가. 음극에 흑연 구조를 사용하며, 리튬 이온이 흑연 층 사이에 삽입 및 탈리(脫離)되는 과정을 통해 에너지를 저장한다.

나. 흑연 구조는 매우 안정적이지만, 에너지 밀도와 충전 전압에 한계가 있다.

(2) LiHV 배터리

가. 실리콘 또는 개질된 흑연 음극은 더 많은 리튬 이온을 저장할 수 있지만, 충전과 방전 시 큰 부피 변화(최대 300%)를 겪는다.

나. 이로 인해 음극과 전해질 계면에서 고체 전해질 계면(SEI)층 형성이 불안정해질 수 있다.

다. 양극은 고전압을 견딜 수 있도록 개질(改質)된 금속 산화물 구조를 사용한다.

5. 전압과 에너지 밀도의 차이

(1) LiPo 배터리

가. 4.2V 이하에서 안정적으로 작동하며, 에너지 밀도가 제한적이다.

나. 셀당 명목 전압 3.7V, 최대 충전 전압 4.2V.

(2) LiHV 배터리

가. 4.35V까지 충전 가능하며, 더 높은 에너지 밀도를 제공한다.

나. 셀당 명목 전압 3.8V, 최대 충전 전압 4.35V.

6. 주요 특성 비교

특성	LiPo 배터리	LiHV 배터리
음극 재료	흑연	실리콘 복합재 또는 개질 흑연
양극 재료	리튬 금속 산화물	니켈 코발트 망간 산화물(NCM)
전해질	일반 유기 전해질	고전압 첨가제 포함 전해질
최대 충전 전압	4.2V	4.35V
명목 전압	3.7V	3.8V
에너지 밀도	보통	높음
열 안정성	높음	낮음 (관리 필요)
수명	길다	짧아질 수 있음

7. 결론

① LiPo 배터리는 안정성과 긴 수명이 필요한 애플리케이션에 적합하다.

② LiHV 배터리는 더 높은 전압과 에너지 밀도를 제공하지만, 높은 전압에서 성능 유지와 수명을 위해 추가적인 관리가 필요하다.

2 배터리의 잘못된 충전기 사용이 가져오는 성능 저하

리튬폴리머 배터리는 에너지 밀도가 높고 부피가 작으며 무게가 가벼워서 드론에 사용되는 대표적인 배터리다. 하지만 이런 배터리는 성능의 유지와 수명을 연장하기 위하여 올바른 사용 방법을 알아야 한다.

최근 DJI나 지페이 같은 경우 전용 배터리를 사용하고 전용 충전기를 사용하여 사용자로 하여금 잘못된 배터리의 사용을 원천적으로 차단하고 있다.

하지만 이를 제외한 대부분의 배터리는 드론의 제조사와 무관하거나 배터리와 충전기에 제조사가 탈락 올바른 배터리의 특성을 인지하지 못한 경우 배터리의 성능 저하와 수명 단축은 물론 화재와 폭발과 같은 사고를 발생시키기도 한다.

특히나 조립형 드론에서 주로 사용하는 벌크형 배터리는 별도의 배터리 BMS 시스템이 없어 사용자가 배터리의 사용에 관한 지식이 없을 경우 더욱 심각한 성능 저하와 사고를 유발하게 된다.

아래 그래프는 LiPo 배터리를 1C, 2C, 3C, 4C 충전율로 충전할 때, 100회 충전 주기에 따른 배터리 용량(성능) 감소를 나타낸다.

① **1C 충전율**: 성능 저하가 가장 완만하며, 100회 충전 후 약 90%의 용량을 유지한다.

② **2C 충전율**: 100회 충전 후 약 70%의 용량을 유지하며, 빠른 충전으로 인해 성능 저하 속도가 증가한다.

③ **3C 충전율**: 성능 저하가 더 빠르게 진행되어, 100회 충전 후 약 50%의 용량만 남는다.

④ **4C 충전율**: 가장 큰 성능 저하를 보이며, 100회 충전 후 약 20%의 용량만 유지된다.

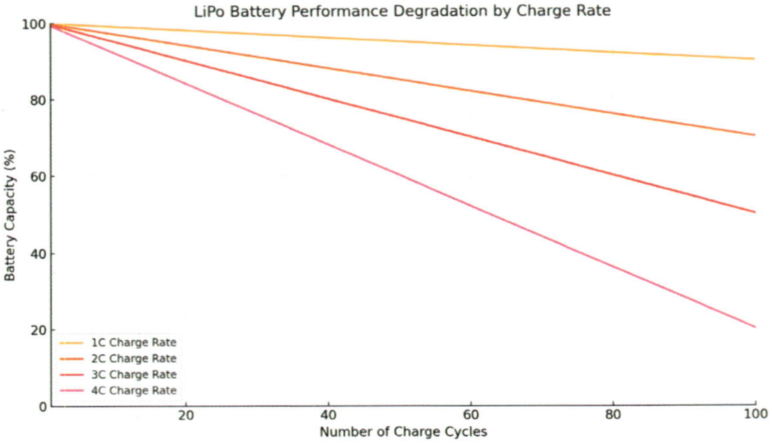

그림 높은 전류 충전 시 배터리의 수명 저하

아래 그래프는 2C 충전율로 4.2V, 4.25V, 4.3V, 4.35V로 충전했을 때, 100회 충전 주기에 따른 LiPo 배터리 용량(성능) 감소를 나타낸다.

일반적인 리튬폴리머 배터리를 고속 충전기에 사용할 경우 충전 암페어와 전류가 고속 충전이 가능한 배터리에 설정된 경우가 많다.

때문에 고속 충전이 가능한 배터리가 아닌 일반적인 LiPo 배터리에 사용될 경우 수명은 극단적으로 줄어들게 된다.

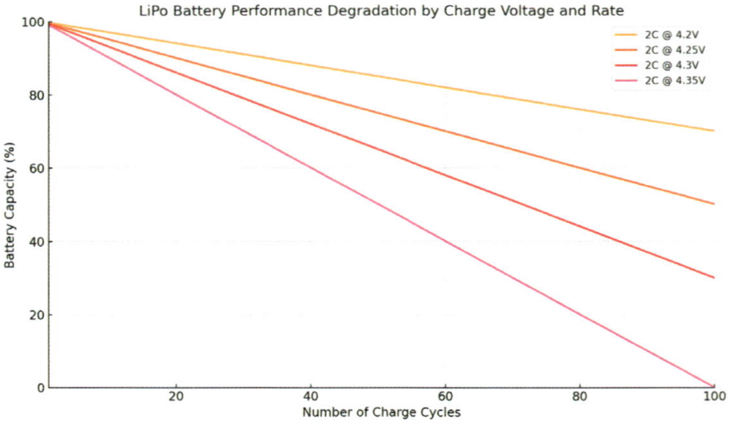

그림 높은 전압 충전 시 배터리의 수명 저하

3 배터리의 기준 전압

LiPo 배터리의 기준 전압(Nominal Voltage)은 배터리의 평균적인 동작 전압을 나타내며, 일반적으로 배터리가 안정적으로 작동하는 동안의 전압 수준을 기준으로 설정된다. LiPo 배터리의 전압은 충전 상태에 따라 변화하지만, 기준 전압은 배터리의 성능을 간략히 설명할 때 사용된다.

1. LiPo 배터리의 전압 범위

① **최대 충전 전압**(Full Charge Voltage) : 완전히 충전된 상태에서는 셀당 4.2V이다. 이 전압 이상으로 충전하면 배터리가 손상될 수 있으며, 과충전은 화재나 폭발의 위험을 초래할 수 있다.

② **최저 방전 전압**(Cut-off Voltage) : 안전한 방전을 위해 셀당 3.0V이하로 방전되지 않아야 한다. 과도한 방전은 배터리의 화학적 특성을 손상시키고 수명을 단축시킬 수 있다.

③ **기준 전압**(Nominal Voltage) : 배터리가 사용 중일 때의 평균적인 전압으로, LiPo 배터리의 경우 일반적으로 셀당 3.7V이다. 이는 배터리의 충전과 방전이 반복되는 동안 평균적으로 유지되는 전압 수준을 나타낸다.

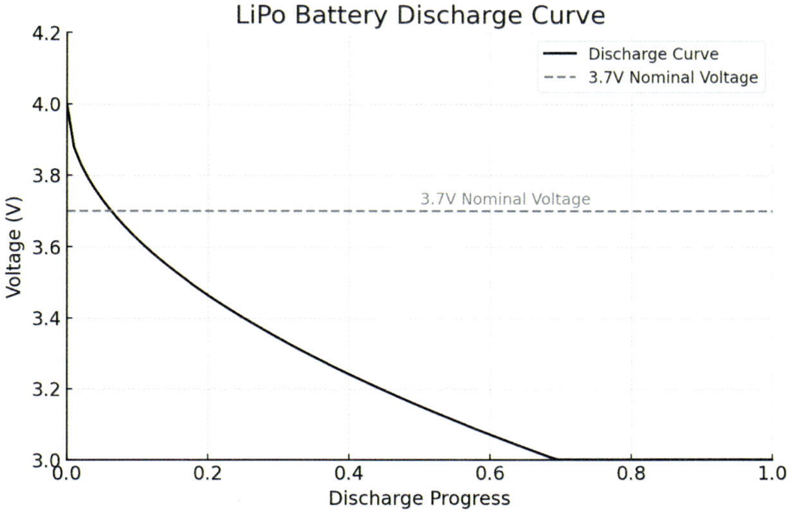

그림 배터리의 기준 전압과 방전 곡선

2. 기준 전압의 의미와 중요성

(1) 배터리 용량과 에너지 계산

배터리의 용량(예 : mAh)과 에너지는 일반적으로 기준 전압을 기준으로 계산된다.

예를 들어, 3.7V 기준 전압의 배터리에서 1000mAh 용량은 약 3.7Wh의 에너지를 의미한다.

(2) 장치 설계와 호환성

기준 전압은 배터리를 사용하는 장치의 전기적 설계에서 중요한 기준이 된다.

예를 들어, 드론, 스마트폰 또는 기타 장치는 LiPo 배터리의 기준 전압을 기준으로 동작하도록 설계되어 있다.

(3) 배터리 관리 시스템(BMS)

BMS는 배터리의 충전, 방전, 과충전 및 과방전을 방지하기 위해 기준 전압을 기준으로 동작한다.

기준 전압은 LiPo 배터리의 전기적 특성과 성능을 정의하는 핵심 값으로, 배터리를 안전하고 효율적으로 사용하기 위해 반드시 고려해야 하는 중요한 지표이다.

4 배터리의 온도와 성능 관계

리튬 배터리의 온도 변화는 전극의 구조적 변화에 직접적인 영향을 미치며, 이는 배터리의 수명 및 성능에 중요한 역할을 한다. 다음은 리튬 배터리 전극의 구조 변화와 온도 변화의 관계, 그리고 그로 인해 발생하는 수명 저하에 대한 주요 내용이다.

1. 고온에서의 구조 변화와 수명 관계

(1) 전극의 구조적 변화

가. 양극(Positive Electrode)

① 고온 환경에서 양극 활물질(예: 리튬 니켈 코발트 망간 산화물, NCM)은 표면에 리튬 손실(Li-ion loss)이 증가한다.

② 구조적 붕괴 및 활성 물질의 용해가 촉진되어 계면 불안정성이 발생한다.

③ 산소 방출이 발생해 전해질 분해를 가속화하고, 안전성을 저하시킬 수 있다.

나. 음극(Negative Electrode)

① 고온에서 SEI(Solid Electrolyte Interphase)층이 두꺼워지고 불균일해져 리튬이온의 이동 저항이 증가한다.

② 과도한 열로 인해 리튬 도금(Lithium Plating)이 발생할 가능성이 높아지며, 이는 단락 위험을 초래한다.

(2) 수명에 미치는 영향

가. 양극과 음극의 구조적 변화로 인해 활성 물질 손실이 발생하고, 이로 인해 배터리의 용량 감소 속도가 빨라진다.

나. 고온 환경에서 전해질의 분해와 가스 발생은 배터리 팽창, 열 폭주(Thermal Runaway) 등 심각한 안전 문제로 이어질 수 있다.

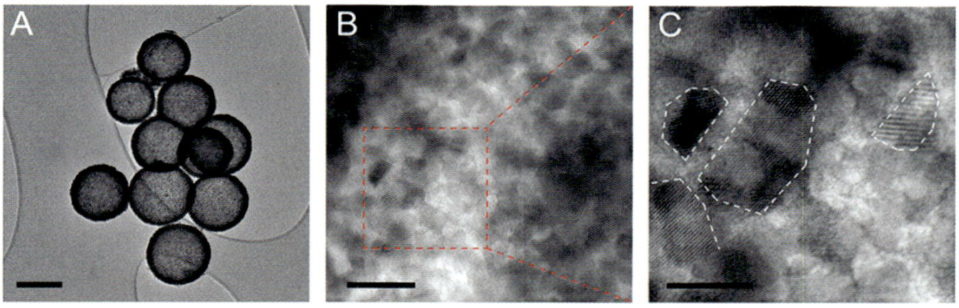

그림 배터리 전극의 활성 물질 변화

2. 저온에서의 구조 변화와 수명 관계

(1) 전극의 구조적 변화

가. 양극

① 저온 환경에서는 리튬 이온이 활성물질 내로 삽입되는 속도가 느려져 리튬 이온 포획(Lithium Trapping)이 발생할 수 있다.

② 구조적으로는 큰 변화가 없지만 리튬 이온의 이동이 제한된다.

나. 음극

① 저온에서 리튬 이온의 삽입·탈리 반응이 저하되고, 리튬 금속이 음극 표면에 도금(Lithium Plating)될 가능성이 증가한다.

② 이는 음극 표면의 비활성화 및 전극의 불균일성을 초래한다.

(2) 수명에 미치는 영향

가. 저온 환경에서는 내부 저항이 증가하고 충방전 효율이 급격히 저하된다.

나. 리튬 도금으로 인해 배터리 용량이 영구적으로 손실되며, 반복 사용 시 전극의 구조적 열화를 가속화한다.

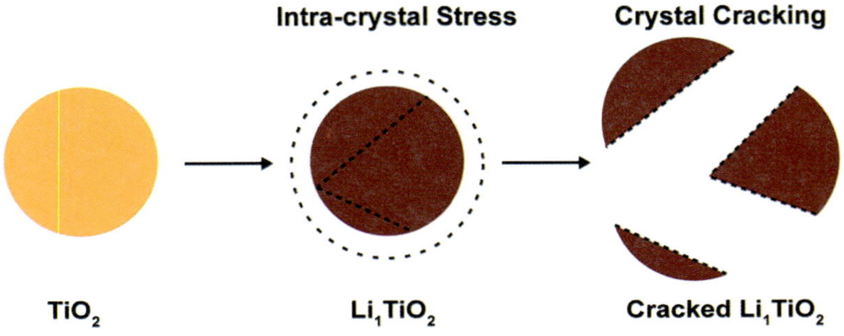

그림 온도 변화와 충방전에 따른 배터리 전극의 구조적 변화

3. 온도 변화가 리튬 배터리 수명에 미치는 종합적인 영향

온도 범위	구조적 변화	수명 및 성능 영향
−20℃ 이하	리튬 도금 증가, SEI층 불균일화	내부 저항 증가, 용량 급감, 단락 가능성 증가
−10~0℃	리튬 이온 이동 속도 저하, 전극 반응 비활성화	충방전 효율 저하, 용량 회복 불가
25℃(표준)	전극 구조 안정	최대 성능 및 수명 유지 가능
40~60℃	SEI 층 분해, 리튬 이온 손실, 전해질 분해	용량 감소 가속화, 안전성 저하, 장기 사용 시 수명 단축
60℃ 이상	활성물질 붕괴, 산소 방출, 전해질 가스화, 단락 가능성 증가	급격한 용량 손실, 안전성 문제(열 폭주 위험), 수명 급감

4. 구조 변화와 수명 간의 상호작용

(1) SEI 층의 변화

가. SEI 층은 음극 표면에서 리튬 이온 이동을 조절하며, 배터리의 수명을 좌우한다.

나. 고온에서는 SEI 층이 분해되고 불안정해져, 음극의 보호 기능이 감소한다.

다. 저온에서는 SEI 층이 두꺼워지고 리튬 이온 이동이 저하되어 충전 성능이 악화된다.

(2) 활성 물질의 손실

온도 변화로 인한 활성 물질의 손실은 전극 구조의 붕괴로 이어져, 배터리 용량의 영구적 손실을 초래한다.

(3) 전해질 분해와 가스 발생

고온에서는 전해질이 분해되고 가스가 발생하여 배터리 내부 압력이 증가하고, 장기적으로 안전 문제가 발생한다.

(5) 리튬 배터리 수명 연장을 위한 온도 관리

① **운영 온도 유지** : 배터리를 0~40℃ 범위 내에서 유지하여 성능과 수명을 최적화한다.

② **냉각 시스템 적용** : 고온 환경에서 배터리를 안정적으로 작동시키기 위해 액체 냉각 또는 공기 냉각 시스템을 사용한다.

③ **저온 충전 방지** : 저온 환경에서 충전을 피하고, 배터리를 적절히 가열한 후 충전한다.

④ **고온 노출 최소화** : 차량 배터리나 드론 배터리처럼 외부 환경에 노출되는 배터리는 고온 환경에서 사용 시간을 제한한다.

상변화 반응은 초반 저장 능력을 높여주지만, 전극의 노화를 촉진하여 배터리 성능이 급격하게 저하된다.

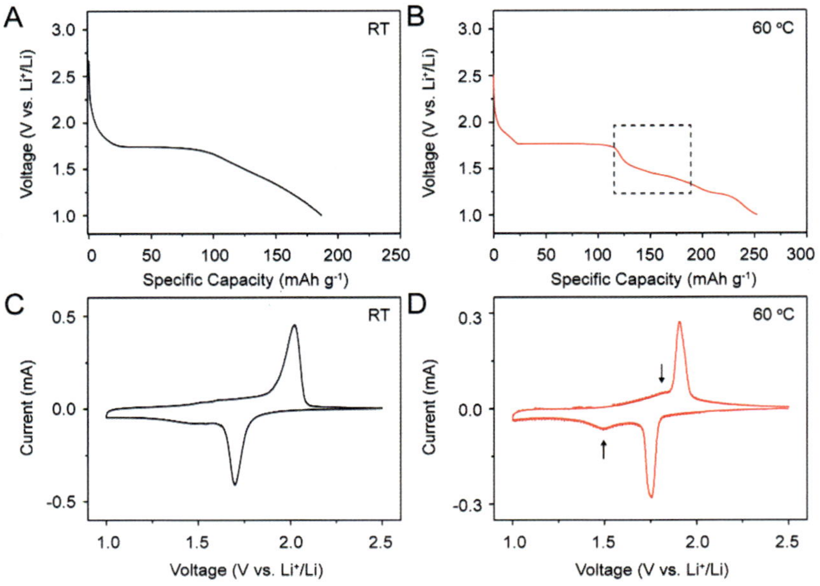

그림 상온(25℃)과 고온(60℃) 조건에서 상변화 반응

6. 결론

① 온도 변화는 리튬 배터리의 전극 구조에 직접적인 영향을 미치며, 이는 배터리의 수명과 성능을 좌우한다.

② 배터리의 성능과 수명을 극대화하기 위해서는 적정 온도 유지와 관리가 필수적이다.

③ 드론에 사용되는 배터리는 40℃의 온도에서 성능 저하가 발생하기 시작하고, 60℃에 이르면 복원되지 않는 물리적 손상이 발생하기 시작하며, 80℃에 이르면 자연 발화하게 되며 열 폭주가 시작된다.

5 배터리의 수명 저하 요인과 예방법

리튬 배터리는 다양한 외부 조건과 사용 방식에 따라 성능 저하와 수명 단축 현상이 발생한다.

다음은 주요 조건과 이에 따른 배터리 성능 및 수명 저하 원인을 정리한 내용이다.

1. 과냉 (Low Temperature)

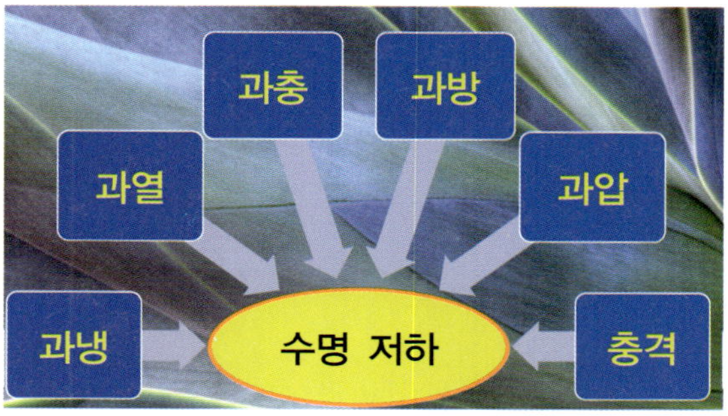

그림 배터리의 수명을 저하시키는 요인들

① **현상** : 배터리 내부 저항이 증가하고, 리튬 이온 이동 속도가 저하. 리튬 도금(Lithium Plating) 현상이 발생하여 충방전 효율 감소.

② **영향** : 배터리 용량 감소. 영구적인 내부 손상으로 수명 단축. 충전 중 단락 및 안전 문제 발생 가능.

③ **예방 방법** : 배터리 작동 온도를 0℃ 이상으로 유지. 냉각 환경에서는 적절한 가열 시스템 사용.

2. 과열 (High Temperature)

① **현상** : 전해질 분해 및 가스 발생. 양극 활물질 구조 붕괴 및 SEI 층 손상. 열 폭주(Thermal Runaway)로 인한 폭발 위험.

② **영향** : 급격한 성능 저하. 배터리 팽창 및 화재 위험. 장기 사용 불가.

③ **예방 방법** : 40℃ 이하에서 배터리 운영. 냉각 시스템(액체 또는 공기)을 사용하여 열관리.

3. 과충전 (Overcharging)

① **현상** : 과도한 충전으로 전압 상승. 전해질 분해, 가스 발생, 열 축적. 리튬 이온 손실 및 양극 산소 방출.

② **영향** : 배터리 용량 감소. 전극 재료의 비가역적 손상. 폭발 및 화재 위험 증가.

③ **예방 방법**: 충전 전압을 4.2V 이하로 제한. 고품질 배터리관리시스템(BMS) 사용.

4. 과방전 (Overdischarging)

① **현상** : 배터리 전압이 너무 낮아져 전극의 비활성화 발생. SEI 층 손상 및

전극 부식.

② **영향** : 배터리 충전 불가 상태로 진입. 내부 전기화학 반응 비활성화로 수명 단축.

③ **예방 방법** : 배터리 전압을 2.5V 이하로 떨어뜨리지 않음. BMS를 사용하여 과방전 보호.

5. 과압충전(Overvoltage Charging)

① **현상** : 충전 전압이 안전 한계를 초과. 양극 산화 및 전해질 분해 가속.

② **영향** : 급격한 내부 손상 및 전해질 분해. 배터리 성능 저하 및 폭발 위험 증가.

③ **예방 방법** : 충전 전압 한도를 4.2V 이하로 설정. 고품질 충전기를 사용하여 안정적 충전.

6. 외부 충격 (External Impact)

① **현상** : 배터리 내부 셀 손상 및 단락 발생. 전해질 누출 및 화재 위험.

② **영향** : 배터리 불안정성 증가. 심각한 경우 폭발 또는 화재 발생.

③ **예방 방법** : 배터리를 충격이 없는 환경에서 사용 및 보관. 보호 케이스를 사용하여 물리적 충격 방지.

	온도변화	상태변화
고온가열	113.9도	부풀어 오름
외부 충격	513.8도	급속한 팽창 후 가스배출
외부 단락	110.7도	부풀어 오름
과 방전	109.4도	변화 없음
과 충전	914.4도	폭발 및 화염

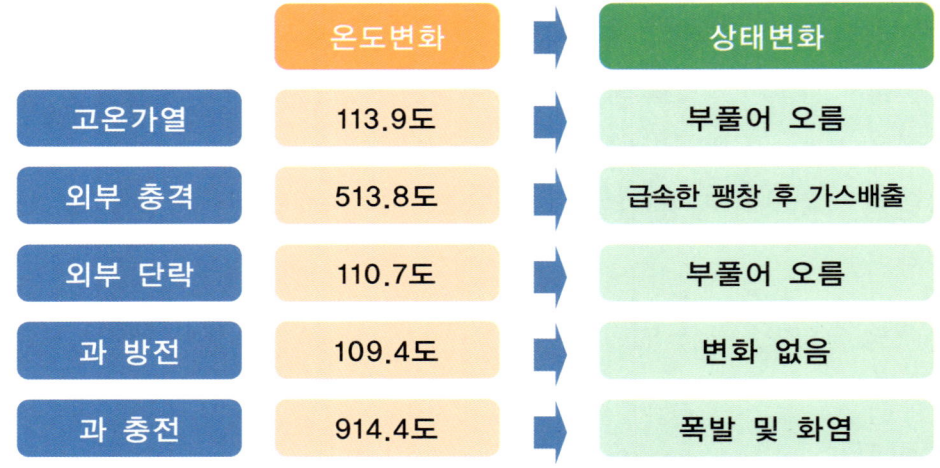

그림 LiPo 배터리의 충격과 상태 변화

주 종합적인 관리 방법

① 온도 관리: 배터리를 0~40℃ 범위 내에서 사용. 고온 및 저온 환경에서 배터리 사용 시간 제한
② 충방전 관리: 충전 전압과 방전 전압을 규정된 범위 내로 유지. 적절한 충전 속도(C-rate)를 유지하여 열 축적 방지
③ BMS 활용: 배터리 상태를 실시간으로 모니터링하고 보호하는 고품질 BMS를 사용
④ 보관 및 취급: 배터리를 건조하고 서늘한 장소에 보관. 외부 충격과 물리적 손상을 방지

리튬 배터리는 과냉, 과열, 과충전, 과방전, 과압충전, 외부 충격과 같은 조건에서 성능 저하와 수명 단축이 발생할 수 있다. 이러한 문제를 방지하기 위해 배터리를 적절하게 관리하고, 사용 환경에 따른 맞춤형 솔루션을 적용하는 것이 중요하다. 배터리관리시스템(BMS)과 열관리 기술의 활용이 필수적이다.

6 발전기의 활용 및 사고 예방

1. 발전기(Alternator)의 작동 원리

발전기는 엔진이 연료를 연소하여 생성된 기계적 에너지를 회전 에너지로 변환한 뒤, 이를 발전기의 회전자로 전달하여 자기장을 형성한다. 이 회전 자기장이 고정자 코일을 통과하며 교류 전기를 유도한다.

유도된 전기는 자동 전압 조절기(AVR)와 속도 조절기를 통해 안정화되며, 발전기의 유형에 따라 교류(AC) 전류 또는 직류(DC) 전류로 변환되어 공급된다.

교류 발전기에서 생성된 전기는 주파수(Hz)와 전압(V)을 조정하여 사용할 수 있다. 한국의 경우 60Hz 전력을 생성하려면 회전자가 일정한 속도로 회전해야 하며, 이를 위해 전자식 속도 조절기를 사용해 엔진의 회전 속도를 유지한다. 또한, 전압 조절기를 통해 출력 전압을 일정하게 유지한다.

2. 발전기를 이용한 배터리 충전

방제용 드론의 대형화로 인해 더 높은 에너지 밀도를 가진 배터리의 사용이 요구되고 있다. 또한, 시간당 방제해야 할 면적이 확대됨에 따라 배터리를 충전하며 운용하기 위해 발전기의 사용이 필수적이다. 이에 따라 발전기의 구조적 이해와 올바른

사용 방법에 대한 숙지가 중요하다.

(1) 발전기의 주요 구성요소

가. 엔진 : 기계적 에너지 제공

나. 발전기(Alternator) : 전기 에너지 변환

① 회전자(Rotor)

② 고정자(Stator)

③ 브러시와 슬립링(필요 시)

다. 속도 조절기(Governor) : 엔진 속도를 안정화

라. 자동 전압 조절기(AVR) : 출력 전압 안정화

마. 냉각 시스템 : 과열 방지

바. 윤활 시스템 : 엔진의 마찰 감소

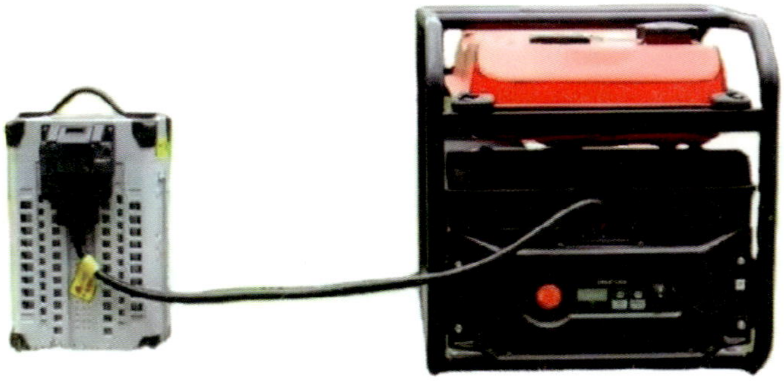

그림 발전기를 이용한 드론 배터리 충전

3. 발전기의 최대 사용 가능 전력

발전기에 표시된 출력값은 해당 발전기가 최대로 공급할 수 있는 전력을 나타낸다. 하지만 실제 사용 가능 전력은 발전기의 효율과 전기적 손실로 인해 표기 출력보다 낮아질 수 있다. 일반적으로 엔진 기반 발전기의 효율은 85%에서 최대 95%에 달한다.

다만, 장시간 고부하 상태로 발전기를 작동시키면 과열로 인해 발전기 손상이 발생할 수 있으므로, 적절한 부하와 휴식 시간을 유지해야 한다.

4. 연료의 발화 온도

현장에서 사용하는 발전기의 대부분은 휘발유를 연료로 사용한다. 휘발유는 다양한 탄화수소 혼합물로 구성되며, 고품질일수록 발화 온도가 높다. 휘발유의 자연 발화 온도는 약 280°C로, 외부 점화원이 없이도 스스로 발화할 수 있는 온도이다.

그림 유류 유출로 화재가 발생한 발전기

방제 현장에서 발전기로 배터리를 충전하는 도중 연료가 부족해 엔진이 멈출 경우, 사용자가 곧바로 연료를 주입하는 일이 흔히 발생한다. 그러나 가솔린 엔진 내부의 실린더 연소가스 온도는 약 2000~2500℃이며, 배기구 온도는 최소 300~800℃에 이른다. 이 때문에 연료 주입 중 누출이 발생하면 자연 발화로 화재가 발생할 위험이 높다.

5. 안전장치 없는 연료 보관과 사고 예방

일부 사용자는 안전장치가 없는 기름통, 대형 생수병, 요소수통 등 비전용 용기에 연료를 보관하기도 한다. 이러한 용기는 강도가 약하고 열에 취약하여 발전기에서 발생하는 복사열로 인해 발화 위험이 크다. 이러한 사고는 방제 현장에서 흔히 발생하는 휴먼 에러(human error) 중 하나로, 심각한 인명 피해와 재산 손실을 초래할 수 있다.

(1) 주입 중 화재 예방을 위한 방법

가. 작업 시작 전 연료를 미리 주입하여 완충 상태로 준비한다.

나. 작업 중 연료가 소모되어 엔진이 멈췄을 경우, 10분 이상 냉각 후 연료를 주입한다.

다. 잠금 장치가 없는 자바라형 기름통은 사용하지 않는다.

라. 생수통, 요소수통 등 연료 전용이 아닌 용기를 사용하지 않는다.

마. 안전한 연료 관리와 주입 절차를 준수하여 화재 사고를 예방해야 한다.

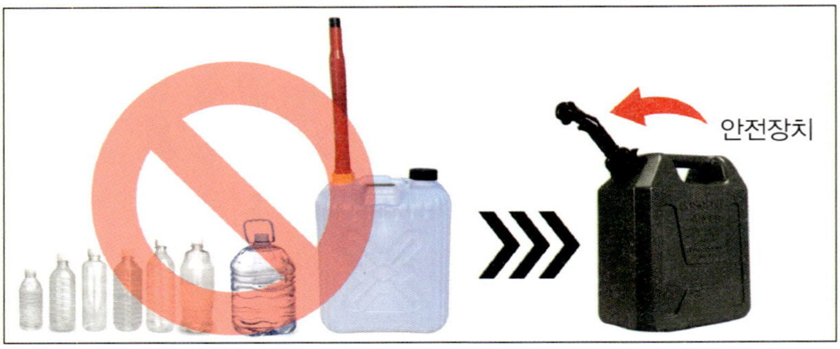

그림 누출방지가 창착된 휘발유 전용 연료통

P/A/R/T

08

드론의 사건·사고

Chapter 01 항공방제시 사고 유형들

1 항공방제시 사고 유형들

드론은 단순히 편리함을 제공하는 도구를 넘어 다양한 분야에서 혁신적인 운용적 이점을 제공한다. 특히 농업, 산업, 물류, 방제 등 다양한 산업 분야에서 드론의 활용도가 증가하며, 효율성과 생산성을 크게 향상시키고 있다. 그러나 드론의 운용 중에는 다양한 이유와 환경적 요인으로 인해 사고가 발생할 가능성이 항상 존재한다.

1 드론의 기술 발전과 대형화

5년 전까지만 해도 산업용 방제 드론의 최대 이륙 중량은 10~15kg 정도가 일반적이었으며, 이로 인해 사용되는 프로펠러 크기도 16~30인치 수준이 대부분이었다. 하지만 농업 현장의 변화와 기술 발전에 따라 드론의 크기와 성능이 매년 커지고 있다. 오늘날에는 30~50 L의 약제나 물을 이륙 중량으로 적재할 수 있는 대형 드론이 보편화되었으며, 이러한 대형 드론은 40~50in 이상의 대형 프로펠러를 장착하고 있다.

대형 드론은 비행 성능이 우수하고 작업 효율이 높은 장점이 있지만, 사고 발생 시 위험 요소도 급격히 증가한다. 예를 들어, 무게가 더 무겁고, 프로펠러 크기가 크기 때문에 충돌하거나 추락했을 때 인명이나 재산 피해의 가능성이 높아진다.

2 자동 비행의 보편화와 GPS 의존도 증가

과거에는 드론이 조종자의 수동 조작에 의존했지만, 오늘날에는 자동 비행 프로그램이 널리 사용되고 있다. 자동 비행은 작업의 정확성을 높이고 조종자의 피로를 줄이는 데 기여하지만, GPS 신호의 안정성과 정확성이 작업의 안전성과 직결된다. 특히 GPS를 활용한 경로 설정, 위치 추적, 고도 유지 기능은 자동 비행의 핵심이다.

2024년에는 태양풍 활동이 증가하면서 GPS 신호 간섭 현상이 빈번히 발생했으며, 이로 인해 드론의 오작동이나 조종기와 드론 간 신호 끊김 문제가 자주 보고되었다. 이러한 문제는 드론이 지정된 경로를 이탈하거나 갑작스럽게 추락하는 사고로 이어질 수 있다.

2025년은 태양흑점 극대기로 GPS 신호 간섭 현상이 빈번히 일어날 수 있다.

3 드론 사고의 주요 위험 요소

드론은 흔히 날아다니는 믹서기에 비유될 만큼 빠르게 회전하는 프로펠러를 가지고 있다. 이러한 프로펠러는 공중에서 효율적인 비행을 가능하게 하지만, 사고 발생 시 심각한 신체 손상을 유발할 수 있다.

특히, 대형 드론의 경우 프로펠러의 크기와 속도가 크기 때문에 인명 사고의 위험이 더욱 커진다. 드론 사고는 크게 두 가지 유형으로 나눌 수 있다.

A. 추락으로 인한 사고

드론이 이륙 중량을 제대로 감당하지 못하거나 통신 장애, 기체 이상으로 인해 공중에서 추락할 경우, 충돌에 의해 사람이나 시설물에 심각한 피해를 줄 수 있다.

B. 프로펠러로 인한 사고

빠르게 회전하는 프로펠러는 날카롭고 강한 회전력을 가지며, 이는 신체의 주요 부위에 직접적인 부상을 입힐 수 있다. 특히 대형 드론은 프로펠러의 직경이 커서 더 큰 위협을 제공한다.

나열된 여러 사고 유형을 인지하고 분석함으로써 앞으로 발생할 수 있는 다양한 안전사고에 대비하고 예방할 수 있도록, 더욱 안전한 환경을 조성하고 방지 대책을 강화해야 할 것이다.

1. 심각한 신체 손상

① 드론은 매우 빠르게 회전하는 프로펠러를 장착하고 있으며, 이러한 프로펠러가 신체에 닿을 경우 심각한 상처를 유발할 수 있다.

특히, 드론의 프로펠러는 고속으로 회전하면서 강한 회전력을 지니기 때문에, 피부 표면뿐만 아니라 근육, 혈관, 심지어 뼈에까지 깊은 손상을 초래할 수 있다. 이러한 상처는 일반적인 기계적 상처와 달리 범위가 넓고 깊으며, 복합적인 손상을 동반하는 경우가 많다.

② 특히 농업 방제용 드론은 프로펠러에 살포 약제가 묻어 있는 경우가 많아, 이로 인한 상처는 단순히 물리적 손상에 그치지 않고 약물로 인한 화학적 자극이나 감염의 위험을 추가로 수반한다.

약제의 잔류물은 상처 부위에서 염증을 유발하거나, 상처의 치유 과정을 지연시키며, 심한 경우 전신으로 독성 반응을 초래할 수도 있다. 이런 이유로 방제용 드론 사고로 인한 상처는 일반적인 기계적 손상보다 회복이 훨씬 어렵다.

③ 더욱이, 다발성 상처가 발생할 경우, 과다출혈로 인한 쇼크 상태로 이어질 위험이 있다.

출혈량이 많을수록 응급 처치가 지연될 경우 생명에 치명적인 결과를 초래할 가능성이 높다.

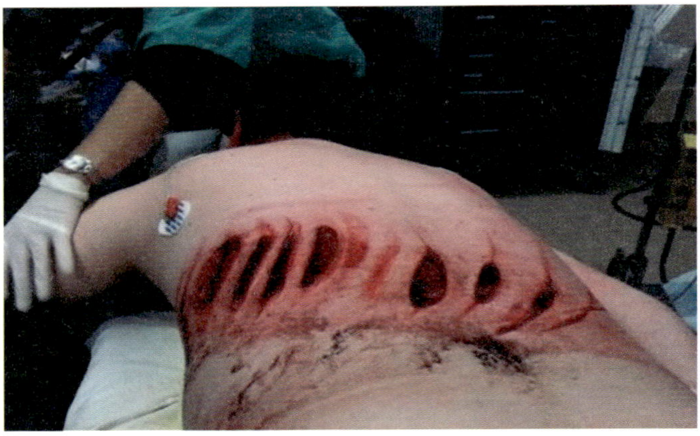
그림 드론에 의한 광범위 자상

특히, 대형 드론에서 발생한 사고는 상처의 크기와 깊이가 더 커질 수 있어, 신체 주요 부위에 심각한 손상을 줄 가능성이 더욱 높다.

이러한 위험성을 충분히 인지하고, 사고를 예방하기 위해 드론 운용 시 철저한 안전 수칙을 준수해야 한다. 운용자는 드론과 사람 간의 안전 거리를 유지하고, 비행 중에는 드론이 접근할 수 없는 구역을 설정하며, 드론의 유지 보수와 점검을 철저히 수행해야 한다. 또한, 긴급 상황에 대비해 사고 발생 시 응급 처치 방법과 대응 방안을 숙지하고 있어야 한다.

2. 예측할 수 없는 기체의 고장

드론은 사용 직전에 아무리 철저히 점검을 하고 완벽에 가까운 상태로 준비하였더라도, 예기치 못한 고장이 발생할 수 있는 특성을 가지고 있다.

드론은 정밀한 전자 장비와 기계 부품의 조합으로 구성되어 있어, 작은 부품 하나의 이상만으로도 기체의 균형이 무너져 추락으로 이어질 가능성이 높다.

① 노후화된 볼트가 비행 중 갑자기 부러지거나, 내구성이 뛰어난 것으로 알려진 변속기와 같은 부품이 과부하로 인해 폭발하는 사례도 보고되고 있다.

이러한 고장은 드론 운용 중 조종자가 즉각적으로 대응하기 어려운 상황을 초래하며, 고장이 발생한 드론은 조종 불가능 상태로 추락할 위험이 있다.

특히, 대형 드론일수록 무게와 크기가 커서 추락 시 사람이나 재산에 심각한 피해를 줄 수 있다.

② 이와 같은 예기치 못한 사고를 방지하거나 피해를 최소화하기 위해서는 반드시 드론과 조종자, 그리고 주변 사람들 간에 충분한 안전거리를 유지해야 한다.

드론의 안전거리는 단순히 추락으로 인한 물리적 피해를 예방하는 것뿐만 아니라, 회전하는 프로펠러와 같은 위험 요소로부터 신체를 보호하는 데도 중요하다.

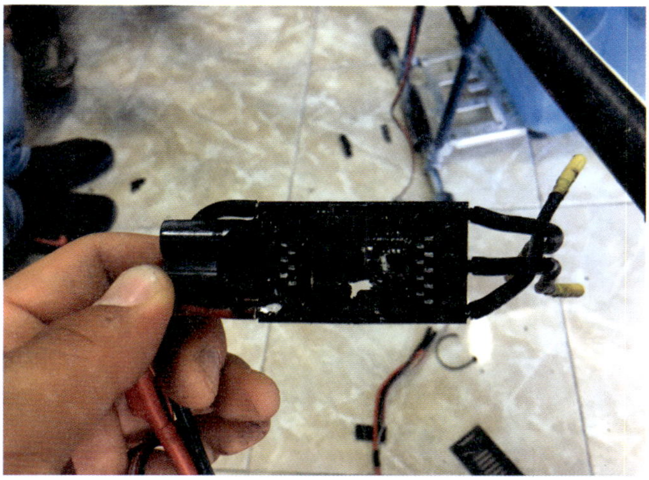

그림 변속기의 폭발

3. 농약에 의한 화상 피행

약을 희석하는 과정에서 발생할 수 있는 화학 화상 피해는 농약의 화학 성분이 피부, 눈, 호흡기와 직접 접촉하여 조직을 자극하거나 손상시킴으로써 발생한다. 주로 농약의 고농도 사용이나 안전 절차를 따르지 않았을 때 이런 피해가 나타날 수 있다.

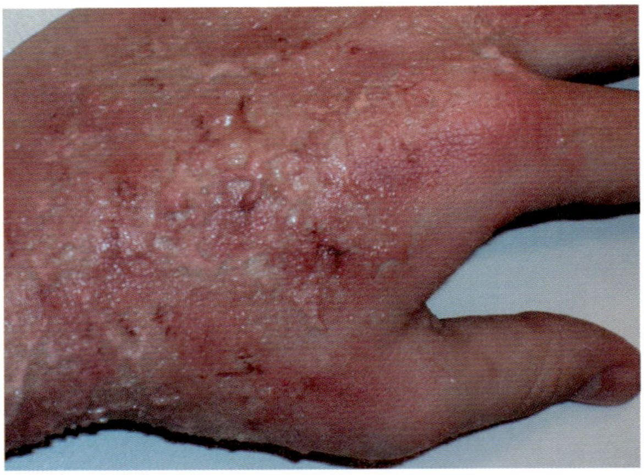

그림 농약에 의한 화학적 화상

4. 드론 장착 배터리의 폭발

농업용 드론의 배터리 폭발은 고농도의 에너지 밀도를 가진 리튬 배터리가 과충전, 물리적 손상, 또는 열 폭주로 인해 화학적 반응을 일으켜 화재와 파편 비산(飛散)을 초래하며, 이는 작업자 안전과 주변 환경에 심각한 위험을 초래한다.

리튬 배터리의 특성상 열폭발이 발생하면 일순간에 가스가 강하게 분출되며, 수 m에 이르는 매우 강력한 화염이 동반된다.

그림 과열된 농업용 드론 배터리의 열폭주에 의한 폭발

5. 주로 혹서기에 자주 발생

농업용 드론은 주로 혹서기에 사용되며, 물, 먼지, 농약 등에 의한 오염에 취약하다.

냉각을 고려하지 않은 과도한 반복 사용이나, 허용 중량을 넘긴 비료 등의 적재는 기체의 각종 부품에 치명적인 결함을 가져오고 화재와 이로 인한 추락 사고 등으로 이어질 수 있다.

그림 허용 중량의 과적

그림 불결한 주변 환경

6. 배터리 충전중 화재 발생

드론 배터리는 매우 높은 에너지 밀도를 가진 저장장치로, 특히 농업용 드론의 리튬 배터리는 불안정한 운용 환경과 외부 충격, 과도한 사용으로 인해 과열 및 내부 셀이 손상되기 쉽다.

그림 배터리 충전 중 발생한 화재 피해

이와 함께 비정상적인 BMS 작동, 제조 결함, 과도한 충전 속도 등의 요인으로 배터리가 과열되고 내부 화학 반응이 촉진되어 화재로 이어질 수 있다.

대부분의 화재는 충전중에 발생하므로, 배터리를 충전하는 동안에는 자리를 비우지 않는 것이 중요하다. 배터리에서 발생한 화재는 화학물질의 연소가 끝날 때까지 진화가 거의 불가능하고 빠른 확산이 이루어지므로 각별한 주의가 필요하다.

7. 수동 방제 작업 시 위험 요소들

최근 농업용 드론은 다양한 센서와 정밀 측량 기술을 활용한 자동 방제가 점점 확대되고 있지만, 여전히 많은 현장에서는 수동 방제가 주로 이루어지고 있다. 특히, 경지 정리가 충분히 이루어지지 않은 농지에서는 자동화가 어려워 수동 방제가 불가피한 경우가 많다.

① 수동 방제 작업에서는 조종사가 드론의 비행과 방제 상태를 육안으로 지속적으로 확인해야 하므로 주변 환경에 대한 주의력이 떨어질 수 있다. 또한, 방제 작업의 진행에 따라 조종자가 위치를 계속 이동해야 하는데, 이로 인해 사고의 위험성이 높아진다.

② 특히, 잡초나 장애물로 인해 배수구가 보이지 않아 발을 헛디디거나, 방제 작업에 집중하다가 배수로에 빠지는 사고가 자주 발생하고 있다.

③ 이러한 위험 요소들은 수동 방제 작업의 특성과 더불어 조종자의 피로와 주의력 저하로 인해 더욱 빈번하게 발생할 수 있으므로, 작업 환경에 대한 세심한 관리와 주의가 필요하다.

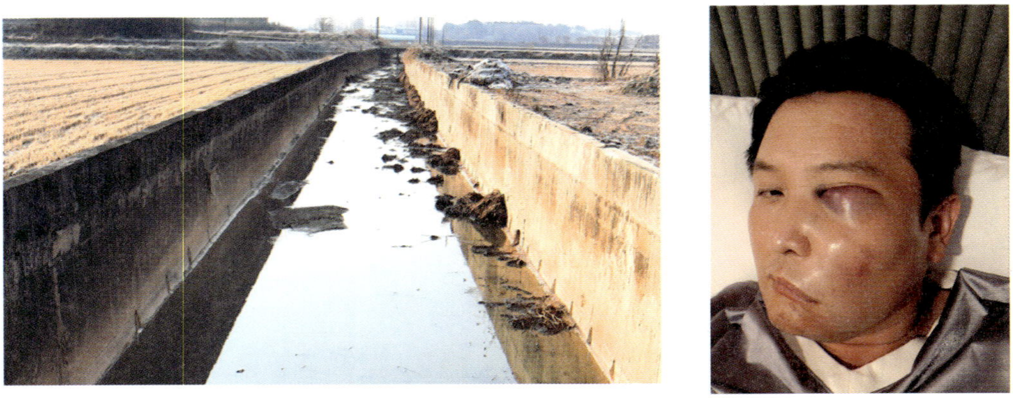

그림 대형 농수로의 추락 사고로 인한 안면 골절 부상

8. 해당 농지 작업 범위와 장애물 탐색

드론을 이용해 방제 작업을 진행할 때, 농지의 모양이나 조종자의 위치에 따라 농지의 경계 끝부분이 육안으로 명확히 확인되지 않는 경우가 많다.

드론을 이용한 농약 살포 작업중 가장 빈번히 발생하는 사고는 농지 경계를 넘어가 나무, 전신주, 비닐하우스, 건물 등과 추돌하여 드론이 추락하는 사고이다.

그림 농지 경계를 지나 장애물과 충돌한 사고

① 비행중 농지 끝단과 드론의 정확한 위치를 파악하지 못하거나 조종자의 기량으로 올바른 위치를 유지하기 어렵다고 판단되는 경우, 무리하게 농지의 끝단까지 방제를 시도하지 않는 것이 중요하다. 경계 부분에 맞춰 작업하려는 지나친 시도는 사고 위험을 크게 증가시킬 수 있다.

② 대신, 조종자는 방제 작업의 안전성을 확보하기 위해 조종 위치를 조정하거나 시야를 확보할 수 있는 새로운 위치로 이동하여 작업을 이어가는 것이 바람직하다.

③ 드론 비행 전 농지의 경계와 장애물을 미리 점검하고 작업 범위를 계획하며, 경계 인식이 어려운 환경에서는 RTK GPS, 매핑 소프트웨어, 또는 장애물 감지 센서가 장착된 드론을 활용하는 것도 안전한 방제를 위한 효과적인 방법이다. 작업 중에는 무리한 조작보다는 안전한 방제를 우선시해야 한다.

9. 철저한 고정장치의 체결 점검

완벽하게 체결되지 않은 부품은 즉각적인 사고로 이어지지 않더라도 잠재적인 위험 요소가 될 수 있다.

① 농업용 드론은 반복적으로 부품을 탈착하거나 교체해야 한다. 작업 특성상 조종자의 피로와 번거로움으로 인해 부품이 임시로 고정되거나 트레이 위에 올려진 상태로 사용되는 경우가 있다. 그러나 드론은 비행 중 강한 진동과 급격한 기울기를 경험하기 때문에, 부품의 느슨한 체결은 심각한 사고를 유발할 수 있다.

② 특히 배터리의 경우, 이탈 시 다른 부품보다 치명적 사고로 이어질 가능성이 높다. 이를 방지하기 위해 배터리를 벨크로나 고정 벨트를 사용해 단단히 고정하고, 기체의 흔들림이나 기울어짐에 대비해야 한다.

③ 장착된 고정 장치가 파손되었거나 체결 상태가 불완전하지 않은지 비행 전마다 철저히 점검해야 한다. 특히 고정 장치가 포함된 배터리의 경우, 고정 장치의 기능과 상태를 매번 확인해 안전성을 확보하는 것이 필수적이다.

그림 배터리의 이탈로 차열제 살포 중 비닐하우스에 추락한 사고

10. 농로 운행 시 안전 운행

방제용 드론 조종사는 드론의 운용 외에도 여러 가지 업무를 동시에 수행해야 하는 경우가 많다. 조종사는 드론 조작뿐만 아니라 방제용 드론과 약제 충전 시설을 탑재한 차량을 직접 운전하며, 이동 중에는 다음 방제 지역의 위치를 확인하거나 이동 경로를 탐색해야 할 때도 있다. 이러한 다중 작업은 조종사에게 높은 피로와 부담을 줄 수 있다.

그림 이동 중 지도를 확인하다 도로를 이탈한 사고

① 특히 농업용 도로는 비규격으로 설계된 경우가 많아 도로 폭이 좁고, 주변에 우거진 수풀로 인해 경계가 불명확한 경우가 많다. 이로 인해 차량이 도로를 이탈하거나 바퀴가 빠지는 사고가 빈번히 발생한다. 작은 사고로 끝나는 경우도 있지만, 심각한 경우 차량이 전복되거나 추락하는 대형 사고로 이어질 위험도 있다.

② 따라서 작업의 효율성을 추구하기보다는 안전을 최우선으로 고려해야 한다.

운전 중에는 지도를 확인하거나 경로를 탐색하는 행위를 삼가고, 작업 전 충분히 계획을 세워 사고를 예방하도록 한다.

안전한 작업 환경과 체계적인 작업 절차가 사고를 줄이고 효율성을 높이는 가장 중요한 요소이다.

11. 비포장 도로 운행 시 사고 예방

농지가 밀집된 지역의 농업용 도로는 도로 연결 상태에 따라 농기구와 차량의 출입이 제한되는 경우가 많다.

그림 비포장 도로의 미끄러짐 사고

이러한 도로는 대부분 통행량이 적어 관리가 잘 되지 않고 비포장도로이다.

① 특히, 장기간 차량이나 농기구가 다니지 않은 비포장도로는 수풀이 우거지고 도로 표면이 단단하지 않아, 이슬이나 수분으로 인해 더욱 미끄럽고 지반이 약하다.

② 지역에 따라 이러한 비포장도로에서는 차량이 미끄러지거나 농로에 생긴 웅덩이 또는 진흙에 빠지는 사고가 자주 발생한다. 이런 사고는 작업의 지연뿐만 아니라 큰 비용과 안전 문제를 초래할 수 있다.

③ 따라서 비포장도로를 주행할 때는 도로의 상황을 사전에 정확히 파악하고, 불안정한 구간에서는 속도를 줄이며 무리하지 않는 주행을 해야 한다.

④ 또한, 비상 상황에 대비하여 견인 장비를 준비하거나, 도로 상태가 심각한 경우 다른 진입 경로를 탐색하는 등 사전 대비를 철저히 하는 것이 중요하다. 안전하고 원활한 작업을 위해 도로 주행 시 신중함을 유지해야 한다.

12. 하향풍으로 인한 안전 사고

농지 주변에는 예상보다 다양한 장애물이 존재하며, 이를 미처 인지하지 못하거나 바람에 의해 날아온 물체로 인해 사고가 발생할 수 있다.

그림 이륙 시 하향풍에 의해 발생한 사고

① 드론은 이착륙과 비행 시 강력한 하향풍을 발생시키며, 이 하향풍의 강도는 드론의 이륙 중량에 따라 달라진다. 농지 주변에는 비료 포대, 농약 포장재, 폐비닐, 야생동물 접근 방지용 그물 등 하향풍에 의해 쉽게 부양될 수 있는 물건들이 흔히 있다.

② 이러한 물체들이 드론의 하향풍으로 인해 지면에서 떠오른 후, 다시 드론과 충돌하거나 프로펠러(프롭)에 걸리는 사고가 빈번히 발생한다. 이러한 사고는 드론의 기체 손상뿐 아니라 작업 중단, 안전사고 등으로 이어질 수 있으므로 철저한 사전 점검이 필요하다.

③ 드론을 운용하기 전, 이착륙 지점 주변의 상황을 면밀히 관찰하고, 하향풍에 의해 부양될 수 있는 물체가 없는 안정적인 장소를 선택해야 한다. 특히, 작업 전에는 주변 장애물을 철저히 정리하고, 바람의 방향과 세기를 확인하여 안전한 비행 경로와 착륙 지점을 선정해야 한다. 안전한 작업 환경을 유지하려면 이러한 세부 사항을 지속적으로 점검하고 관리하는 것이 필수적이다.

P/A/R/T

09

부록

부록

1 항공방제 관리규정·보상기준·실적 제출

1 항공방제업의 방제 실적 제출

항공방제업자는 농약 사용 정보를 전자적으로 기록하고 3년 간 보존해야 하며 항공방제에 사용한 농약 사용정보를 농산물 품질관리원에 제출하여야 한다.

제출 기한은 매년 1월 10일까지이다.

관련법에 따라 1년 이상 실적이 없는 경우 '경고', 농약 등의 관리에 관한 사항에 대해 보고를 하지 아니한 경우 200만 원 이하의 벌금, 농약 사용 정보를 기록하여 보존하지 아니한 경우 100만 원 이하의 과태료가 부과된다.

그림 손해보상금 협의 발표 전경(해외편)

2 농업 방제에서 농약관리법과 항공방제업 관리규정 준수

농업 방제는 농약관리법과 항공방제업 관리규정을 준수해야 한다. 특히, 농약 사용으로 인한 피해를 방지하고 피해 발생 시 적절한 조치를 취하기 위해 관련 법령과 규정을 이해하고 이를 실천하는 것이 중요하다.

1. 농약관리법 개정(분쟁조정 제도 활용)

2003년 농약관리법 개정을 통해, 농약으로 인한 피해를 입은 경우 누구나 분쟁조정 제도를 활용할 수 있게 되었다.

(1) 피해자와 가해자 간 분쟁이 발생할 경우, 해당 제도를 통해 중립적인 검토와 조정이 이루어진다.

(2) 분쟁조정은 신속한 해결을 도모하며, 법적 소송에 비해 절차가 간소하고 비용 부담이 적다.

2. 항공방제 피해보상(절차와 개선)

농업 방제와 관련된 항공방제 피해보상의 범위와 기준은 아직 법률로 명확히 규정되어 있지 않다. 이에 따라, 현재 마련되어 있는 산림 병해충 항공방제의 피해보상 및 범위 기준을 참고하여 절차를 이해할 필요가 있다.

(1) 산림 병해충 항공방제 피해 보상 절차

① 피해 신고 접수

가. 피해를 입은 당사자는 관할 행정기관(예: 지자체)에 피해 사실을 신고한다. 피해 사실을 신고한다.

나. 신고 시 피해 발생 장소, 피해 상황, 관련 증빙 자료를 제출해야 한다.

② 피해 조사 및 검증

가. 담당 기관은 신고 내용을 바탕으로 현장 조사를 실시한다.

나. 피해 원인을 과학적으로 검증하며, 방제 과정에서의 과실 여부를 확인한다.

③ 피해 범위 산정

가. 조사 결과를 바탕으로 피해 농작물, 환경, 기타 손해에 대한 범위를 산정한다.

나. 피해 보상의 기준은 정량적(예 : 피해 면적) 및 정성적(예 : 작물 상태) 요소를 포함한다.

④ 분쟁조정 또는 보상 결정

가. 분쟁이 발생할 경우 분쟁조정 제도를 통해 합의점을 도출한다.

나. 조정이 이루어지면, 보상금액과 지급 방법이 결정된다.

⑤ 보상금 지급

피해자에게 보상금이 지급되며, 이후 재발 방지를 위한 예방 대책이 논의된다.

(2) 농업 방제 분야의 필요 개선점

① **법적 기준 마련** : 항공방제 피해보상의 범위와 기준을 명확히 규정하는 법률 제정 필요

② **피해 예방 체계 강화** : 항공방제 작업 시 환경 영향 평가와 비산 방지 기술 활용 확대

③ **피해 보상 절차의 표준화** : 농업 항공방제에도 산림 병해충 항공방제의 보상 절차를 적용하여 투명하고 공정한 절차를 구축

항공방제 피해보상 제도는 농업 현장에서의 신뢰를 높이고, 방제 기술의 안전한 활용을 위해 반드시 필요하다. 현재 법적 공백을 해결하기 위해 산림 병해충 항공방제 사례를 참고하며, 법적 기준 마련과 예방 대책 강화에 대한 논의가 이어져야 한다.

3 항공방제 피해 보상의 범위와 기준 (산림청. 2019. 1. 시행)

1. 피행보상 책임 (제3조)

① 항공방제 가이드라인을 준수하였음에도 항공방제 시 착오 또는 과실로 방제지 주변 작물, 과수, 가축 등에 피해가 발생하였을 경우 다음 각 호에서 정한 자가 피해를 보상한다. 다만, 방제 대상지 조사부실로 발생한 비산오염에 대하여는 방제를 요청한 기관에서 보상하여야 한다.

② 항공방제로 인해 방제지 주변 작물, 과수, 가축 등에 피해가 발생하였을 경우

제1항에 의한 피해를 제외하고는 방제를 요청한 기관에서 민원처리 및 피해보상 등을 하는 것을 원칙으로 한다.

2. 안전성 검사 의뢰

① 시 · 군 · 구청장 또는 국유림관리소장(이하 "예찰·방제기관의 장"이라 한다)은 약제 살포 전에 풍속, 풍향, 방제시간대, 비산거리 등을 종합적으로 판단하여 방제지 주변에 재배 중인 작물 등에 비산피해가 우려될 경우 미리 낙하조사 용지(감수지)를 배치하고, 약제 살포 후에는 조사 용지에 발생된 낙하 상황을 조사하여야 한다.

② 예찰·방제기관의 장은 제1항에 따른 낙하 조사 용지(감수지)를 배치하기 위해 필요한 경우 국립산림과학원장 또는 시·도 산림환경연구원(소)장(이하 비산·낙하상황 조사·판정기관'이라 한다)에게 협조를 요청할 수 있으며 요청받은 비산 · 낙하상황 조사 · 판정기관은 이에 협조하여야 한다.

③ 비산 · 낙하상황 조사 · 판정기관은 약제 살포 후 감수지에 발생된 낙하상황 조사 및 결과 판정을 통해 비의도적 오염정도가 잔류허용기준 이상 수치가 예상되는 경우 또는 출하시기를 감안할 때 잔류허용기준을 넘을 것으로 예상되는 경우에 출하예정일 이전까지 시료를 채취하여 안전성검사기관에 검사를 의뢰하여야 한다.

④ 제3항에 따른 검사 수수료는 방제를 발주한 기관에서 부담한다.

⑤ 제1항에 따라 비산 · 낙하상황 조사 · 판정기관에서 감수지 낙하상황 조사 판정 결과 비의도적 오염이 없거나 오염정도가 허용기준치 미만인 것으로 판정하였으나 작물재배자 등이 이를 인정하지 않고 안전성검사기관의 검사를 요구하였을 때에는 다음 각 호에 따라 안전검사에 소요되는 수수료를 부담한다.

가. 안전성검사 결과 오염정도가 허용기준치 이상인 경우 : 방제를 발주한 기관

나. 안전성검사 결과 오염정도가 허용기준치 미만인 경우 : 검사를 요구한 작물 재배자

3. 피해보상 신청 및 처리 절차

① 항공방제로 인해 농작물 등에 비산·낙하오염 피해가 발생하여 안전성검사 기관으로부터 피해가 확인된 경우 예찰·방제기관의 장은 지체 없이 피해 사항을 방제 수행기관(업체) 및 작물재배자 등에게 통지하여야 한다.

② 제1항에 따른 피해사항 통보 시 피해보상 신청기간, 신청방법, 처리절차 등을 안내하여야 한다.

③ 제1항에 따라 통보받은 작물재배자 등이 보상을 신청하려는 경우 통보받은 날로부터 30일 이내에 [별지 제1호서식]에 따른 항공방제 피해보상 청구서를 예찰·방제기관의 장에게 제출하여야 한다.

④ 제3항에 따라 보상신청을 접수받은 예찰· 방제기관의 장은 가입한 보험사 또는 드론 방제업체 등에 피해를 통보하여 가입한 보험 등으로 보상금을 지급할 수 있다.

⑤ 제4항에도 불구하고 보험으로 보상금 지급이 어려울 경우에는 예찰·방제 기관에서 자체적으로 피해자와 합의하여 보상금을 지급할 수 있다.

4. 피해 유형 및 보상 기준

피해 유형	① **약제 비산·낙하오염 피해** 가. 재배농작물 등　　나. 가축　　다. 기타 피해
보상 범위	① 드론 방제업체의 과실로 인한 피해 ② 농약 잔류허용기준이 있는 작물의 경우 비의도적 비산·낙하 오염정도가 허용기준치 이상 수치이거나, 출하 시기를 감안할 때 잔류허용기준이 작물별 허용기준 수치를 초과한 경우 ③ 농약 잔류허용기준이 없는 작물의 경우 비의도적 비산·낙하오염 정도가 일괄 0.01㎎/㎏ 이상 수치이거나, 출하시기를 감안할 때 잔류허용기준이 일괄 0.01㎎/㎏ 수치를 초과한 경우
보상방법 및 기준	① 드론 방제업체에서 가입한 「드론 영업배상책임보험」을 통해 피해보상 한다. (보상 한도액은 드론 방제업체가 방제면적, 계약금액 등을 고려하여 결정) ※ 드론방제로 인한 피해보상에 있어 손해보상 기준 및 금액은 '손해보험사'에서 정한 기준을 따른다. ② 보험사 손해사정인은 피해자와 보상금 합의를 한다. 가. 보험사에서는 손해사정인을 지정하고 파견하여 피해액을 파악하도록 하고 산정한 피해액을 기준으로 피해자와 합의하여 보상금을 지급한다.

4 「국립농산물품질관리원」 홈페이지 활용

1. 홈페이지 활용

❶ SafeQ 홈페이지를 방문한다.

* 전자민원 홈페이지 또는 인터넷 주소(naqs.go.kr/safeq)를 입력하여 방문

❷ 회원 로그인을 클릭한다.

❸ 항공방제회원선택 후 전자민원에 회원가입한 아이디와 비밀번호로 로그인을 한다. 계정 ID는 논산물 품질관리원 전자민원(아그린, agrin.go.kr)계정을 사용한다.

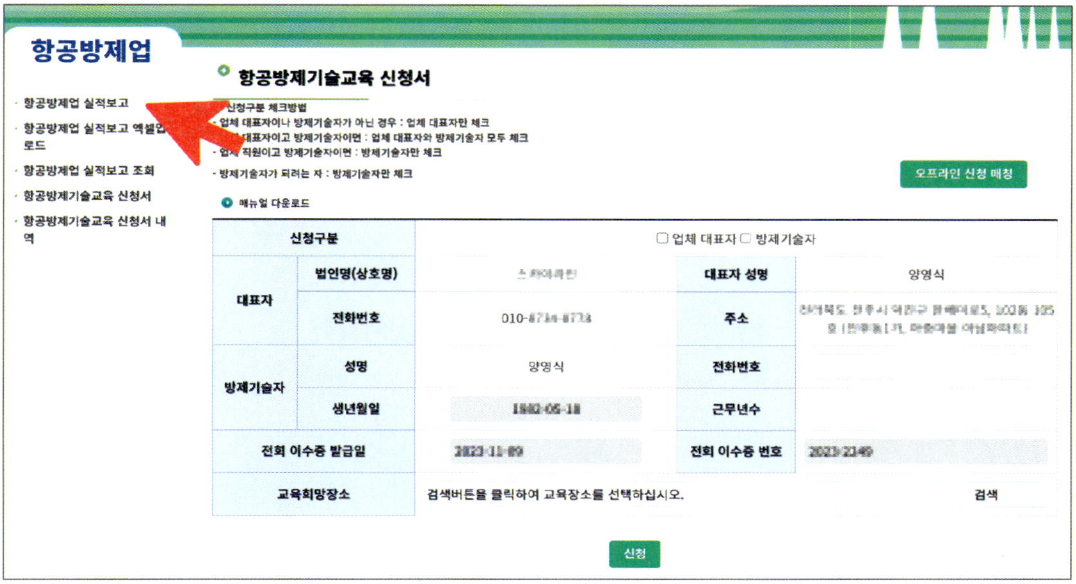

❹ 로그인을 하면 다음과 같은 화면으로 전환된다.

- 좌측 상단 메뉴에 **항공 방제업 실적 보고**를 클릭한다.
- 이 메뉴에서는 수동으로 **방제 지역과 사용 약제를 입력**할 수 있다.

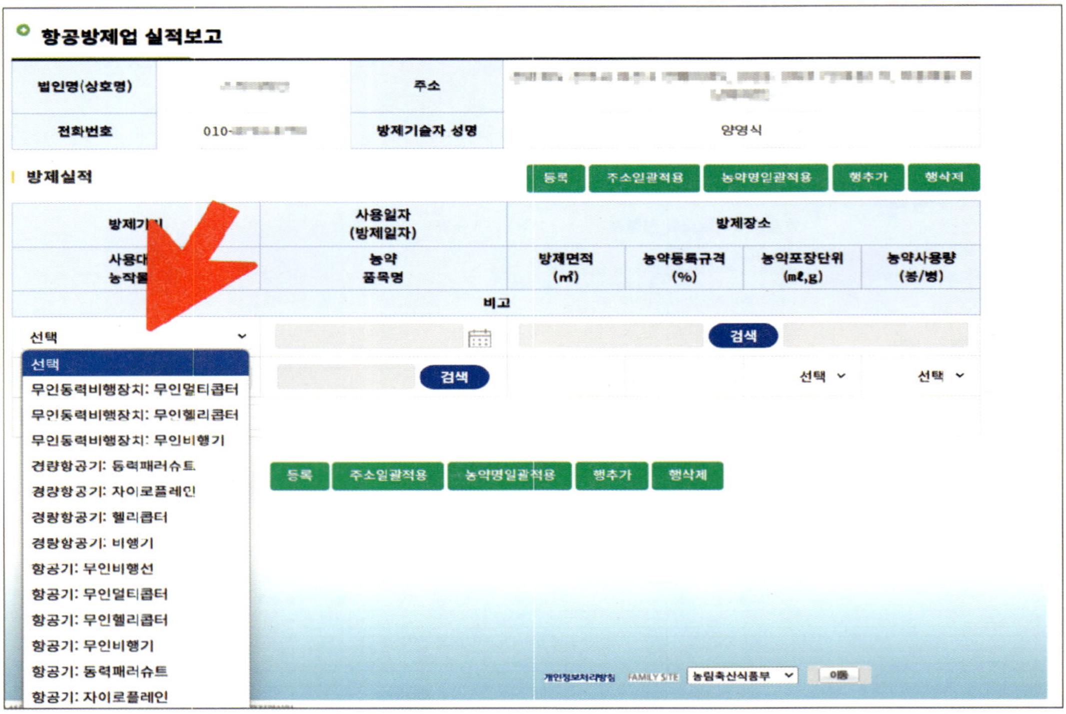

5 화살표의 **방제기기 검색** 버튼을 클릭하여 **무인동력비행장치: 무인멀티콥터를 선택**한다.

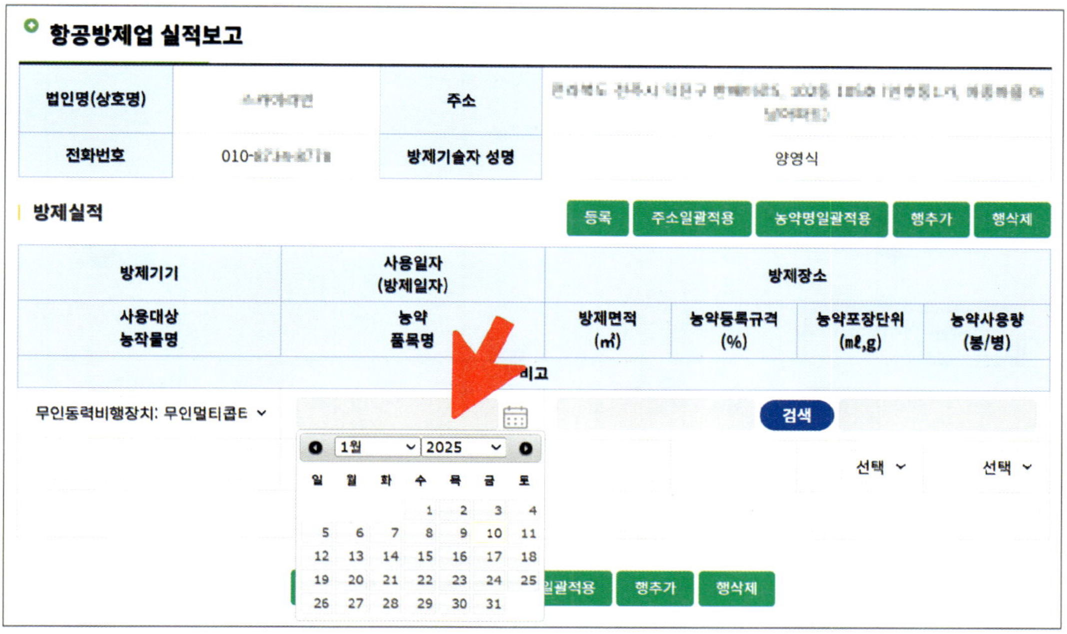

6 **사용일자**를 클릭하여 **방제 작업 실시 일자**를 입력한다.

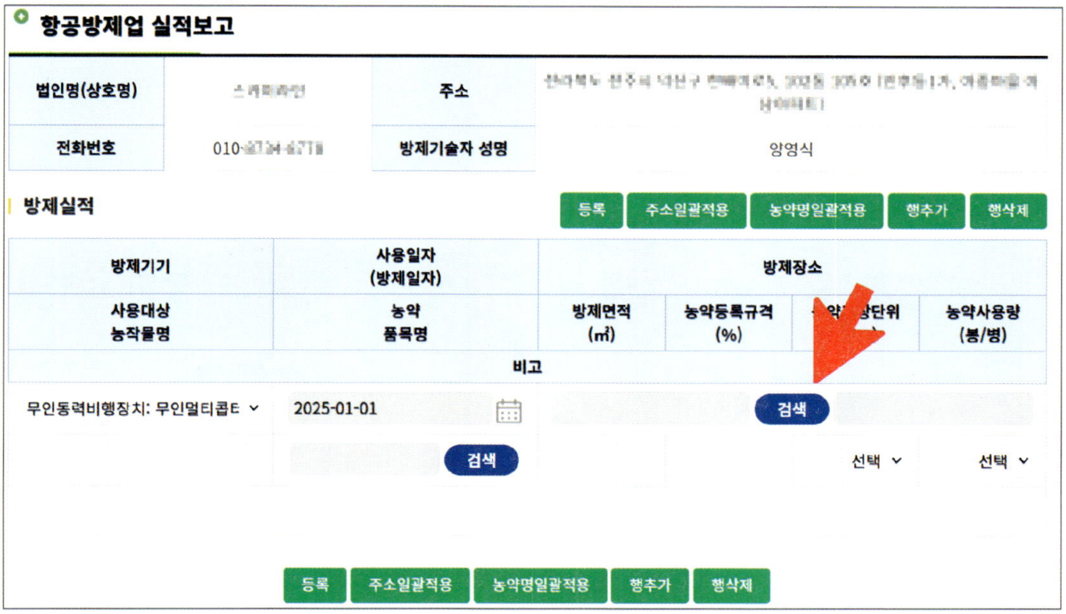

7 **방제장소** 검색 버튼을 클릭하여 **주소 검색창**을 팝업시킨다.

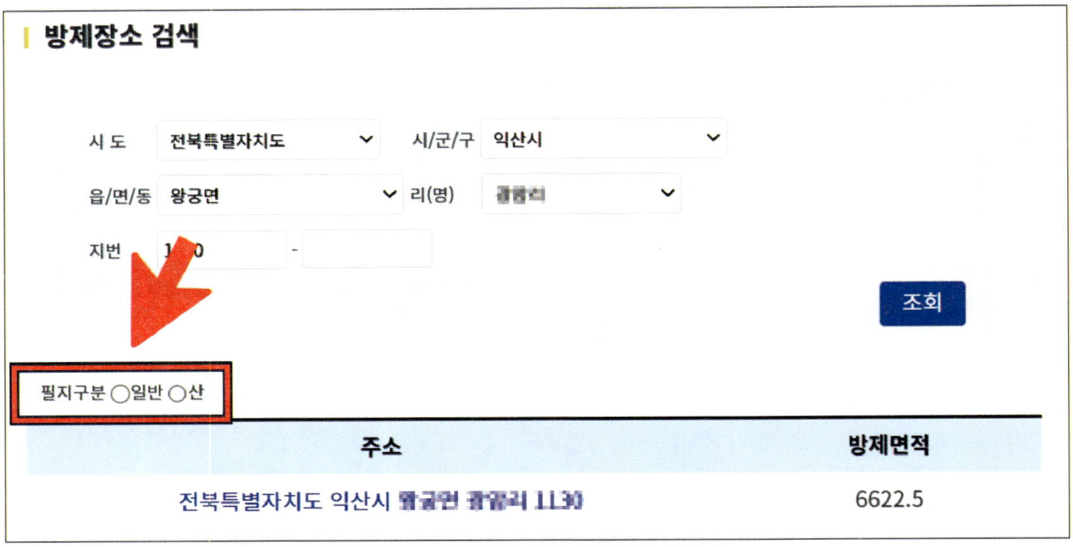

8 **시도, 시/군/구, 읍/면/동, 리(명), 지번을 선택**하여 조회한다.

- 빨간 네모 상자의 필지 구분을 클릭한다.
- 주소를 검색하여 입력 후 화살표에 검색 버튼을 클릭한다.

9 **농약 품목명 클릭**하여 농약 검색창을 팝업시킨다.

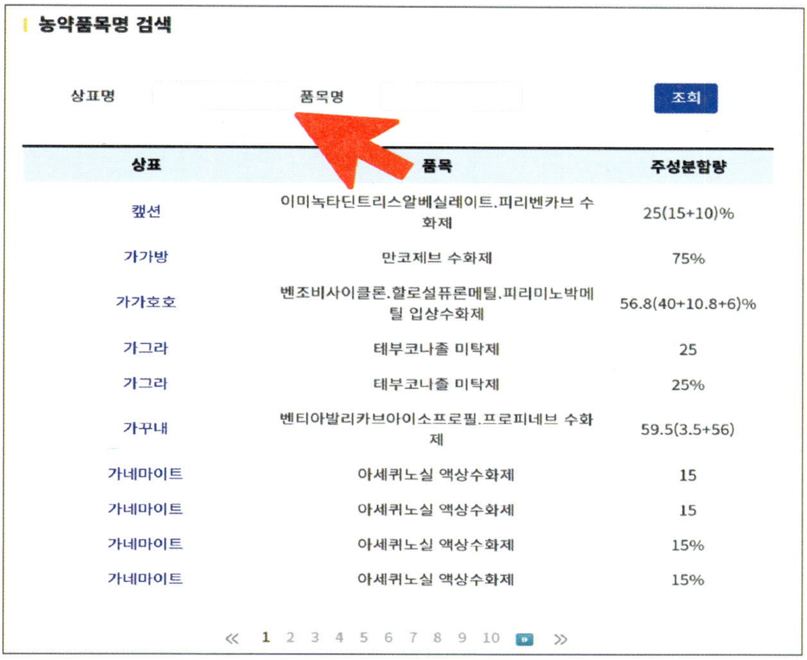

농약품목명 검색

상표명 품목명 조회

상표	품목	주성분함량
캡션	이미녹타딘트리스알베실레이트.피리벤카브 수화제	25(15+10)%
가가방	만코제브 수화제	75%
가가호호	벤조비사이클론.할로설퓨론메틸.피리미노박메틸 입상수화제	56.8(40+10.8+6)%
가그라	테부코나졸 미탁제	25
가그라	테부코나졸 미탁제	25%
가꾸내	벤티아발리카브아이소프로필.프로피네브 수화제	59.5(3.5+56)
가네마이트	아세퀴노실 액상수화제	15
가네마이트	아세퀴노실 액상수화제	15
가네마이트	아세퀴노실 액상수화제	15%
가네마이트	아세퀴노실 액상수화제	15%

« 1 2 3 4 5 6 7 8 9 10 »

10 상표명에 **사용 농약의 상표를 조회**하여 클릭한다.

해당 상표 클릭시 농약품목명, 농약 등록규격 항목에 정보가 자동 입력된다.

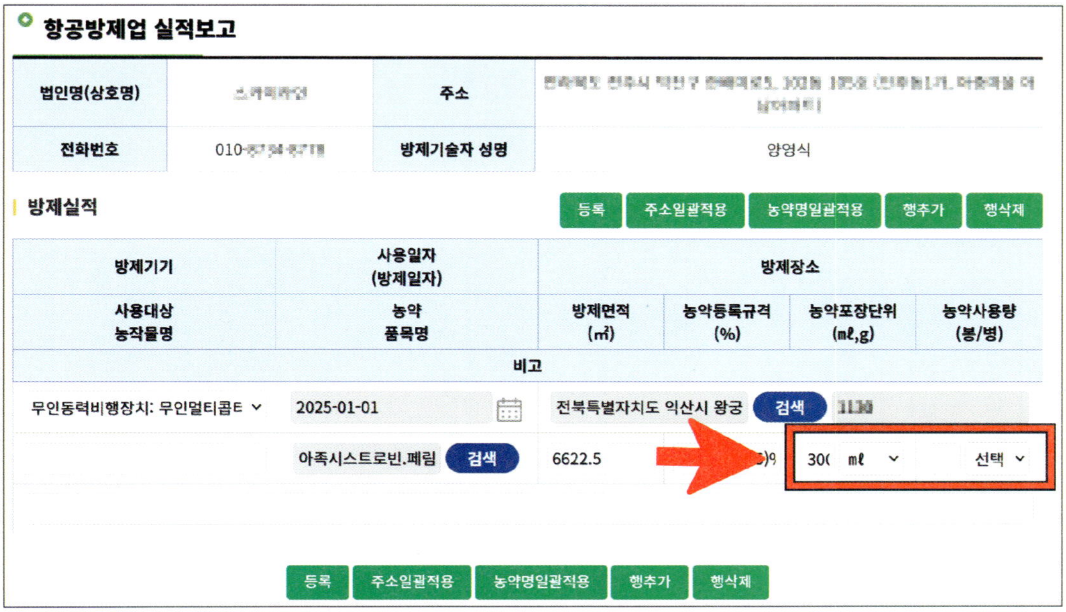

항공방제업 실적보고

법인명(상호명)	[illegible]	주소	[illegible]
전화번호	010-[illegible]	방제기술자 성명	양영식

방제실적

등록 주소일괄적용 농약명일괄적용 행추가 행삭제

방제기기	사용일자(방제일자)	방제장소			
사용대상 농작물명	농약 품목명	방제면적(㎡)	농약등록규격(%)	농약포장단위(㎖,g)	농약사용량(봉/병)
비고					
무인동력비행장치: 무인멀티콥터	2025-01-01	전북특별자치도 익산시 왕궁 검색 [illegible]			
	아족시스트로빈.페림 검색	6622.5		30 ㎖	선택

등록 주소일괄적용 농약명일괄적용 행추가 행삭제

11 네모의 선택 창에서 **ml 또는 g, 병, 봉**으로 **사용량을 선택**한다.

방제면적, 농약포장 단위, 농약사용량 항목의 경우 숫자만 입력된다.

12 추가로 입력할 경우 **행 추가**, 삭제할 경우 **행 삭제**를 클릭한다.

- **주소일괄적용** : 추가된 행에 방제장소, 방제면적, 방제기기 정보를 일괄 적용한다.
- **농약명 일괄적용** : 추가된 행에 농약품목, 농약 등록규격, 방제기기 정보를 일괄 적용한다.

13 추가로 입력할 방제실적이 있으면 행을 추가해 가며 **방제 실적**을 **입력**한다.

2. 방제실적보고 엑셀 업로드

① 방제실적을 엑셀로 업로드 할 경우 왼쪽 메뉴창의 두 번째 **항공방제업 실적보고 엑셀업로드**를 클릭한다.

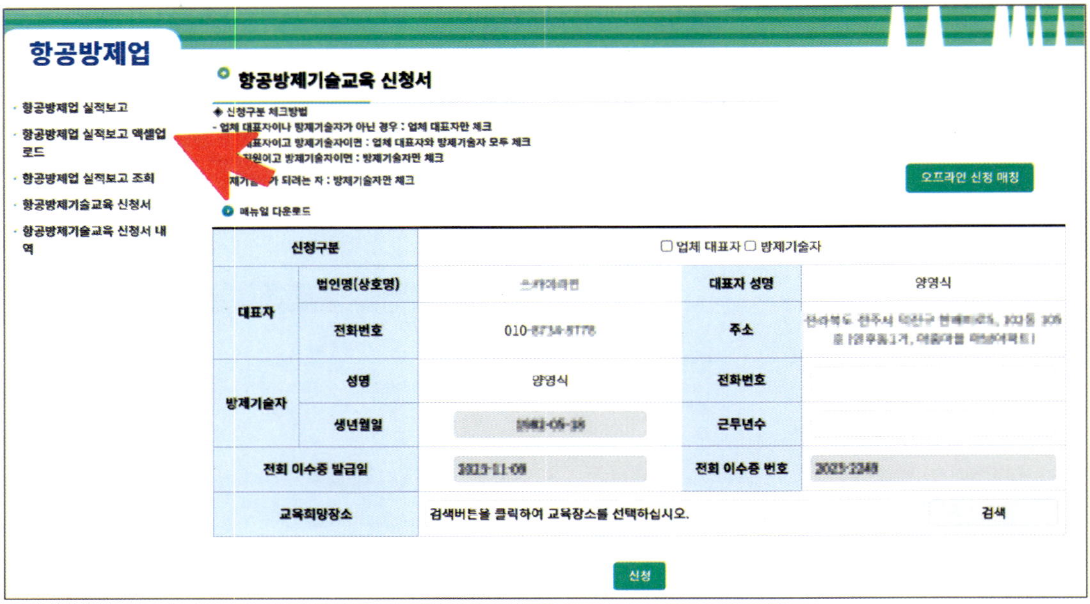

② 사용 양식이 없다면 **양식 다운로드**를 클릭하여 엑셀 파일을 다운로드한다.

3 파일의 서식에 맞추어 **엑셀을 작성**하고 저장한다.

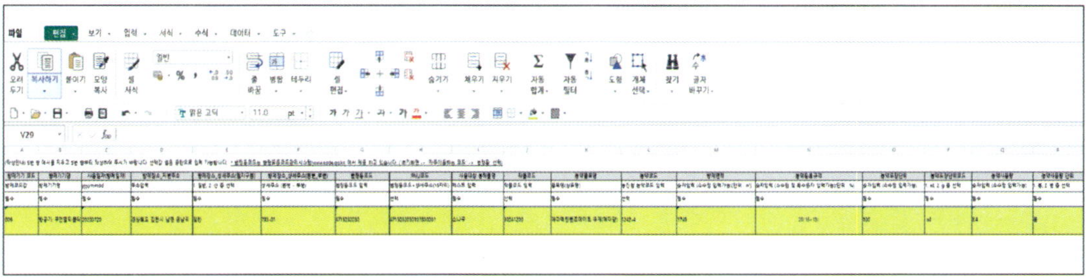

4 **파일 첨부**를 클릭하여 **파일**을 **업로드** 한다.

- 방제전용 APP를 사용할 경우 방제 프로그램 내에서 작업 완료한 방제실적을 엑셀 파일로 제공 받을 수 있다.
- 프로젝트별, 방제사별로 다운로드가 가능하며 방제실적 업로드 양식에 맞춰 제공하고 있다.

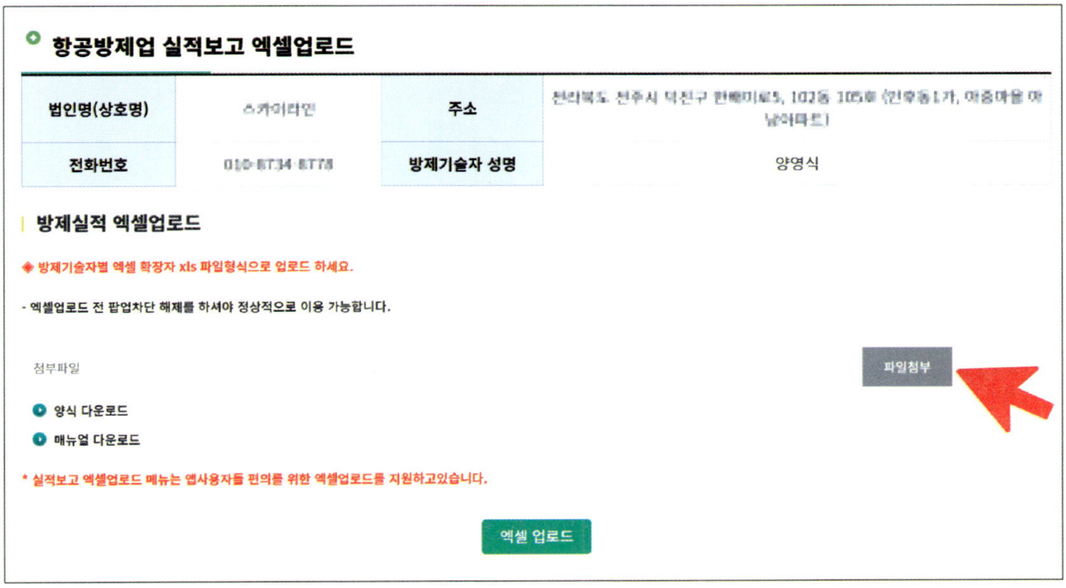

부록 2

작물별 항공방제 약제 등록현황

[2025년 1월 현재]

1 벼 항공방제용 살균제

제품명	제조사	병해충명	성분명	사용량	제형	사용 적기	안전 사용 시기	안전사 용횟수
골드미	(주)농협케미컬	목도열병(무인항공기)	트리사이클라졸.발리다마이신에이 액상수화제	0.8L/10a	액상수화제	출수 7일전	출수전	2회
골든벨	(주)동방아그로	목도열병(무인항공기)	가스가마이신.티오파네이트메틸 액상수화제	0.8L/10a	액상수화제	출수 7일전	출수전	1회
공중전	(주)팜한농	목도열병(무인항공기)	헥사코나졸.티아디닐 액상수화제	0.8L/10a	액상수화제	출수 7일전	수확 21일전	3회
규네스타	아그리젠토(주)	목도열병(무인항공기)	아족시스트로빈.프로피코나졸 유현탁제	0.8L/10a	액상수화제	출수 7일전	수확 30일전	2회
내논사랑	(주)경농	목도열병(무인항공기)	페림존.플룩사피록사드 액상수화제	0.8L/10a	액상수화제	출수 7일전	출수기	1회
넘보원	(주)팜한농	목도열병(무인항공기)	카프로파미드.이미녹타딘트리아세테이트 액상수화제	0.8L/10a	액상수화제	출수 7일전	수확 30일전	2회
논가드	(주)동방아그로	목도열병(무인항공기)	가스가마이신.트리사이클라졸 액상수화제	0.8L/10a	액상수화제	출수 7일전	수확 21일전	3회
논사랑	(주)경농	목도열병(무인항공기)	페림존.트리사이클라졸 액상수화제	0.8L/10a	액상수화제	출수 7일전	수확 21일전	3회
농부마음	(주)농협케미컬	목도열병(무인항공기)	아족시스트로빈.플룩사피록사드 액상수화제	50ml/10a	액상수화제	출수 7일전	수확 30일전	3회
뉴텍	신젠타코리아(주)	목도열병(무인항공기)	헥사코나졸.트리사이클라졸 액상수화제	0.8L/10a	액상수화제	출수 7일전	출수전	2회
다드림	팜아그로텍(주)	목도열병(무인항공기)	아족시스트로빈.프로피코나졸 유현탁제	0.8L/10a	유현탁제	출수 7일전	수확 30일전	2회
머큐리 듀오	바이엘크롭사이언스(주)	목도열병(무인항공기)	플루오피람.테부코나졸 액상수화제	0.8L/10a	액상수화제	출수 7일전	수확 40일전	2회
명궁	(주)팜한농	목도열병(무인항공기)	페녹사닐 액상수화제	0.8L/10a	액상수화제	출수 7일전	수확 30일전	2회
명물	(주)경농	목도열병(무인항공기)	아족시스트로빈.아이소프로티올레인 유제	0.8L/10a	유제	출수 7일전	수확 30일전	3회

제품명	제조사	병해충명	성분명	사용량	제형	사용 적기	안전 사용 시기	안전 사용 횟수
벼천왕	한국삼공(주)	목도열병 (무인항공기)	페녹사닐.티플루자마이드 유제	0.8L /10a	유제	출수 7일전	수확 30일전	2회
벼천왕 골드	한국삼공(주)	목도열병 (무인항공기)	페녹사닐.티플루자마이드 액상수화제	0.8L /10a	액상 수화제	출수 7일전	수확 30일전	3회
비치나	신젠타코리아(주)	목도열병 (무인항공기)	아족시스트로빈.프로피코나졸 유현탁제	0.8L /10a	유현탁제	출수 7일전	수확 30일전	2회
빔	(주)팜한농	목도열병 (무인항공기)	트리사이클라졸 액상수화제	0.8L /10a	액상 수화제	출수 7일전	수확 21일전	4회
솔라자	(주)팜한농	목도열병 (무인항공기)	카프로파미드 액상수화제	0.8L /10a	액상 수화제	출수 7일전	수확 30일전	2회
신호탄	(주)동방아그로	목도열병 (무인항공기)	가스가마이신.오리사스트로빈 액상수화제	0.8L /10a	액상 수화제	출수 7일전	수확 40일전	3회
아리킬트	신젠타코리아(주)	목도열병 (무인항공기)	아족시스트로빈.프로피코나졸 유현탁제	0.8L /10a	유현탁제	출수 7일전	수확 30일전	2회
아프로포	아다마코리아(주)	목도열병 (무인항공기)	아족시스트로빈.프로피코나졸 유현탁제	0.8L /10a	유현탁제	출수 7일전	수확 30일전	2회
에어샷	성보화학(주)	목도열병 (무인항공기)	프로피코나졸.티오파네이트메틸 유현탁제	0.8L /10a	유현탁제	출수 7일전	수확 40일전	2회
오호라	(주)경농	목도열병 (무인항공기)	페림존.티플루자마이드 액상수화제	0.8L /10a	액상 수화제	출수 7일전	출수전	1회
올크린	(주)농협케미컬	목도열병 (무인항공기)	오리사스트로빈 액상수화제	0.8L /10a	액상 수화제	출수 7일전	수확 30일전	3회
투샷	성보화학(주)	목도열병 (무인항공기)	페림존.펜사이큐론 액상수화제	0.8L /10a	액상 수화제	출수 7일전	수확 60일전	2회
항공스타	(주)경농	목도열병 (무인항공기)	아족시스트로빈.발리다마이신에이 액상수화제	0.8L /10a	액상 수화제	출수 7일전	출수기	1회
헤드웨이	신젠타코리아(주)	목도열병 (무인항공기)	아족시스트로빈.프로피코나졸 유제	0.8L /10a	유제	출수 7일전	수확 30일전	3회
헬리건	(주)팜한농	목도열병 (무인항공기)	아족시스트로빈. 페림존 액상수화제	0.8L /10a	액상 수화제	출수 7일전	수확 21일전	3회
후치왕	한국삼공(주)	목도열병 (무인항공기)	아이소프로티올레인 유제	0.8L /10a	유제	출수 7일전	수확 30일전	3회
휘파람	(주)농협케미컬	목도열병 (무인항공기)	페림존.발리다마이신에이 액상수화제	0.8L /10a	액상 수화제	출수 7일전	출수기	1회
뉴텍	신젠타코리아(주)	키다리병 (무인항공기)	헥사코나졸.트리사이클라졸 액상수화제	0.8L /10a	액상 수화제	출수전 7일간격	출수전	2회
머큐리 듀오	바이엘크롭사이언스(주)	키다리병 (무인항공기)	플루오피람.테부코나졸 액상수화제	0.8L/10a	액상 수화제	출수 7일전 7일간격	수확 40일전	2회
벼천왕	한국삼공(주)	키다리병 (무인항공기)	페녹사닐.티플루자마이드 유제	0.8L /10a	유제	출수 7일전 7일 간격	수확 30일전	2회
벼천왕 골드	한국삼공(주)	키다리병 (무인항공기)	페녹사닐.티플루자마이드 액상수화제	0.8L /10a	액상 수화제	출수 7일 전부터 7일간격	수확 30일전	3회
쉴드론	(주)농협케미컬	키다리병 (무인항공기)	아족시스트로빈.헥사코나졸 액상수화제	0.8L /10a	액상 수화제	출수 7일전 7일간격	수확 60일전	2회

제품명	제조사	병해충명	성분명	사용량	제형	사용 적기	안전 사용 시기	안전 사용 횟수
올크린	(주)농협케미컬	키다리병 (무인항공기)	오리사스트로빈 액상수화제	0.8L /10a	액상 수화제	출수 직전 7일간격	수확 30일전	3회
헬리건	(주)팜한농	키다리병 (무인항공기)	아족시스트로빈.페림존 액상수화제	0.8L /10a	액상 수화제	출수 직전 7일간격	수확 21일전	3회
휘파람	(주)농협케미컬	키다리병 (무인항공기)	페림존.발리다마이신에이 액상수화제	0.8L /10a	액상 수화제	출수 7일전 7일간격	출수기	1회
굿초이스	(주)한얼싸이언스	목도열병 (무인항공)	아족시스트로빈.테부코나졸 입상수화제	0.8L /10a	입상 수화제	출수 7일전	수확 21일전	3회
더블 마이신	(주)동방아그로	목도열병 (무인항공)	가스가마이신.발리다마이신에이 액제	0.8L /10a	액제	출수 7일전	수확 30일전	2회
도드미	아그리젠토(주)	목도열병 (무인항공)	트리사이클라졸.발리다마이신에이 액상수화제	0.8L /10a	액상 수화제	출수 7일전	출수전	2회
벼클린	한국삼공(주)	목도열병 (무인항공)	아족시스트로빈.플루인다피르 액상수화제	50ml/10a	액상 수화제	출수 7일전	수확 21일전	3회
쉴드론	(주)농협케미컬	목도열병 (무인항공)	아족시스트로빈.헥사코나졸 액상수화제	0.8L /10a	액상 수화제	출수 7일전	수확 60일전	2회
아미스타탑	신젠타코리아(주)	목도열병 (무인항공)	아족시스트로빈.디페노코나졸 액상수화제	50ml/10a	액상 수화제	출수 7일전	수확 14일전	3회
위드왕	바이오캠주식회사	목도열병 (무인항공)	아족시스트로빈.프로피코나졸 유현탁제	0.8L /10a	유현탁제	출수 7일전	수확 30일전	2회
폭격기	(주)동방아그로	목도열병 (무인항공)	페림존.헥사코나졸 액상수화제	0.8L /10a	액상 수화제	출수 7일전	수확 45일전	2회
하이팜	㈜이엑스아이디	목도열병 (무인항공)	아족시스트로빈.프로피코나졸 유현탁제	0.8L /10a	유현탁제	출수 7일전	수확 30일전	2회
규네스타	아그리젠토(주)	깨씨무늬병 (무인항공)	아족시스트로빈.프로피코나졸 유현탁제	160ml /10a	유현탁제	발생 초기	수확 30일전	2회
아미스타탑	신젠타코리아(주)	깨씨무늬병 (무인항공)	아족시스트로빈.디페노코나졸 액상수화제	50ml/10a	액상 수화제	발생 초기	수확 14일전	3회
아미스타탑	신젠타코리아(주)	이삭마름병 (무인항공)	아족시스트로빈.디페노코나졸 액상수화제	50ml/10a	액상 수화제	출수 직전	수확 14일전	3회
아미스타탑	신젠타코리아(주)	이삭누룩병 (무인항공)	아족시스트로빈.디페노코나졸 액상수화제	50ml/10a	액상 수화제	출수 직전	수확 14일전	3회
논사랑	(주)경농	이삭누룩병 (무인항공기)	페림존.트리사이클라졸 액상수화제	0.8L /10a	액상 수화제	발병초	수확 21일전	3회
신호탄	(주)동방아그로	이삭누룩병 (무인항공기)	가스가마이신.오리사스트로빈 액상수화제	0.8L /10a	액상 수화제	출수 7일전 7일간격	수확 40일전	3회
벼클린	한국삼공(주)	세균벼알마름병 (무인항공)	아족시스트로빈.플루인다피르 액상수화제	50ml/10a	액상 수화제	출수 직전	수확 21일전	3회
솔라자	(주)팜한농	세균벼알마름병 (무인항공)	카프로파미드 액상수화제	0.8L /10a	액상 수화제	출수 직전 7일간격	수확 30일전	2회
쉴드론	(주)농협케미컬	세균벼알마름병 (무인항공)	아족시스트로빈.헥사코나졸 액상수화제	0.8L /10a	액상 수화제	출수직전부터 7일간격	수확 60일전	2회

제품명	제조사	병해충명	성분명	사용량	제형	사용 적기	안전 사용 시기	안전 사용 횟수
아미 스타탑	신젠타코리아(주)	세균벼알마름병 (무인항공)	아족시스트로빈.디페노코나졸 액상수화제	50ml/10a	액상 수화제	출수 직전	수확 14일전	3회
골드미	(주)농협케미컬	세균벼알마름병 (무인항공기)	트리사이클라졸.발리다마이신에이 액상수화제	0.8L /10a	액상 수화제	출수 직전 7일간격	출수전	2회
넘보원	(주)팜한농	세균벼알마름병 (무인항공기)	카프로파미드.이미녹타딘트리아세테이트 액상수화제	0.8L /10a	액상 수화제	출수 직전 7일간격	수확 30일전	2회
논사랑	(주)경농	세균벼알마름병 (무인항공기)	페림존.트리사이클라졸 액상수화제	0.8L /10a	액상 수화제	출수 직전 7일간격	수확 21일전	3회
더블 마이신	(주)동방아그로	세균성벼알마름병 (무인항공)	가스가마이신.발리다마이신에이 액제	0.8L /10a	액제	출수 직전	수확 30일전	2회
명궁	(주)팜한농	세균벼알마름병 (무인항공기)	페녹사닐 액상수화제	0.8L /10a	액상 수화제	출수 직전 7일간격	수확 30일전	2회
명물	(주)경농	세균벼알마름병 (무인항공기)	아족시스트로빈.아이소프로티올레인 유제	0.8L /10a	유제	출수직전부터 7일간격	수확 30일전	3회
벼천왕	한국삼공(주)	세균벼알마름병 (무인항공기)	페녹사닐.티플루자마이드 유제	0.8L /10a	유제	출수 직전 7일간격	수확 30일전	2회
벼천왕 골드	한국삼공(주)	세균벼알마름병 (무인항공기)	페녹사닐.티플루자마이드 액상수화제	0.8L /10a	액상 수화제	출수직전부터 7일간격	수확 30일전	3회
신호탄	(주)동방아그로	세균벼알마름병 (무인항공기)	가스가마이신.오리사스트로빈 액상수화제	0.8L /10a	액상 수화제	출수직전부터 7일간격	수확 40일전	3회
여의봉	(주)동방아그로	세균벼알마름병 (무인항공기)	티플루자마이드.티아디닐 액상수화제	0.8L /10a	액상 수화제	출수직전부터 7일간격	수확 30일전	3회
헬리건	(주)팜한농	세균벼알마름병 (무인항공기)	아족시스트로빈.페림존 액상수화제	0.8L /10a	액상 수화제	출수 직전 7일간격	수확 21일전	3회
굿초이스	(주)한얼싸이언스	잎도열병 (무인항공)	아족시스트로빈.테부코나졸 입상수화제	0.8L /10a	입상 수화제	출수 7일전	수확 21일전	3회
농부마음	(주)농협케미컬	키다리병 (무인항공)	아족시스트로빈.플룩사피록사드 액상수화제	50ml/10a	액상 수화제	출수 7일전	수확 30일전	3회
벼클린	한국삼공(주)	키다리병 (무인항공)	아족시스트로빈.플루인다피르 액상수화제	0.8L /10a	액상 수화제	발생 초기	수확 21일전	3회
아미 스타탑	신젠타코리아(주)	키다리병 (무인항공)	아족시스트로빈.디페노코나졸 액상수화제	50ml/10a	액상 수화제	출수 직전	수확 14일전	3회
더블 마이신	(주)동방아그로	흰잎마름병 (무인항공)	가스가마이신.발리다마이신에이 액제	0.8L /10a	액제	발생 초기	수확 30일전	2회
쉴드론	(주)농협케미컬	흰잎마름병 (무인항공)	아족시스트로빈.헥사코나졸 액상수화제	0.8L /10a	액상 수화제	발병 직전 7일간격	수확 60일전	2회

제품명	제조사	병해충명	성분명	사용량	제형	사용 적기	안전 사용 시기	안전 사용 횟수
아미스타 탑	신젠타코리아(주)	흰잎마름병(무인항공)	아족시스트로빈.디페노코나졸 액상수화제	50㎖/10a	액상수화제	발생 초기	수확 14일전	3회
폭격기	(주)동방아그로	흰잎마름병(무인항공)	페림존.헥사코나졸 액상수화제	0.8L/10a	액상수화제	발병직전 7일간격	수확 45일전	2회
공중전	(주)팜한농	흰잎마름병(무인항공기)	헥사코나졸.티아디닐 액상수화제	0.8L/10a	액상수화제	발병직전 7일간격	수확 21일전	3회
넘보원	(주)팜한농	흰잎마름병(무인항공기)	카프로파미드.이미녹타딘트리아세테이트 액상수화제	0.8L/10a	액상수화제	발병직전 7일간격	수확 30일전	2회
논사랑	(주)경농	흰잎마름병(무인항공기)	페림존.트리사이클라졸 액상수화제	0.8L/10a	액상수화제	발병직전 7일간격	수확 21일전	3회
농부마음	(주)농협케미컬	흰잎마름병(무인항공기)	아족시스트로빈.플룩사피록사드 액상수화제	50㎖/10a	액상수화제	출수 7일전	수확 30일전	3회
명궁	(주)팜한농	흰잎마름병(무인항공기)	페녹사닐 액상수화제	0.8L/10a	액상수화제	발병직전 7일간격	수확 30일전	2회
비치나	신젠타코리아(주)	흰잎마름병(무인항공기)	아족시스트로빈.프로피코나졸 유현탁제	0.8L/10a	유현탁제	발병직전 7일간격	수확 30일전	2회
솔라자	(주)팜한농	흰잎마름병(무인항공기)	카프로파미드 액상수화제	0.8L/10a	액상수화제	발병직전 7일간격	수확 30일전	2회
신호탄	(주)동방아그로	흰잎마름병(무인항공기)	가스가마이신.오리사스트로빈 액상수화제	0.8L/10a	액상수화제	발병직전 7일간격	수확 40일전	3회
아리킬트	신젠타코리아(주)	흰잎마름병(무인항공기)	아족시스트로빈.프로피코나졸 유현탁제	0.8L/10a	유현탁제	발병직전 7일간격	수확 30일전	2회
아프로포	아다마코리아(주)	흰잎마름병(무인항공기)	아족시스트로빈.프로피코나졸 유현탁제	0.8L/10a	유현탁제	발병직전부터 7일간격	수확 30일전	2회
여의봉	(주)동방아그로	흰잎마름병(무인항공기)	티플루자마이드.티아디닐 액상수화제	0.8L/10a	액상수화제	발병직전 7일간격	수확 30일전	3회
올크린	(주)농협케미컬	흰잎마름병(무인항공기)	오리사스트로빈 액상수화제	0.8L/10a	액상수화제	발병직전 7일간격	수확 30일전	3회
헬리건	(주)팜한농	흰잎마름병(무인항공기)	아족시스트로빈.페림존 액상수화제	0.8L/10a	액상수화제	발병직전 7일간격	수확 21일전	3회
휘파람	(주)농협케미컬	흰잎마름병(무인항공기)	페림존.발리다마이신에이 액상수화제	0.8L/10a	액상수화제	발병직전 7일간격	출수기	1회
내논사랑	(주)경농	잎집무늬마름병(무인항공)	페림존.플룩사피록사드 액상수화제	0.8L/10a	액상수화제	유수형성기 및 수잉기	출수기	1회

제품명	제조사	병해충명	성분명	사용량	제형	사용 적기	안전 사용 시기	안전 사용 횟수
더블마이신	(주)동방아그로	잎집무늬 마름병 (무인항공)	가스가마이신.발리다마이신에이 액제	0.8L /10a	액제	유수형 성기 및 수잉기	수확 30일전	2회
머큐리듀오	바이엘크롭사이언스(주)	잎집무늬 마름병 (무인항공)	플루오피람.테부코나졸 액상수화제	4L/10a	액상 수화제	유수형 성기 및 수잉기	수확 40일전	2회
쉴드론	(주)농협케미컬	잎집무늬 마름병 (무인항공)	아족시스트로빈.헥사코나졸 액상수화제	0.8L /10a	액상 수화제	유수형 성기 및 수잉기	수확 60일전	2회
아미스타탑	신젠타코리아(주)	잎집무늬 마름병 (무인항공)	아족시스트로빈.디페노코나졸 액상수화제	40ml/10a	액상 수화제	유수형 성기 및 수잉기	수확 14일전	3회
폭격기	(주)동방아그로	잎집무늬 마름병 (무인항공)	페림존.헥사코나졸 액상수화제	0.8L /10a	액상 수화제	유수형 성기 및 수잉기	수확 45일전	2회
항공스타	(주)경농	잎집무늬 마름병 (무인항공)	아족시스트로빈.발리다마이신에이 액상수화제	0.8L /10a	액상 수화제	유수형 성기 및 수잉기	출수기	1회
골드미	(주)농협케미컬	잎집무늬 마름병 (무인항공)	트리사이클라졸.발리다마이신에이 액상수화제	0.8L /10a	액상 수화제	유수형 성기 및 수잉기	출수전	2회
공중전	(주)팜한농	잎집무늬 마름병 (무인항공)	헥사코나졸.티아디닐 액상수화제	0.8L /10a	액상 수화제	유수형 성기 및 수잉기	수확 21일전	3회
농부마음	(주)농협케미컬	잎집무늬 마름병 (무인항공)	아족시스트로빈.플룩사피록사드 액상수화제	50ml/10a	액상 수화제	유수형 성기 및 수잉기	수확 30일전	3회
뉴텍	신젠타코리아(주)	잎집무늬 마름병 (무인항공)	헥사코나졸.트리사이클라졸 액상수화제	0.8L /10a	액상 수화제	유수형 성기 및 수잉기	출수전	2회
들판	성보화학(주)	잎집무늬 마름병 (무인항공)	아족시스트로빈.트리사이클라졸 액상수화제	0.8L /10a	액상 수화제	유수형 성기 및 수잉기	수확 30일전	3회
레이다	인바이오(주)	잎집무늬 마름병 (무인항공)	아족시스트로빈.프로피코나졸 유현탁제	0.8L /10a	유현탁제	유수형 성기 및 수잉기	수확 30일전	2회
명물	(주)경농	잎집무늬 마름병 (무인항공)	아족시스트로빈.아이소프로티올레인 유제	0.8L /10a	유제	유수형 성기 및 수잉기	수확 30일전	3회
몬세렌	(주)팜한농	잎집무늬 마름병 (무인항공)	펜사이큐론 액상수화제	0.8L /10a	액상 수화제	유수형 성기 및 수잉기	수확 30일전	2회
몬카트	(주)경농	잎집무늬 마름병 (무인항공)	플루톨라닐 유제	0.8L /10a	유제	유수형 성기 및 수잉기	출수2일전	2회
벼천왕	한국삼공(주)	잎집무늬 마름병 (무인항공)	페녹사닐.티플루자마이드 유제	0.8L /10a	유제	유수형 성기 및 수잉기	수확 30일전	2회
벼천왕골드	한국삼공(주)	잎집무늬 마름병 (무인항공)	페녹사닐.티플루자마이드 액상수화제	0.8L /10a	액상 수화제	유수형 성기 및 수잉기	수확 30일전	3회

제품명	제조사	병해충명	성분명	사용량	제형	사용 적기	안전 사용 시기	안전 사용 횟수
비치나	신젠타코리아(주)	잎집무늬 마름병 (무인항공기)	아족시스트로빈.프로피코나졸 유현탁제	0.8L /10a	유현탁제	유수형 성기 및 수잉기	수확 30일전	2회
신호탄	(주)동방아그로	잎집무늬 마름병 (무인항공기)	가스가마이신.오리사스트로빈 액상수화제	0.8L /10a	액상 수화제	유수형 성기 및 수잉기	수확 40일전	3회
아리킬트	신젠타코리아(주)	잎집무늬 마름병 (무인항공기)	아족시스트로빈.프로피코나졸 유현탁제	0.8L /10a	유현탁제	유수형 성기 및 수잉기	수확 30일전	2회
아프로포	아다마코리아(주)	잎집무늬 마름병 (무인항공기)	아족시스트로빈.프로피코나졸 유현탁제	0.8L /10a	유현탁제	유수형 성기 및 수잉기	수확 30일전	2회
안빌	한국삼공(주)	잎집무늬 마름병 (무인항공기)	헥사코나졸 유제	0.8L /10a	유제	유수형 성기 및 수잉기	수확 60일전	2회
여의봉	(주)동방아그로	잎집무늬 마름병 (무인항공기)	티플루자마이드.티아디닐 액상수화제	0.8L /10a	액상 수화제	유수형 성기 및 수잉기	수확 30일전	3회
영그네	(주)경농	잎집무늬 마름병 (무인항공기)	펜사이큐론.티플루자마이드 유제	0.8L /10a	유제	유수형 성기 및 수잉기	출수전	2회
올크린	(주)농협케미컬	잎집무늬 마름병 (무인항공기)	오리사스트로빈 액상수화제	0.8L /10a	액상 수화제	유수형 성기 및 수잉기	수확 30일전	3회
울타리	(주)한얼싸이언스	잎집무늬 마름병 (무인항공기)	펜사이큐론.테부코나졸 액상수화제	0.8L /10a	액상 수화제	유수형 성기 및 수잉기	수확 40일전	2회
장타	(주)팜한농	잎집무늬 마름병 (무인항공기)	티플루자마이드 액상수화제	0.8L /10a	액상 수화제	유수형 성기 및 수잉기	수확 30일전	3회
케블라	지넥스(주)	잎집무늬 마름병 (무인항공기)	아족시스트로빈.프로피코나졸 유현탁제	0.8L /10a	유현탁제	유수형 성기 및 수잉기	수확 30일전	2회
클릭	(주)팜한농	잎집무늬 마름병 (무인항공기)	아족시스트로빈.헥사코나졸 액상수화제	50ml/10a	액상 수화제	유수형 성기 및 수잉기	수확 21일전	3회
투샷	성보화학(주)	잎집무늬 마름병 (무인항공기)	페림존.펜사이큐론 액상수화제	0.8L /10a	액상 수화제	유수형 성기 및 수잉기	수확 60일전	2회
필승	(주)팜한농	잎집무늬 마름병 (무인항공기)	헥사코나졸.티플루자마이드 액상수화제	0.8L /10a	액상 수화제	유수형 성기 및 수잉기	수확 30일전	3회
헬리건	(주)팜한농	잎집무늬 마름병 (무인항공기)	아족시스트로빈.페림존 액상수화제	0.8L /10a	액상 수화제	유수형 성기 및 수잉기	수확 21일전	3회
휘파람	(주)농협케미컬	잎집무늬 마름병 (무인항공기)	페림존.발리다마이신에이 액상수화제	0.8L /10a	액상 수화제	유수형 성기 및 수잉기	출수기	1회

2 벼 항공방제용 살충제

제품명	제조사	병해충명	성분명	사용량	제형	사용적기	안전 사용 시기	안전 사용 횟수
바로확	(주)팜한농	노린재류 (무인항공기)	에토펜프록스.메톡시페노자이드 유현탁제	0.8L /10a	유현탁제	다발생기	수확 14일전	3회
비상탄	(주)경농	노린재류 (무인항공기)	에토펜프록스.테부페노자이드 유제	0.8L /10a	유제	다발생기	수확 14일전	3회
세베로	(주)경농	노린재류 (무인항공기)	에토펜프록스 유제	0.8L /10a	유제	다발생기	수확 50일전	1회
슑탄	(주)농협케미컬	노린재류 (무인항공기)	디노테퓨란 액제	0.8L /10a	액제	다발생기	수확 14일전	3회
쾌속탄	(주)경농	노린재류 (무인항공기)	에토펜프록스 캡슐현탁제	0.8L /10a	캡슐 현탁제	다발생기	수확 14일전	3회
젠토충패스	아그리젠토 (주)	벼멸구 (무인항공)	에토펜프록스 유탁제	100ml /10a	유탁제	발생초기	수확 14일전	3회
행진	(주)한얼싸이언스	벼멸구 (무인항공)	아세타미프리드.테부페노자이드 액상수화제	0.8L/10a	액상 수화제	발생초기	수확 21일전	3회
헥사곤	(주)농협케미컬	벼멸구 (무인항공)	플로니카미드 입상수용제	0.8L /10a	입상 수용제	발생초기	수확 90일전	1회
리워드	(주)동방아그로	목도열병 (무인항공기)	티아디닐.플루벤디아마이드.티아클로프리드 액상수화제	0.8L /10a	액상 수화제	출수 7일 전	수확 21일전	2회
삼각편대	(주)경농	목도열병 (무인항공기)	아족시스트로빈.발리다마이신에이.에토펜프록스 유현탁제	0.8L /10a	유현탁제	출수 7일 전	출수기	1회
유도탄	(주)팜한농	목도열병 (무인항공기)	트리사이클라졸.발리다마이신에이.메톡시페노자이드 액상수화제	0.8L /10a	액상 수화제	출수 7일 전	수확 30일전	3회
풀세트	(주)동방아그로	목도열병 (무인항공기)	가스가마이신.발리다마이신에이.클로티아니딘 액제	0.8L /10a	액제	출수 7일 전	수확 30일전	3회
풍년만세	(주)경농	목도열병 (무인항공기)	트리사이클라졸.발리다마이신에이.에토펜프록스 유현탁제	0.8L /10a	유현탁제	출수 7일 전	출수기	1회
나노진	한국삼공(주)	혹명나방 (무인항공기)	클로란트라닐리프롤.설폭사플로르 액상수화제	0.8L /10a	액상 수화제	발생초기	수확 30일전	1회
나방노린채	(주)팜한농	혹명나방 (무인항공기)	브로플라닐라이드.에토펜프록스 유현탁제	40ml /10a	유현탁제	발생초기	수확 14일전	2회
눈깜짝	(주)팜한농	혹명나방 (무인항공기)	클로란트라닐리프롤 정제상수화제	0.8L /10a	정제상 수화제	발생초기	출수전	1회
뚝딱	성보화학(주)	혹명나방 (무인항공기)	크로마페노자이드.클로티아니딘 유제	0.8L /10a	유제	발생초기	수확 21일전	3회
런너	(주)팜한농	혹명나방 (무인항공기)	메톡시페노자이드 액상수화제	0.8L /10a	액상 수화제	발생초기	수확 30일전	2회

제품명	제조사	병해충명	성분명	사용량	제형	사용적기	안전사용시기	안전사용횟수
리워드	(주)동방아그로	혹명나방(무인항공기)	티아디닐.플루벤디아마이드.티아클로프리드 액상수화제	0.8L/10a	액상수화제	발생초기	수확21일전	2회
마징가	(주)농협케미컬	혹명나방(무인항공기)	클로란트라닐리프롤.티아클로프리드 액상수화제	0.8L/10a	액상수화제	발생초기	수확14일전	3회
명타자	(주)팜한농	혹명나방(무인항공기)	에토펜프록스 유탁제	0.8L/10a	유탁제	발생초기	수확14일전	3회
미믹	(주)경농	혹명나방(무인항공기)	테부페노자이드 액상수화제	0.8L/10a	액상수화제	발생초기	수확30일전	3회
바로확	(주)팜한농	혹명나방(무인항공기)	에토펜프록스.메톡시페노자이드 유현탁제	0.8L/10a	유현탁제	발생초기	수확14일전	3회
바이고	바이엘크롭사이언스(주)	혹명나방(무인항공기)	테트라닐리프롤 액상수화제	0.8L/10a	액상수화제	발생초기	수확30일전	1회
벨스모	(주)경농	혹명나방(무인항공기)	메타플루미존 유제	0.8L/10a	유제	발생초기	수확30일전	2회
볼리암후레쉬	신젠타코리아(주)	혹명나방(무인항공기)	클로란트라닐리프롤.티아메톡삼 액상수화제	15ml/10a	액상수화제	발생초기	수확14일전	3회
빅뱅	한국삼공(주)	혹명나방(무인항공기)	플루벤디아마이드 유제	0.8L/10a	유제	발생초기	수확30일전	3회
빅애니	한국삼공(주)	혹명나방(무인항공기)	클로티아니딘.플루벤디아마이드 액상수화제	0.8L/10a	액상수화제	발생초기	수확14일전	3회
삼각편대	(주)경농	혹명나방(무인항공기)	아족시스트로빈.발리다마이신에이.에토펜프록스 유현탁제	0.8L/10a	유현탁제	발생초기	출수기	1회
세베로	(주)경농	혹명나방(무인항공기)	에토펜프록스 유제	0.8L/10a	유제	발생초기	수확50일전	1회
슐탄	(주)농협케미컬	혹명나방(무인항공기)	디노테퓨란 액제	0.8L/10a	액제	다발생기	수확14일전	3회
스튜어드울트라	(주)팜한농	혹명나방(무인항공기)	인독사카브 액상수화제	0.8L/10a	액상수화제	발생초기	수확21일전	3회
신나고	(주)동방아그로	혹명나방(무인항공기)	플루벤디아마이드.티아클로프리드 액상수화제	0.8L/10a	액상수화제	발생초기	수확14일전	3회
쏘로스	신젠타코리아(주)	혹명나방(무인항공기)	클로란트라닐리프롤 액상수화제	0.8L/10a	액상수화제	발생초기	수확14일전	3회
애니충	한국삼공(주)	혹명나방(무인항공기)	플루벤디아마이드 액상수화제	0.8L/10a	액상수화제	발생초기	수확40일전	3회
에스지블루밍	한국삼공(주)	혹명나방(무인항공기)	메톡시페노자이드.티아클로프리드 액상수화제	0.8L/10a	액상수화제	발생초기	수확60일전	1회
에프롤	한국삼공(주)	혹명나방(무인항공기)	에토펜프록스.테트라닐리프롤 유현탁제	50ml/10a	유현탁제	발생초기	수확14일전	3회
열풍	(주)팜한농	혹명나방(무인항공기)	뷰프로페진.플루벤디아마이드 액상수화제	0.8L/10a	액상수화제	발생초기	수확30일전	2회
올인원	(주)팜한농	혹명나방(무인항공기)	클로란트라닐리프롤.클로티아니딘 액상수화제	0.8L/10a	액상수화제	발생초기	수확14일전	3회

제품명	제조사	병해충명	성분명	사용량	제형	사용적기	안전 사용 시기	안전 사용 횟수
유도탄	(주)팜한농	혹명나방 (무인항공기)	트리사이클라졸.발리다마이신에이.메톡시페노자이드 액상수화제	0.8L /10a	액상 수화제	발생초기	수확 30일전	3회
유토피아	(주)동방아그로	혹명나방 (무인항공기)	클로티아니딘.메톡시페노자이드 액상수화제	0.8L /10a	액상 수화제	발생초기	수확 21일전	3회
젠타리	(주)농협케미컬	혹명나방 (무인항공기)	비티아이자와이 입상수화제	0.8L /10a	입상 수화제	발생초기	발생 초기	-
청실홍실	(주)농협케미컬	혹명나방 (무인항공기)	디노테퓨란.에토펜프록스 미탁제	0.8L /10a	미탁제	발생초기	수확 14일전	3회
청출어람	(주)동방아그로	혹명나방 (무인항공기)	에토펜프록스.인독사카브 유탁제	0.8L /10a	유탁제	발생초기	수확 21일전	3회
충로드	(주)동방아그로	혹명나방 (무인항공기)	클로티아니딘.테부페노자이드 액상수화제	0.8L /10a	액상 수화제	발생초기	수확 21일전	2회
캐치온	(주)한얼싸이언스	혹명나방 (무인항공기)	아세타미프리드.인독사카브 액상수화제	50ml /10a	액상 수화제	발생초기	수확 14일전	3회
쾌속탄	(주)경농	혹명나방 (무인항공기)	에토펜프록스 캡슐현탁제	0.8L /10a	캡슐 현탁제	다발생기	수확 14일전	3회
토박이	(주)팜한농	혹명나방 (무인항공기)	비티아이자와이엔티 423 액상수화제	0.8L /10a	액상 수화제	발생초기	발생 초기	-
펙사론	(주)농협케미컬	혹명나방 (무인항공기)	클로란트라닐리프롤.트리플루메조피림 액상수화제	0.8L /10a	액상 수화제	발생초기	수확 60일전	1회
풍년만세	(주)경농	혹명나방 (무인항공기)	트리사이클라졸.발리다마이신에이.에토펜프록스 유현탁제	0.8L /10a	유현탁제	발생초기	출수기	1회
하이메트릭스	(주)농협케미컬	혹명나방 (무인항공기)	크로마페노자이드 유제	0.8L /10a	유제	발생초기	수확 14일전	3회
행진	(주)한얼싸이언스	혹명나방 (무인항공기)	아세타미프리드.테부페노자이드 액상수화제	50ml /10a	액상 수화제	발생초기	수확 21일전	3회
다이섹트	팜아그로텍(주)	벼멸구 (무인항공기)	에토펜프록스.피메트로진 유현탁제	0.8L /10a	유현탁제	다발생기	수확 60일전	1회
뚝딱	성보화학(주)	벼멸구 (무인항공기)	크로마페노자이드.클로티아니딘 유제	0.8L /10a	유제	다발생기	수확 21일전	3회
마징가	(주)농협케미컬	벼멸구 (무인항공기)	클로란트라닐리프롤.티아클로프리드 액상수화제	0.8L /10a	액상 수화제	다발생기	수확 14일전	3회
명타자	(주)팜한농	벼멸구 (무인항공기)	에토펜프록스 유탁제	0.8L /10a	유탁제	다발생기	수확 14일전	3회
바로확	(주)팜한농	벼멸구 (무인항공기)	에토펜프록스.메톡시페노자이드 유현탁제	0.8L /10a	유현탁제	다발생기	수확 14일전	3회
밧사	(주)경농	벼멸구 (무인항공기)	페노뷰카브 유제	0.8L /10a	유제	다발생기	수확 21일전	3회
보스	(주)경농	벼멸구 (무인항공기)	디노테퓨란 입상수용제	0.8L /10a	입상 수용제	다발생기	수확 14일전	3회
볼리암후레쉬	신젠타코리아(주)	벼멸구 (무인항공기)	클로란트라닐리프롤.티아메톡삼 액상수화제	15ml/10a	액상 수화제	발생초기	수확 14일전	3회

제품명	제조사	병해충명	성분명	사용량	제형	사용적기	안전 사용 시기	안전 사용 횟수
볼리암후레쉬	신젠타코리아(주)	벼멸구(무인항공기)	클로란트라닐리프롤.티아메톡삼 액상수화제	0.8L/10a	액상수화제	다발생기	수확 14일전	3회
빅애니	한국삼공(주)	벼멸구(무인항공기)	클로티아니딘.플루벤디아마이드 액상수화제	0.8L/10a	액상수화제	다발생기	수확 14일전	3회
빅카드	한국삼공(주)	벼멸구(무인항공기)	클로티아니딘 액상수화제	0.8L/10a	액상수화제	다발생기	수확 14일전	3회
살리미	(주)경농	벼멸구(무인항공기)	에토펜프록스.메타플루미존 유현탁제	0.8L/10a	유현탁제	다발생기	출수기	1회
세베로	(주)경농	벼멸구(무인항공기)	에토펜프록스 유제	0.8L/10a	유제	다발생기	수확 50일전	1회
슐탄	(주)농협케미컬	벼멸구(무인항공기)	디노테퓨란 액제	0.8L/10a	액제	다발생기	수확 14일전	3회
신나고	(주)동방아그로	벼멸구(무인항공기)	플루벤디아마이드.티아클로프리드 액상수화제	0.8L/10a	액상수화제	다발생기	수확 14일전	3회
엄선	성보화학(주)	벼멸구(무인항공기)	뷰프로페진.크로마페노자이드 액상수화제	50ml/10a	액상수화제	다발생기	수확 30일전	1회
열풍	(주)팜한농	벼멸구(무인항공기)	뷰프로페진.플루벤디아마이드 액상수화제	0.8L/10a	액상수화제	다발생기	수확 30일전	2회
올인원	(주)팜한농	벼멸구(무인항공기)	클로란트라닐리프롤.클로티아니딘 액상수화제	0.8L/10a	액상수화제	다발생기	수확 14일전	3회
청실홍실	(주)농협케미컬	벼멸구(무인항공기)	디노테퓨란.에토펜프록스 미탁제	0.8L/10a	미탁제	다발생기	수확 14일전	3회
청출어람	(주)동방아그로	벼멸구(무인항공기)	에토펜프록스.인독사카브 유탁제	0.8L/10a	유탁제	다발생기	수확 21일전	3회
쾌속탄	(주)경농	벼멸구(무인항공기)	에토펜프록스 캡슐현탁제	0.8L/10a	캡슐현탁제	다발생기	수확 14일전	3회
킹스타일	(주)천지인바이오텍	벼멸구(무인항공기)	에토펜프록스.피메트로진 유현탁제	0.8L/10a	유현탁제	다발생기	수확 60일전	1회
펙사론	(주)농협케미컬	벼멸구(무인항공기)	클로란트라닐리프롤.트리플루메조피림 액상수화제	0.8L/10a	액상수화제	다발생기	수확 60일전	1회
헥사곤	ISK바이오사이언스 코리아(주)	벼멸구(무인항공기)	플로니카미드 입상수용제	0.8L/10a	입상수용제	다발생기	수확 90일전	1회
애피킬	(주)팜한농	애멸구(무인항공)	플로니카미드 유상수화제	1.6L/10a	유상수화제	발생초기	수확 21일전	3회
헥사곤	(주)농협케미컬	애멸구(무인항공)	플로니카미드 입상수용제	0.8L/10a	입상수용제	발생초기	수확 90일전	1회
나방노린채	(주)팜한농	애멸구(무인항공기)	브로플라닐라이드.에토펜프록스 유현탁제	40ml/10a	유현탁제	발생초기	수확 14일전	2회
리워드	(주)동방아그로	애멸구(무인항공기)	티아디닐.플루벤디아마이드.티아클로프리드 액상수화제	0.8L/10a	액상수화제	다발생기	수확 21일전	2회
마징가	(주)농협케미컬	애멸구(무인항공기)	클로란트라닐리프롤.티아클로프리드 액상수화제	0.8L/10a	액상수화제	다발생기	수확 14일전	3회

제품명	제조사	병해충명	성분명	사용량	제형	사용적기	안전사용시기	안전사용횟수
빗사	(주)경농	애멸구(무인항공기)	페노뷰카브 유제	0.8L/10a	유제	다발생기	수확 21일전	3회
보스	(주)경농	애멸구(무인항공기)	디노테퓨란 입상수용제	0.8L/10a	입상수용제	다발생기	수확 14일전	3회
비상탄	(주)경농	애멸구(무인항공기)	에토펜프록스.테부페노자이드 유제	0.8L/10a	유제	다발생기	수확 14일전	3회
세베로	(주)경농	애멸구(무인항공기)	에토펜프록스 유제	0.8L/10a	유제	다발생기	수확 50일전	1회
숲탄	(주)농협케미컬	애멸구(무인항공기)	디노테퓨란 액제	0.8L/10a	액제	다발생기	수확 14일전	3회
신나고	(주)동방아그로	애멸구(무인항공기)	플루벤디아마이드.티아클로프리드 액상수화제	0.8L/10a	액상수화제	다발생기	수확 14일전	3회
애피킬	ISK바이오사이언스 코리아(주)	애멸구(무인항공기)	플로니카미드 유상수화제	20ml/10a	유상수화제	발생초기	수확 21일전	3회
열풍	(주)팜한농	애멸구(무인항공기)	뷰프로페진.플루벤디아마이드 액상수화제	0.8L/10a	액상수화제	다발생기	수확 30일전	2회
올인원	(주)팜한농	애멸구(무인항공기)	클로란트라닐리프롤.클로티아니딘 액상수화제	0.8L/10a	액상수화제	다발생기	수확 14일전	3회
유토피아	(주)동방아그로	애멸구(무인항공기)	클로티아니딘.메톡시페노자이드 액상수화제	0.8L/10a	액상수화제	다발생기	수확 21일전	3회
청실홍실	(주)농협케미컬	애멸구(무인항공기)	디노테퓨란.에토펜프록스 미탁제	0.8L/10a	미탁제	다발생기	수확 14일전	3회
청출어람	(주)동방아그로	애멸구(무인항공기)	에토펜프록스.인독사카브 유탁제	0.8L/10a	유탁제	발생초기	수확 21일전	3회
충로드	(주)동방아그로	애멸구(무인항공기)	클로티아니딘.테부페노자이드 액상수화제	0.8L/10a	액상수화제	다발생기	수확 21일전	2회
코니도	바이엘크롭사이언스(주)	애멸구(무인항공기)	이미다클로프리드 액상수화제	0.8L/10a	액상수화제	다발생기	수확 14일전	3회
쾌속탄	(주)경농	애멸구(무인항공기)	에토펜프록스 캡슐현탁제	0.8L/10a	캡슐현탁제	다발생기	수확 14일전	3회
풀세트	(주)동방아그로	애멸구(무인항공기)	가스가마이신.발리다마이신에이.클로티아니딘 액제	0.8L/10a	액제	발생초기	수확 30일전	3회
헥사곤	ISK바이오사이언스 코리아(주)	애멸구(무인항공기)	플로니카미드 입상수용제	0.8L/10a	입상수용제	다발생기	수확 90일전	1회
올인원	(주)팜한농	흑다리긴노린재(무인항공기)	클로란트라닐리프롤.클로티아니딘 액상수화제	0.8L/10a	액상수화제	다발생기	수확 14일전	3회
청실홍실	(주)농협케미컬	흑다리긴노린재(무인항공기)	디노테퓨란.에토펜프록스 미탁제	0.8L/10a	미탁제	다발생기	수확 14일전	3회
공습	인바이오(주)	먹노린재(무인항공)	에토펜프록스 유탁제	100ml/10a	유탁제	다발생기	수확 14일전	3회
나방노린채	(주)팜한농	멸강나방(무인항공)	브로플라닐라이드.에토펜프록스 유현탁제	40ml/10a	유현탁제	발생초기	수확 14일전	2회
나방노린채	(주)팜한농	먹노린재(무인항공)	브로플라닐라이드.에토펜프록스 유현탁제	40ml/10a	유현탁제	발생초기	수확 14일전	2회

제품명	제조사	병해충명	성분명	사용량	제형	사용적기	안전 사용 시기	안전 사용 횟수
명타자	(주)팜한농	멸강나방 (무인항공)	에토펜프록스 유탁제	100㎖ /10a	유탁제	발생초기	수확 14일전	3회
바로확	(주)팜한농	멸강나방 (무인항공)	에토펜프록스.메톡시페노자이드 유현탁제	100㎖ /10a	유현탁제	발생초기	수확 14일전	3회
살리미	(주)경농	멸강나방 (무인항공)	에토펜프록스.메타플루미존 유현탁제	100㎖ /10a	유현탁제	다발생기	출수기	1회
에어로드	인바이오(주)	먹노린재 (무인항공)	에토펜프록스.메톡시페노자이드 유현탁제	0.8L /10a	유현탁제	발생초기	수확 14일전	3회
프레톡스	(주)농협케미컬	먹노린재 (무인항공)	클로란트라닐리프롤.에토펜프록스 유현탁제	0.8L /10a	유현탁제	다발생기	수확 14일전	2회
젠토충패스	아그리젠토(주)	이화명나방(2화기)(무인항공)	에토펜프록스 유탁제	100㎖ /10a	유탁제	발생초기	수확 14일전	3회
눈깜짝	(주)팜한농	이화명나방(2화기)(무인항공기)	클로란트라닐리프롤 정제상수화제	0.8L /10a	정제상수화제	발아최성기 5~7일 후	출수전	1회
눈깜짝	(주)팜한농	이화명나방(1화기)(무인항공기)	클로란트라닐리프롤 정제상수화제	0.8L /10a	정제상수화제	발아최성기 10~18일 후	출수전	1회
마징가	(주)농협케미컬	이화명나방(2화기)(무인항공기)	클로란트라닐리프롤.티아클로프리드 액상수화제	0.8L /10a	액상수화제	발아최성기 5~7일 후	수확 14일전	3회
명타자	(주)팜한농	이화명나방(1화기)(무인항공기)	에토펜프록스 유탁제	0.8L /10a	유탁제	발아최성기 10~18일 후	수확 14일전	3회
명타자	(주)팜한농	이화명나방(2화기)(무인항공기)	에토펜프록스 유탁제	0.8L /10a	유탁제	발아최성기 5~7일 후	수확 14일전	3회
바로확	(주)팜한농	이화명나방(2화기)(무인항공기)	에토펜프록스.메톡시페노자이드 유현탁제	0.8L /10a	유현탁제	발아최성기 5~7일 후	수확 14일전	3회
바로확	(주)팜한농	이화명나방(1화기)(무인항공기)	에토펜프록스.메톡시페노자이드 유현탁제	0.8L /10a	유현탁제	발아최성기 10~18일 후	수확 14일전	3회
빅애니	한국삼공(주)	이화명나방(2화기)(무인항공기)	클로티아니딘.플루벤디아마이드 액상수화제	0.8L /10a	액상수화제	발아최성기 5~7일 후	수확 14일전	3회
쏘로스	신젠타코리아(주)	이화명나방(2화기)(무인항공기)	클로란트라닐리프롤 액상수화제	0.8L /10a	액상수화제	발아최성기 5~7일 후	수확 14일전	3회
청실홍실	(주)농협케미컬	이화명나방(2화기)(무인항공기)	디노테퓨란.에토펜프록스 미탁제	0.8L /10a	미탁제	발아최성기 5~7일 후	수확 14일전	3회
리워드	(주)동방아그로	흰잎마름병 (무인항공기)	티아디닐.플루벤디아마이드.티아클로프리드 액상수화제	0.8L /10a	액상수화제	발병직전 7일간격	수확 21일전	2회
에스지블루밍	한국삼공(주)	이화명나방 (무인항공기)	메톡시페노자이드.티아클로프리드 액상수화제	50㎖ /10a	액상수화제	성충 다발생기	수확 60일전	1회

제품명	제조사	병해충명	성분명	사용량	제형	사용적기	안전사용시기	안전사용횟수
유도탄	(주)팜한농	흰잎마름병(무인항공기)	트리사이클라졸.발리다마이신에이.메톡시페노자이드 액상수화제	0.8L/10a	액상수화제	발병직전 7일간격	수확 30일전	3회
청출어람	(주)동방아그로	이화명나방(무인항공기)	에토펜프록스.인독사카브 유탁제	0.8L/10a	유탁제	성충 다발생기	수확 21일전	3회
유도탄	(주)팜한농	잎집무늬마름병(무인항공기)	트리사이클라졸.발리다마이신에이.메톡시페노자이드 액상수화제	0.8L/10a	액상수화제	유수형성기 및 수잉기	수확 30일전	3회
공습	인바이오(주)	혹명나방(무인항공)	에토펜프록스 유탁제	100ml/10a	유탁제	발생초기	수확 14일전	3회
솔빛채	(주)그린바이오텍	혹명나방(무인항공)	비티아이자와이지비413 액상수화제	200ml/10a	액상수화제	발생초기	발생초기	–
에어로드	인바이오(주)	혹명나방(무인항공)	에토펜프록스.메톡시페노자이드 유현탁제	0.8L/10a	유현탁제	발생초기	수확 14일전	3회
젠토충패스	아그리젠토(주)	혹명나방(무인항공)	에토펜프록스 유탁제	100ml/10a	유탁제	발생초기	수확 14일전	3회
프레톡스	(주)농협케미컬	혹명나방(무인항공)	클로란트라닐리프롤.에토펜프록스 유현탁제	0.8L/10a	유현탁제	발생초기	수확 14일전	2회

3 벼 기계이앙 항공방제용 제초제

제품명	제조사	병해충명	성분명	사용량	제형	사용적기	안전사용시기	안전사용횟수
드론캅	(주)팜한농	일년생(피, 물달개비, 미국가막사리, 알방동사니) 및 다년생잡초(벗풀, 올챙이고랭이, 올방개)(무인항공)	펜퀴노트리온.플루세토설퓨론 대립제	500g/10a	대립제	이앙 후 15일	이앙기	1회
푸레캅	(주)농협케미컬	일년생잡초(피,물달개비,사마귀풀,밭뚝외풀,여뀌바늘,자귀풀,가막사리) 및 다년생잡초(벗풀,올방개, 올챙이고랭이) (무인항공기)	펜퀴노트리온.이마조설퓨론.피리미노박메틸 대립제	250g/10a	대립제	이앙후 10~12일	이앙기	1회
동방아그로초석	(주)동방아그로	일년생잡초(피,물달개비,밭뚝외풀,미국외풀,여뀌바늘)(무인항공기)	펜트라자마이드.이마조설퓨론 액상수화제	400ml/10a	액상수화제	써레질 직후~이앙2일전	이앙기	1회
아리안나풀	(주)동방아그로	일년생잡초(피,물달개비,밭뚝외풀,미국외풀,여뀌바늘)(무인항공기)	벤조비사이클론.펜트라자마이드 액상수화제	400ml/10a	액상수화제	써레질 직후~이앙2일전	이앙기	1회

제품명	제조사	병해충명	성분명	사용량	제형	사용 적기	안전 사용 시기	안전 사용 횟수
끝판왕	(주)팜한농	일년생잡초(피, 물달개비, 미국외풀, 밭뚝외풀, 알방동사니, 여뀌바늘) 및 다년생잡초(올방개, 벗풀, 올챙이고랭이)(무인항공기)	벤설퓨론메틸.브로모뷰타이드.페녹슐람 액상수화제	500㎖/10a	액상수화제	이앙 후 15일	이앙기	1회
정면돌파	(주)동방아그로	일년생잡초(피,물달개비,밭뚝외풀,미국외풀,여뀌바늘) 및 다년생잡초(너도방동사니,올방개,올챙이고랭이)(무인항공기)	브로모뷰타이드.펜트라자마이드.이마조설퓨론 액상수화제	500㎖/10a	액상수화제	이앙후 10~12일	이앙기	1회
한버네	(주)동방아그로	일년생잡초(피,물달개비,밭뚝외풀,미국외풀,여뀌바늘) 및 다년생잡초(너도방동사니,올방개,올챙이고랭이)(무인항공기)	이프펜카바존.테퓨릴트리온 액상수화제	400㎖/10a	액상수화제	써레질 직후~이앙2일전	이앙기	1회
갑부촌	(주)경농	난방제잡초(새섬매자기)(무인항공)	벤타존.테퓨릴트리온 입제	3㎏/10a	입제	이앙후 15일	이앙기	1회
손노네	(주)동방아그로	일년생잡초(피,물달개비,자귀풀,밭뚝외풀,알방동사니) 및 다년생잡초(올방개,올챙이고랭이)(무인항공)	벤조비사이클론.메페나셋.프로피리설퓨론 액상수화제	500㎖/10a	액상수화제	이앙후 10~12일 원액적하	이앙기	1회
풀체인지	(주)동방아그로	일년생잡초(피,물달개비,자귀풀,밭뚝외풀,알방동사니) 및 다년생잡초(올방개,올챙이고랭이)(무인항공)	브로모뷰타이드.프로피리설퓨론 액상수화제	500㎖/10a	액상수화제	이앙후 10~12일 원액적하	이앙기	1회
직사포	(주)팜한농	일년생잡초(피, 물달개비, 미국외풀, 밭뚝외풀) 및 다년생잡초(올방개, 너도방동사니, 올챙이고랭이)(무인항공기)	피라클로닐.피리미설판 액상수화제	500㎖/10a	액상수화제	이앙후 10~12일	이앙기	1회
아리던져라	(주)동방아그로	일년생(피, 물달개비, 밭뚝외풀) 및 다년생잡초(너도방동사니, 올방개, 올챙이고랭이)(무인항공)	벤설퓨론메틸.벤조비사이클론.페녹슐람 대립제	500g/10a	대립제	이앙 후 10~12일	이앙기	1회
완파	(주)팜한농	일년생(피, 물달개비, 밭뚝외풀) 및 다년생잡초(너도방동사니, 올방개, 올챙이고랭이)(무인항공)	페녹사설폰.피리미설판 대립제	500g/10a	대립제	이앙후 10~12일	이앙기	1회
중중후기	(주)경농	일년생잡초(피,물달개비,가막사리,밭뚝외풀) 및 다년생잡초(올챙이고랭이,올방개,벗풀)(무인항공)	플로르피록시펜벤질.테퓨릴트리온 입제	3㎏/10a	입제	이앙후 15일	이앙기	1회

제품명	제조사	병해충명	성분명	사용량	제형	사용적기	안전사용시기	안전사용횟수
중기스타	(주)경농	일년생(피,물달개비,밭뚝외풀,여뀌바늘,알방동사니) 및 다년생잡초(벗풀,올방개,올챙이고랭이)(무인항공기)	펜퀴노트리온.페녹슐람 액상수화제	500㎖/10a	액상수화제	이앙후 15일	이앙기	1회
다관왕	한국삼공(주)	일년생잡초(피,물달개비,여뀌바늘,자귀풀,밭뚝외풀,사마귀풀)및 다년생잡초(올방개,벗풀,올챙이고랭이)(무인항공기)	벤조비사이클론.이마조설퓨론.피리미노박메틸 액상수화제	500㎖/10a	액상수화제	이앙후 10~12일	이앙기	1회
초킬왕	성보화학(주)	일년생잡초(피,물달개비,사마귀풀,밭뚝외풀,여뀌바늘,자귀풀,가막사리) 및 다년생잡초(벗풀,올방개, 올챙이고랭이) (무인항공기)	벤조비사이클론.이마조설퓨론.메페나셋 액상수화제	500㎖/10a	액상수화제	이앙후 10~12일	이앙기	1회
저격수	(주)농협케미컬	일년생잡초(피,물달개비,여뀌바늘,밭뚝외풀,자귀풀,사마귀풀) 및 다년생잡초(올방개,벗풀,올챙이고랭이,너도방동사니,가래)(무인항공기)	벤설퓨론메틸.벤조비사이클론.메페나셋 액상수화제	500㎖/10a	액상수화제	이앙후 15일	이앙기	1회
제로지대	(주)팜한농	일년생잡초(피,가막사리,물달개비,밭뚝외풀,사마귀풀,여뀌바늘,자귀풀) 및 다년생잡초(너도방동사니,벗풀,올방개,올챙이고랭이)(무인항공기)	브로모뷰타이드.이마조설퓨론.메페나셋 액상수화제	500㎖/10a	액상수화제	이앙후 15일	이앙기	1회
콩알탄	(주)동방아그로	일년생잡초(피,물달개비,가막사리,한련초,사마귀풀)및 다년생잡초(올방개,벗풀,올챙이고랭이,매자기)(무인항공기)	벤조비사이클론.사이클로설파뮤론.플루세토설퓨론 대립제	500g/10a	대립제	이앙후 10일~12일	이앙기	1회
쓰리샷	(주)경농	일년생잡초(피,물달개비,가막사리) 및 다년생잡초(올방개,올챙이고랭이)(무인항공)	벤조비사이클론.플로르피록시펜벤질.트리아파몬 액상수화제	500㎖/10a	액상수화제	이앙후 15일	이앙기	1회
스리백	(주)동방아그로	일년생잡초(피,물달개비,가막사리) 및 다년생잡초(올방개,벗풀,올챙이고랭이)(무인항공)	벤조비사이클론.플로르피록시펜벤질.프로피리설퓨론 액상수화제	500㎖/10a	액상수화제	이앙 후 10~12일 원액	이앙기	1회
논사마	(주)경농	일년생잡초(피,물달개비,가막사리) 및 다년생잡초(올방개,벗풀,올챙이고랭이)(무인항공기)	할로설퓨론메틸.메페나셋 대립제	500g/10a	대립제	이앙 후 15일	이앙기	1회
문전옥답	(주)경농	일년생잡초(피,물달개비,가막사리) 및 다년생잡초(올방개,벗풀,올챙이고랭이)(무인항공기)	벤조비사이클론.페녹슐람 액상수화제	500㎖/10a	액상수화제	이앙후 15일	이앙기	1회

제품명	제조사	병해충명	성분명	사용량	제형	사용적기	안전사용시기	안전사용횟수
매직샷	(주)팜한농	일년생잡초(피,가막사리,물달개비,사마귀풀,여뀌바늘) 다년생잡초(벗풀,올방개,올챙이고랭이)(무인항공기)	벤조비사이클론.펜트라자마이드.이마조설퓨론 액상수화제	500㎖/10a	액상수화제	이앙후 15일	이앙기	1회
모두처	성보화학(주)	일년생잡초(피,가막사리,물달개비,사마귀풀,여뀌바늘) 다년생잡초(벗풀,올방개,올챙이고랭이)(무인항공기)	벤조비사이클론.피라조설퓨론에틸.피리미노박메틸 입상수화제	500㎖/10a	입상수화제	이앙후 15일	이앙기	1회
점저미	성보화학(주)	일년생잡초(피,가막사리,물달개비,사마귀풀,여뀌바늘) 다년생잡초(벗풀,올방개,올챙이고랭이)(무인항공기)	벤조비사이클론.피라조설퓨론에틸.피리미노박메틸 대립제	250g/10a	대립제	이앙후 15일	이앙기	1회
점저미	성보화학(주)	일년생잡초(피,가막사리,물달개비,사마귀풀,여뀌바늘) 다년생잡초(벗풀,올방개,올챙이고랭이)(무인항공기)	벤조비사이클론.피라조설퓨론에틸.피리미노박메틸 대립제	250g/10a	대립제	이앙후 15일	이앙기	1회
애니풀	(주)팜한농	일년생잡초(피,가막사리,물달개비,사마귀풀,여뀌바늘) 다년생잡초(벗풀,올방개,올챙이고랭이)(무인항공기)	벤설퓨론메틸.벤조비사이클론.페녹슐람 액상수화제	500㎖/10a	액상수화제	파종후 15일	파종기	1회
조아라	(주)팜한농	일년생잡초(피,가막사리,물달개비,사마귀풀,자귀풀) 및 다년생잡초(너도방동사니,벗풀,올방개,올챙이고랭이)(무인항공기)	벤설퓨론메틸.벤조비사이클론.펜트라자마이드 액상수화제	500㎖/10a	액상수화제	이앙후 15일	이앙기	1회
마그마	(주)팜한농	일년생및다년생잡초(중기)(무인항공기)	이마조설퓨론.메페나셋 액상수화제	500㎖/10a	액상수화제	이앙후 15일	이앙기	1회
푸레캅	(주)농협케미컬	일년생잡초(피,물달개비,사마귀풀,밭뚝외풀,여뀌바늘,자귀풀,가막사리) 및 다년생잡초(벗풀,올방개, 올챙이고랭이) (무인항공기)	펜퀴노트리온.이마조설퓨론.피리미노박메틸 대립제	250g/10a	대립제	이앙후 10일~12일	이앙기	1회

4 벼 담수직파 항공방제용 제초제

제품명	제조사	병해충명	성분명	사용량	제형	사용 적기	안전 사용 시기	안전 사용 횟수
만사형통	(주)경농	일년생잡초(피,물달개비,가막사리,여뀌바늘,사마귀풀) 및 다년생잡초(올방개,올챙이고랭이)(무인항공기)	벤조비사이클론.페녹슐람.프레틸라클로르 유현탁제	500㎖/10a	유현탁제	파종후 15일	파종기	1회
천지창조	(주)경농	일년생(피,물달개비,미국외풀,여뀌바늘) 및 다년생잡초(벗풀,올방개,올챙이고랭이,너도방사니)(무인항공기)	벤조비사이클론.사이클로설파뮤론.페녹슐람 액상수화제	500㎖/10a	액상수화제	파종후 15일	파종기	1회
제로초	(주)팜한농	일년생잡초(피,가막사리,물달개비,사마귀풀,여뀌바늘,자귀풀)다년생잡초(너도방동사니,벗풀,올방개,올챙이고랭이) (무인항공기)	브로모뷰타이드.이마조설퓨론.메타미포프 액상수화제	500㎖/10a	액상수화제	파종후 15일	파종기	1회
펴나네	(주)팜한농	일년생잡초(피,가막사리,물달개비,사마귀풀,여뀌바늘,자귀풀)다년생잡초(너도방동사니,벗풀,올방개,올챙이고랭이) (무인항공기)	아짐설퓨론.브로모뷰타이드.피리미노박메틸 입제	250g/10a	입제	파종후 15일	파종기	1회
아리온노내	(주)동방아그로	일년생잡초(피,물달개비,가막사리,여뀌바늘,자귀풀,사마귀풀) 및 다년생잡초 (올방개,너도방동사니, 벗풀, 올챙이고랭이)(무인항공기)	벤조비사이클론.이마조설퓨론.페녹슐람 액상수화제	500㎖/10a	액상수화제	파종후 15일	파종기	1회
금수강산	(주)경농	일년생잡초(피,물달개비,가막사리,여뀌바늘,사마귀풀) 및 다년생잡초(올방개,올챙이고랭이)(무인항공기)	브로모뷰타이드.할로설퓨론메틸.피리미노박메틸 대립제	500g/10a	대립제	파종후 15일	파종기	1회
완결판플러스	(주)농협케미컬	일년생잡초 및 다년생잡초(무인항공)	펜트라자마이드.메타조설퓨론 액상수화제	500㎖/10a	액상수화제	이앙후 10~12일 원액	이앙기	1회

5 밀 항공방제용 살균제

제품명	제조사	병해충명	성분명	사용량	제형	사용적기	안전사용시기	안전사용횟수
삼공헥사코나졸	한국삼공(주)	붉은곰팡이병(무인항공)	헥사코나졸 액상수화제	100㎖/10a	액상수화제	출수기 및 출수 10일 후	출수기	2회

6 보리 항공방제용 살균제

제품명	제조사	병해충명	성분명	사용량	제형	사용적기	안전사용시기	안전사용횟수
카디스	(주)농협케미컬	붉은곰팡이병(무인항공)	플룩사피록사드 액상수화제	50㎖/10a	액상수화제	출수기 및 개화기	수확 21일 전	2회

7 감자 항공방제용 살균제

제품명	제조사	병해충명	성분명	사용량	제형	사용적기	안전사용 시기	안전사용횟수
미리카트	(주)경농	역병(무인항공기)	사이아조파미드 액상수화제	1.6L/10a	액상수화제	발병초 7일간격	수확 7일전	4회
젬프로	(주)팜한농	역병(무인항공기)	아메톡트라딘.디메토모르프 액상수화제	1.6L/10a	액상수화제	발병직전 7일간격	수확 14일전	3회
조르벡바운티	(주)팜한농	역병(무인항공기)	파목사돈.옥사티아피프롤린 액상수화제	1.6L/10a	액상수화제	발병직전 7일간격	수확 14일전	4회
철벽방어	(주)농협케미컬	역병(무인항공기)	플루오피콜라이드.이프로발리카브 액상수화제	100㎖/10a	액상수화제	발생초기	수확 14일전	3회
캐스팅	(주)동방아그로	역병(무인항공기)	디메토모르프.피라클로스트로빈 액상수화제	1.6L/10a	액상수화제	발병직전 7일간격	수확 14일전	3회
퀸텍	(주)경농	역병(무인항공기)	피카뷰트라족스 액상수화제	1.6L/10a	액상수화제	발병초 7일간격	수확 7일전	3회

8 감자 항공방제용 살충제

제품명	제조사	병해충명	성분명	사용량	제형	사용적기	안전사용 시기	안전 사용 횟수
바이엘크롭사이언스(주)	바이엘크롭사이언스(주)	복숭아혹진딧물(무인항공기)	스피로테트라맷 액상수화제	3.2L/10a	액상수화제	발생초기	수확 7일전	2회
(주)농협케미컬	(주)농협케미컬	복숭아혹진딧물(무인항공기)	딤프로피리다즈 액제	100ml/10a	액제	발생초기	수확 7일전	2회
(주)팜한농	(주)팜한농	복숭아혹진딧물(무인항공기)	설폭사플로르 액상수화제	1.6L/10a	액상수화제	다발생기	수확 15일전	1회
신젠타코리아(주)	신젠타코리아(주)	복숭아혹진딧물(무인항공기)	피메트로진 입상수화제	29.1g/10a	입상수화제	발생초기	수확 14일전	2회
(주)경농	(주)경농	복숭아혹진딧물(무인항공)	아바멕틴.아세타미프리드 미탁제	100ml/10a	미탁제	발생초기	수확 7일전	2회
한국삼공(주)	한국삼공(주)	감자뿔나방(무인항공)	브로플라닐라이드 유제	100ml/10a	유제	발생초기	수확 7일전	2회
(주)농협케미컬	(주)농협케미컬	감자뿔나방(무인항공)	클로란트라닐리프롤 액상수화제	100ml/10a	액상수화제	발생초기	수확 7일전	2회

9 고구마 항공방제용 살충제

제품명	제조사	병해충명	성분명	사용량	제형	사용적기	안전사용 시기	안전 사용 횟수
앰풀리고	신젠타코리아(주)	뒷날개흰밤나방(무인항공)	클로란트라닐리프롤.람다사이할로트린 액상수화제	62.5ml/10a	액상수화제	발생초기	수확 14일전	2회
리모트	(주)농협케미컬	뒷날개흰밤나방(무인항공기)	비펜트린 액상수화제	1.6L/10a	액상수화제	다발생기	수확 60일전	1회
리모트	(주)농협케미컬	뒷날개흰밤나방(무인항공기)	비펜트린 액상수화제	1.6L/10a	액상수화제	다발생기	수확 60일전	1회

10 고추 항공방제용 살균제

제품명	제조사	병해충명	성분명	사용량	제형	사용적기	안전 사용 시기	안전 사용 횟수
다놀라	(주)경농	탄저병 (무인항공기)	디페노코나졸.피라클로스트로빈 액상수화제	1.6L /10a	액상수화제	발병초 10일간격	수확 3일전	3회
매카니	(주)팜한농	탄저병 (무인항공기)	디티아논.피라클로스트로빈 유현탁제	1.6L /10a	유현탁제	발병초 10일간격	수확 2일전	3회
벨리스에스	(주)경농	탄저병 (무인항공기)	보스칼리드.피라클로스트로빈 액상수화제	1.6L /10a	액상수화제	발병초 10일간격	수확 3일전	3회

11 고추 항공방제용 살충제

제품명	제조사	병해충명	성분명	사용량	제형	사용적기	안전 사용 시기	안전 사용 횟수
라피탄	(주)팜한농	담배나방 (무인항공기)	사이클라닐리프롤 액제	1.6L /10a	액제	발생초기 10일간격	수확 7일전	3회
사이탄	(주)팜한농	담배나방 (무인항공기)	사이클라닐리프롤 액제	1.6L /10a	액제	발생초기 10일간격	수확 7일전	3회

12 마늘 항공방제용 살균제

제품명	제조사	병해충명	성분명	사용량	제형	사용적기	안전사용 시기	안전 사용 횟수
나티보	바이엘크롭사이언스(주)	잎마름병 (무인항공기)	테부코나졸.트리플록시스트로빈 액상수화제	3.2L /10a	액상수화제	발생초기 10일간격	수확 14일전	3회
벨리스에스	(주)경농	잎마름병 (무인항공기)	보스칼리드.피라클로스트로빈 액상수화제	1.6L /10a	액상수화제	발병초 10일간격	수확 7일전	1회
살림꾼	(주)동방아그로	잎마름병 (무인항공기)	메트코나졸 액상수화제	1.6L /10a	액상수화제	발병초 10일간격	수확 14일전	2회
스트로비	(주)농협케미컬	잎마름병 (무인항공기)	크레속심메틸 액상수화제	1.6L /10a	액상수화제	발병초 10일간격	수확 14일전	3회

제품명	제조사	병해충명	성분명	사용량	제형	사용적기	안전 사용 시기	안전 사용 횟수
에이플	(주)팜한농	잎마름병 (무인항공기)	트리플록시스트로빈 입상수화제	50g /10a	입상수화제	발생초기 10일간격	수확 14일전	3회
영일베스트	(주)농협케미컬	잎마름병 (무인항공기)	프로피코나졸.테부코나졸 유현탁제	1.6L /10a	유현탁제	발병초 10일간격	수확 30일전	3회
트루젠	(주)한얼싸이언스	잎마름병 (무인항공기)	아족시스트로빈.플루디옥소닐 액상수화제	100ml /10a	액상수화제	발생초기 10일간격	수확 14일전	3회
만데스	(주)팜한농	잎마름병 (무인항공)	만데스트로빈 액상수화제	100ml /10a	액상수화제	발생초기 10일간격	수확 21일전	3회
버픽스	(주)동방아그로	잎마름병 (무인항공)	플로릴피콕사미드 액상수화제	100ml /10a	액상수화제	발생초기	수확 14일전	3회
클릭	(주)팜한농	잎마름병 (무인항공)	아족시스트로빈.헥사코나졸 액상수화제	100ml /10a	액상수화제	발생초기	수확 14일전	3회

13 마늘 항공방제용 살충제

제품명	제조사	병해충명	성분명	사용량	제형	사용적기	안전 사용 시기	안전 사용 횟수
섹큐어	(주)팜한농	파총채벌레 (무인항공)	클로르페나피르 액상수화제	100ml /10a	액상수화제	발생초기	수확 14일전	2회

14 무 항공방제용 살균제

제품명	제조사	병해충명	성분명	사용량	제형	사용적기	안전 사용 시기	안전 사용 횟수
더블에스	(주)한얼싸이언스	노균병 (무인항공)	사이아조파미드.디메토모르프 액상수화제	1.6L /10a	액상수화제	발생초기	수확 7일전	3회
캐스팅	(주)동방아그로	노균병 (무인항공)	디메토모르프.피라클로스트로빈 액상수화제	100ml /10a	액상수화제	발생초기 7일간격	수확 14일전	3회
젬프로	(주)팜한농	노균병 (무인항공기)	아메톡트라딘.디메토모르프 액상수화제	1.6L /10a	액상수화제	발병초 10일간격	수확 14일전	3회
조르벡바운티	(주)팜한농	노균병 (무인항공기)	파목사돈.옥사티아피프롤린 액상수화제	1.6L /10a	액상수화제	발병초 10일간격	수확 14일전	3회
철벽방어	(주)농협케미컬	노균병 (무인항공기)	플루오피콜라이드.이프로발리카브 액상수화제	100ml /10a	액상수화제	발생초기	수확 14일전	3회
퀸텍	(주)경농	노균병 (무인항공기)	피카뷰트라족스 액상수화제	100ml /10a	액상수화제	발생초기 7일간격	수확 7일전	3회
나티보	바이엘크롭사이언스(주)	잎마름병 (무인항공기)	테부코나졸.트리플록시스트로빈 액상수화제	50ml /10a	액상수화제	발생초기	수확 14일전	3회
모두랑	(주)팜한농	뿌리혹병 (무인항공)	플루아지남 액상수화제	500ml /10a	액상수화제	파종전	파종기	1회

15 무 항공방제용 살충제

제품명	제조사	병해충명	성분명	사용량	제형	사용적기	안전 사용 시기	안전 사용 횟수
바이고	바이엘크롭사이언스(주)	파밤나방 (무인항공기)	테트라닐리프롤 액상수화제	30ml /10a	액상수화제	발생초기	수확 14일전	2회
프레바톤 골드	(주)농협케미컬	파밤나방 (무인항공기)	클로란트라닐리프롤 액상수화제	100ml /10a	액상수화제	발생초기	수확 14일전	2회
헥사곤	(주)농협케미컬	무테두리진딧물(무인항공)	플로니카미드 입상수용제	13.3ml /10a	입상수용제	발생초기	수확 14일전	2회
베르시스	(주)농협케미컬	무테두리진딧물(무인항공기)	아피도피로펜 미탁제	1.6L /10a	미탁제	다발생기	수확 14일전	1회

제품명	제조사	병해충명	성분명	사용량	제형	사용적기	안전 사용 시기	안전 사용 횟수
나방노린채	(주)팜한농	북쪽비단노린재(무인항공)	브로플라닐라이드. 에토펜프록스 유현탁제	100㎖ /10a	유현탁제	발생초기	수확 7일전	2회
살리미	(주)경농	벼룩잎벌레 (무인항공)	에토펜프록스.메타플루미존 유현탁제	200㎖ /10a	유현탁제	발생초기	수확 7일전	2회
제라진	한국삼공(주)	벼룩잎벌레 (무인항공)	브로플라닐라이드 유제	100㎖ /10a	유제	발생초기	수확 14일전	3회
라피탄	ISK바이오사이언스 코리아 (주)	벼룩잎벌레 (무인항공기)	사이클라닐리프롤 액제	1.6L /10a	액제	발생초기	수확 21일전	2회
라피탄	(주)팜한농	벼룩잎벌레 (무인항공기)	사이클라닐리프롤 액제	1.6L /10a	액제	발생초기	수확 21일전	2회
사이탄	(주)팜한농	벼룩잎벌레 (무인항공기)	사이클라닐리프롤 액제	1.6L /10a	액제	발생초기	수확 21일전	2회
캡틴	(주)경농	벼룩잎벌레 (무인항공기)	플룩사메타마이드 유제	100㎖ /10a	유제	발생초기	수확 14일전	2회
타이틀	(주)팜한농	벼룩잎벌레 (무인항공기)	아바멕틴.아세타미프리드 입상수화제	1.6L /10a	입상수화제	발생초기	수확 45일전	1회
버디프린스	ISK바이오사이언스 코리아 (주)	파밤나방 (무인항공)	사이클라닐리프롤 액제	50㎖ /10a	액제	발생초기	수확 21일전	1회

16 꽃양배추 (브로콜리, 콜리프라워) 항공방제용 살충제

제품명	제조사	병해충명	성분명	사용량	제형	사용적기	안전 사용 시기	안전 사용 횟수
프레바톤 골드	(주)농협케미컬	파밤나방 (무인항공)	클로란트라닐리프롤 액상수화제	100㎖ /10a	액상수화제	발생초기	수확 7일전	2회

17 양배추 항공방제용 살충제

제품명	제조사	병해충명	성분명	사용량	제형	사용적기	안전 사용 시기	안전 사용 횟수
엑시렐	(주)동방아그로	배추순나방 (무인항공)	사이안트라닐리프롤 유현탁제	50ml /10a	유현탁제	발생초기	수확 7일전	2회
제라진	한국삼공(주)	배추좀나방 (무인항공)	브로플라닐라이드 유제	100ml /10a	유제	발생초기	수확 14일전	2회
프레바톤 골드	(주)농협케미컬	파밤나방 (무인항공)	클로란트라닐리프롤 액상수화제	100ml /10a	액상수화제	발생초기	수확 7일전	2회

18 배추 항공방제용 살균제

제품명	제조사	병해충명	성분명	사용량	제형	사용적기	안전 사용 시기	안전 사용 횟수
무룸멘다	(주)경농	무름병 (무인항공기)	옥솔린산 유상수화제	1.6L /10a	유상수화제	발병초 7일간격	수확 7일전	3회
일품	(주)동방아그로	무름병 (무인항공기)	옥솔린산 액상수화제	1.6L /10a	액상수화제	발병초 7일간격	수확 7일전	3회
더블에스	(주)한얼싸이언스	노균병 (무인항공)	사이아조파미드.디메토모르프 액상수화제	100ml /10a	액상수화제	발생초기 10일간격	수확 14일전	3회
선승	인바이오(주)	노균병 (무인항공)	에타복삼.피라클로스트로빈 액상수화제	1.6L /10a	액상수화제	발생초기	수확 7일전	3회
모두랑	(주)팜한농	뿌리혹병 (무인항공기)	플루아지남 액상수화제	3.2L /10a	액상수화제	정식전	정식기	1회
우람	(주)농협케미컬	뿌리혹병 (무인항공기)	플루아지남 액상수화제	500ml /10a	액상수화제	정식전	정식기	1회
혹안나	(주)농협케미컬	뿌리혹병 (무인항공기)	플루설파마이드 액상수화제	3.2L /10a	액상수화제	정식전	정식기	1회
동방아그로솔루션	(주)동방아그로	노균병 (무인항공기)	사이아조파미드.발리페날레이트 액상수화제	1.6L /10a	액상수화제	발병초 10일간격	수확 14일전	3회
명작	한국삼공(주)	노균병 (무인항공기)	아미설브롬 액상수화제	100ml /10a	액상수화제	발병초 10일 간격	수확 7일전	3회
미리카트	(주)경농	노균병 (무인항공기)	사이아조파미드 액상수화제	1.6L /10a	액상수화제	발병초 10일간격	수확 14일전	3회

제품명	제조사	병해충명	성분명	사용량	제형	사용적기	안전사용시기	안전사용횟수
반조포르테	아다마코리아(주)	노균병(무인항공기)	디메토모르프.플루아지남 액상수화제	1.6L/10a	액상수화제	발병초 10일간격	수확 14일전	3회
발리펜	한국삼공(주)	노균병(무인항공기)	발리페날레이트 액상수화제	200ml/10a	액상수화제	발병초 10일 간격	수확 14일전	3회
스트로비	(주)농협케미컬	노균병(무인항공기)	크레속심메틸 액상수화제	1.6L/10a	액상수화제	발병초 10일간격	수확 30일전	3회
젬프로	(주)팜한농	노균병(무인항공기)	아메톡트라딘.디메토모르프 액상수화제	1.6L/10a	액상수화제	발병초 10일간격	수확 30일전	3회
차무로	(주)농협케미컬	노균병(무인항공기)	벤티아발리카브아이소프로필.클로로탈로닐 액상수화제	2.4L/10a	액상수화제	발병초 10일간격	수확 7일전	1회
캐스팅	(주)동방아그로	노균병(무인항공기)	디메토모르프.피라클로스트로빈 액상수화제	1.6L/10a	액상수화제	발병초 10일간격	수확 30일전	3회
퀸텍	(주)경농	노균병(무인항공기)	피카뷰트라족스 액상수화제	1.6L/10a	액상수화제	발병초 10일간격	수확 7일전	3회
폴리오골드	신젠타코리아(주)	노균병(무인항공기)	클로로탈로닐.메탈락실엠 액상수화제	1.6L/10a	액상수화제	발병초 10일간격	수확 14일전	2회
프로키온	한국삼공(주)	노균병(무인항공기)	피라클로스트로빈 액상수화제	1.6L/10a	액상수화제	발병초 10일간격	수확 14일전	3회
만데스	(주)팜한농	검은무늬병(무인항공)	만데스트로빈 액상수화제	100ml/10a	액상수화제	발생초기 10일간격	수확 7일전	3회
푸름이	(주)팜한농	검은무늬병(무인항공)	디페노코나졸 액상수화제	100ml/10a	액상수화제	발생초기	수확 14일전	3회

19 배추 항공방제용 살충제

제품명	제조사	병해충명	성분명	사용량	제형	사용적기	안전사용시기	안전사용횟수
살리미	(주)경농	무잎벌(무인항공기)	에토펜프록스.메타플루미존 유현탁제	1.6L/10a	유현탁제	다발생기	수확 21일전	1회
나노진	한국삼공(주)	파밤나방(무인항공기)	클로란트라닐리프롤.설폭사플로르 액상수화제	3.2L/10a	액상수화제	다발생기	수확 21일전	1회
라피탄	(주)팜한농	파밤나방(무인항공기)	사이클라닐리프롤 액제	1.6L/10a	액제	다발생기	수확 45일전	1회

제품명	제조사	병해충명	성분명	사용량	제형	사용적기	안전 사용 시기	안전 사용 횟수
모스킬	(주)동방아그로	파밤나방 (무인항공기)	브로플라닐라이드 액상수화제	1.6L /10a	액상 수화제	발생초	수확 14일전	2회
바로확	(주)팜한농	파밤나방 (무인항공기)	에토펜프록스.메톡시페노자이드 유현탁제	1.6L /10a	유현탁제	다발생기	수확 60일전	1회
바이고	바이엘크롭사이언스(주)	파밤나방 (무인항공기)	테트라닐리프롤 액상수화제	3.2L /10a	액상 수화제	발생초기	수확 14일전	2회
사이탄	(주)팜한농	파밤나방 (무인항공기)	사이클라닐리프롤 액제	1.6L /10a	액제	다발생기	수확 45일전	1회
살리미	(주)경농	파밤나방 (무인항공기)	에토펜프록스.메타플루미존 유현탁제	1.6L /10a	유현탁제	다발생기	수확 21일전	1회
섹큐어	(주)팜한농	파밤나방 (무인항공기)	클로르페나피르 액상수화제	1.6L /10a	액상 수화제	다발생기	수확 45일전	1회
승승장구	(주)팜한농	파밤나방 (무인항공기)	비스트리플루론.플루벤디아마이드 액상수화제	1.6L /10a	액상 수화제	다발생기	수확 40일전	1회
알지오	(주)동방아그로	파밤나방 (무인항공기)	피리달릴 유탁제	1.6L /10a	유탁제	다발생기	수확 14일전	1회
엑설트	(주)동방아그로	파밤나방 (무인항공기)	스피네토람 액상수화제	1.6L /10a	액상 수화제	다발생기	수확 40일전	1회
자칼	(주)팜한농	파밤나방 (무인항공기)	비스트리플루론.에토펜프록스 유현탁제	1.6L /10a	유현탁제	다발생기	수확 55일전	1회
캡틴	(주)경농	파밤나방 (무인항공기)	플룩사메타마이드 유제	100ml /10a	유제	발생초기	수확 14일전	2회
포워드	(주)팜한농	파밤나방 (무인항공기)	메톡시페노자이드.설폭사플로르 액상수화제	1.6L /10a	액상 수화제	다발생기	수확 40일전	1회
프레바톤 골드	(주)농협케미컬	파밤나방 (무인항공기)	클로란트라닐리프롤 액상수화제	100ml /10a	액상 수화제	발생초기	수확 14일전	2회
베르시스	(주)농협케미컬	무테두리진딧물 (무인항공기)	아피도피로펜 미탁제	1.6L /10a	미탁제	다발생기	수확 21일전	1회
슈퍼펀치	(주)동방아그로	무테두리진딧물 (무인항공기)	아바멕틴.설폭사플로르 액상수화제	1.6L /10a	액상 수화제	다발생기	수확 14일전	2회
플래넘	신젠타코리아(주)	무테두리진딧물 (무인항공기)	피메트로진 입상수화제	1.6L /10a	입상 수화제	다발생기	수확 14일전	3회
카드리온	(주)농협케미컬	복숭아혹진딧물 (무인항공기)	딤프로피리다즈 액제	100ml /10a	액제	발생초기	수확 7일전	2회
트랜스폼	(주)팜한농	복숭아혹진딧물 (무인항공기)	설폭사플로르 액상수화제	100ml /10a	액상 수화제	발생초기	수확 7일전	2회
포워드	(주)팜한농	복숭아혹진딧물 (무인항공기)	메톡시페노자이드.설폭사플로르 액상수화제	1.6L /10a	액상 수화제	다발생기	수확 40일전	1회

제품명	제조사	병해충명	성분명	사용량	제형	사용적기	안전사용시기	안전사용횟수
마진	에프엠씨코리아(주)	벼룩잎벌레(무인항공)	카보설판 액상수화제	1.6L/10a	액상수화제	발생초기	수확45일전	1회
메디충	한국삼공(주)	벼룩잎벌레(무인항공)	브로플라닐라이드 입상수화제	100g/10a	입상수화제	다발생기	수확7일전	3회
라피탄	(주)팜한농	벼룩잎벌레(무인항공기)	사이클라닐리프롤 액제	1.6L/10a	액제	발생초기	수확45일전	1회
라피탄	ISK바이오사이언스 코리아(주)	벼룩잎벌레(무인항공기)	사이클라닐리프롤 액제	1.6L/10a	액제	발생초기	수확45일전	1회
만루포	한국삼공(주)	벼룩잎벌레(무인항공기)	카보설판 액상수화제	1.6L/10a	액상수화제	발생초기	수확45일전	1회
모스킬	(주)동방아그로	벼룩잎벌레(무인항공기)	브로플라닐라이드 액상수화제	1.6L/10a	액상수화제	발생초기	수확14일전	2회
미네토엑스트라	신젠타코리아(주)	배추좀나방(무인항공기)	사이안트라닐리프롤.루페뉴론 액상수화제	1.6L/10a	액상수화제	다발생기	수확21일전	2회
사이탄	(주)팜한농	벼룩잎벌레(무인항공기)	사이클라닐리프롤 액제	1.6L/10a	액제	발생초기	수확45일전	1회
살리미	(주)경농	벼룩잎벌레(무인항공기)	에토펜프록스.메타플루미존 유현탁제	1.6L/10a	유현탁제	발생초기	수확21일전	1회
살리미	(주)경농	배추좀나방(무인항공기)	에토펜프록스.메타플루미존 유현탁제	1.6L/10a	유현탁제	다발생기	수확21일전	1회
엑시렐	(주)동방아그로	배추좀나방(무인항공기)	사이안트라닐리프롤 유현탁제	1.6L/10a	유현탁제	발생초기	수확21일전	1회
캡틴	(주)경농	벼룩잎벌레(무인항공기)	플룩사메타마이드 유제	100㎖/10a	유제	발생초기	수확14일전	2회
버디프린스	ISK바이오사이언스 코리아(주)	파밤나방(무인항공)	사이클라닐리프롤 액제	50㎖/10a	액제	발생초기	수확45일전	1회
인도플로	인바이오(주)	파밤나방(무인항공)	플로니카미드.인독사카브 입상수화제	3.2L/10a	입상수화제	발생초기	수확21일전	2회
제라진	한국삼공(주)	파밤나방(무인항공)	브로플라닐라이드 유제	100㎖/10a	유제	발생초기	수확14일전	2회

20 시금치 항공방제용 살균제

제품명	제조사	병해충명	성분명	사용량	제형	사용적기	안전 사용 시기	안전 사용 횟수
동방아그로솔루션	(주)동방아그로	노균병 (무인항공기)	사이아조파미드. 발리페날레이트 액상수화제	1.6L /10a	액상수화제	발병초 7일간격	수확 14일전	3회

21 옥수수 항공방제용 살충제

제품명	제조사	병해충명	성분명	사용량	제형	사용적기	안전 사용 시기	안전 사용 횟수
맬럿플러스	(주)농협케미컬	조명나방 (무인항공기)	플루페녹수론. 메타플루미존 액상수화제	1.6L /10a	액상수화제	다발생기	수확 21일전	3회
살리미	(주)경농	조명나방 (무인항공기)	에토펜프록스. 메타플루미존 유현탁제	1.6L /10a	유현탁제	다발생기	수확 30일전	1회
엑시렐	(주)동방아그로	조명나방 (무인항공기)	사이안트라닐리프롤 유현탁제	1.6L /10a	유현탁제	다발생기	수확 14일전	2회
자칼	(주)팜한농	조명나방 (무인항공기)	비스트리플루론. 에토펜프록스 유현탁제	1.6L /10a	유현탁제	다발생기	수확 40일전	1회

22 파 (노란색 표기 쪽파 동시 사용) 항공방제용 살균제

제품명	제조사	병해충명	성분명	사용량	제형	사용적기	안전 사용 시기	안전 사용 횟수
나티보	바이엘크롭사이언스(주)	녹병 (무인항공)	테부코나졸. 트리플록시스트로빈 액상수화제	3.2L /10a	액상수화제	발생초기 10일간격	수확 7일전	3회
에이플	(주)팜한농	녹병 (무인항공)	트리플록시스트로빈 입상수화제	50g /10a	입상수화제	발생초기 10일간격	수확 14일전	3회
레빅사	한국삼공(주)	검은무늬병 (무인항공)	메펜트리플루코나졸 액상수화제	100㎖ /10a	액상수화제	발병초 10일 간격	수확 21일전	3회

제품명	제조사	병해충명	성분명	사용량	제형	사용적기	안전 사용 시기	안전 사용 횟수
히든탄	아그리젠토(주)	녹병(무인항공)	클로로탈로닐.테부코나졸 액상수화제	1.6L/10a	액상수화제	발생초 10일간격	수확 14일전	3회
미리카트	ISK바이오사이언스 코리아(주)	노균병(무인항공기)	사이아조파미드 액상수화제	1.6L/10a	액상수화제	발병초 7일간격	수확 7일전	2회
미리카트	(주)경농	노균병(무인항공기)	사이아조파미드 액상수화제	1.6L/10a	액상수화제	발병초 7일간격	수확 7일전	2회
젬프로	(주)팜한농	노균병(무인항공기)	아메톡트라딘.디메토모르프 액상수화제	1.6L/10a	액상수화제	발병초 10일간격	수확 14일전	1회
조르벡바운티	(주)팜한농	노균병(무인항공기)	파목사돈.옥사티아피프롤린 액상수화제	1.6L/10a	액상수화제	발병초 7일간격	수확 14일전	3회
퀸텍	(주)경농	노균병(무인항공기)	피카뷰트라족스 액상수화제	1.6L/10a	액상수화제	발병초 7일간격	수확 14일전	3회

23 파 (노란색 표기 쪽파 동시 사용) 항공방제용 살충제

제품명	제조사	병해충명	성분명	사용량	제형	사용적기	안전 사용 시기	안전 사용 횟수
미네토엑스트라	신젠타코리아(주)	파밤나방(무인항공기)	사이안트라닐리프롤.루페뉴론 액상수화제	20㎖/10a	액상수화제	발생초기	수확 14일전	2회
바이고	바이엘크롭사이언스(주)	파밤나방(무인항공기)	테트라닐리프롤 액상수화제	3.2L/10a	액상수화제	발생초기	수확 7일전	2회
엑설트	(주)동방아그로	파밤나방(무인항공기)	스피네토람 액상수화제	1.6L/10a	액상수화제	발생초기 10일간격	수확 27일전	1회
제라진	한국삼공(주)	파밤나방(무인항공기)	브로플라닐라이드 유제	100㎖/10a	유제	발생초기	수확 7일전	3회
엘티이	(주)한얼싸이언스	파밤나방(무인항공)	클로르페나피르.에마멕틴벤조에이트 유제	100㎖/10a	유제	발생초기	수확 14일전	2회
캐치온	(주)한얼싸이언스	파밤나방(무인항공)	아세타미프리드.인독사카브 액상수화제	3.2L/10a	액상수화제	발생초기	수확 14일전	2회
타르보	한국삼공(주)	파밤나방(무인항공)	클로르페나피르.플룩사메타마이드 유제	100㎖/10a	유제	발생초기	수확 14일전	2회

제품명	제조사	병해충명	성분명	사용량	제형	사용적기	안전사용시기	안전사용횟수
레이서	(주)팜한농	파밤나방(무인항공기)	비스트리플루론.클로르페나피르 액상수화제	1.6L/10a	액상수화제	발생초기 10일간격	수확 14일전	1회
리모트	(주)농협케미컬	파좀나방(무인항공기)	비펜트린 액상수화제	1.6L/10a	액상수화제	발생초기 7일간격	수확 7일전	2회
맬럿플러스	(주)농협케미컬	파밤나방(무인항공기)	플루페녹수론.메타플루미존 액상수화제	1.6L/10a	액상수화제	발생초기 10일간격	수확 7일전	2회
모스킬	(주)동방아그로	파밤나방(무인항공기)	브로플라닐라이드 액상수화제	1.6L/10a	액상수화제	유충발생초기 10일간격	수확 14일전	2회
살리미	(주)경농	파밤나방(무인항공기)	에토펜프록스.메타플루미존 유현탁제	1.6L/10a	유현탁제	발생초기 10일간격	수확 14일전	2회
섹큐어	(주)팜한농	파밤나방(무인항공기)	클로르페나피르 액상수화제	1.6L/10a	액상수화제	발생초기 10일간격	수확 14일전	1회
알지오	(주)동방아그로	파밤나방(무인항공기)	피리달릴 유탁제	1.6L/10a	유탁제	발생초기 10일간격	수확 14일전	2회
온사랑	(주)경농	파밤나방(무인항공기)	아바멕틴.아세타미프리드 미탁제	1.6L/10a	미탁제	발생초기 10일간격	수확 7일전	1회
캡틴	(주)경농	파밤나방(무인항공기)	플룩사메타마이드 유제	100ml/10a	유제	발생초기 10일간격	수확 14일전	2회
프레바톤골드	(주)농협케미컬	파밤나방(무인항공기)	클로란트라닐리프롤 액상수화제	100ml/10a	액상수화제	발생초기	수확 21일전	3회
살리미	(주)경농	파굴파리(무인항공기)	에토펜프록스.메타플루미존 유현탁제	1.6L/10a	유현탁제	발생초기 10일간격	수확 14일전	2회
엑설트	(주)동방아그로	파굴파리(무인항공기)	스피네토람 액상수화제	1.6L/10a	액상수화제	발생초기 10일간격	수확 27일전	1회
엑시렐	(주)동방아그로	파굴파리(무인항공기)	사이안트라닐리프롤 유현탁제	1.6L/10a	유현탁제	발생초기 10일간격	수확 14일전	2회
레이서	(주)팜한농	파총채벌레(무인항공기)	비스트리플루론.클로르페나피르 액상수화제	1.6L/10a	액상수화제	발생초기 7일간격	수확 14일전	1회
살리미	(주)경농	파총채벌레(무인항공기)	에토펜프록스.메타플루미존 유현탁제	1.6L/10a	유현탁제	발생초기 7일간격	수확 14일전	2회
섹큐어	(주)팜한농	파총채벌레(무인항공기)	클로르페나피르 액상수화제	1.6L/10a	액상수화제	발생초기 7일간격	수확 14일전	1회
온사랑	(주)경농	파총채벌레(무인항공기)	아바멕틴.아세타미프리드 미탁제	1.6L/10a	미탁제	발생초기 7일간격	수확 7일전	1회
충체포	아그리젠토(주)	파총채벌레(무인항공기)	아바멕틴.에마멕틴벤조에이트 미탁제	3.2L/10a	미탁제	발생초기 7일간격	수확 7일전	2회

24 쪽파 항공방제용 살충제

제품명	제조사	병해충명	성분명	사용량	제형	사용적기	안전사용시기	안전사용횟수
나티보	바이엘크롭사이언스(주)	녹병(무인항공)	테부코나졸.트리플록시스트로빈 액상수화제	3.2L/10a	액상수화제	발생초기 10일간격	수확 7일전	3회
에이플	(주)팜한농	녹병(무인항공)	트리플록시스트로빈 입상수화제	50g/10a	입상수화제	발생초기 10일간격	수확 14일전	3회
레빅사	한국삼공(주)	검은무늬병(무인항공)	메펜트리플루코나졸 액상수화제	100㎖/10a	액상수화제	발병초 10일 간격	수확 21일전	3회

25 쪽파 항공방제용 살충제

제품명	제조사	병해충명	성분명	사용량	제형	사용적기	안전사용시기	안전사용횟수
미네토엑스트라	신젠타코리아(주)	파밤나방(무인항공기)	사이안트라닐리프롤.루페뉴론 액상수화제	20㎖/10a	액상수화제	발생초기	수확 14일전	2회
바이고	바이엘크롭사이언스(주)	파밤나방(무인항공기)	테트라닐리프롤 액상수화제	3.2L/10a	액상수화제	발생초기	수확 7일전	2회
제라진	한국삼공(주)	파밤나방(무인항공기)	브로플라닐라이드 유제	100㎖/10a	유제	발생초기	수확 7일전	3회
엘티이	(주)한얼싸이언스	파밤나방(무인항공)	클로르페나피르 에마멕틴벤조에이트 유제	100㎖/10a	유제	발생초기	수확 14일전	2회
캐치온	(주)한얼싸이언스	파밤나방(무인항공)	아세타미프리드.인독사카브 액상수화제	3.2L/10a	액상수화제	발생초기	수확 14일전	2회

26 양파 항공방제용 살균제

제품명	제조사	병해충명	성분명	사용량	제형	사용적기	안전사용시기	안전사용횟수
더블에스	(주)한얼싸이언스	노균병(무인항공)	사이아조파미드.디메토모르프 액상수화제	3.2L/10a	액상수화제	발생초기	수확7일전	3회
동방아그로솔루션	(주)동방아그로	노균병(무인항공기)	사이아조파미드.발리페날레이트 액상수화제	1.6L/10a	액상수화제	발병초 7일간격	수확14일전	3회
명작	한국삼공(주)	노균병(무인항공)	아미설브롬 액상수화제	1.6L/10a	액상수화제	발병초 7일 간격	수확60일전	3회
미리카트	ISK바이오사이언스 코리아(주)	노균병(무인항공기)	사이아조파미드 액상수화제	1.6L/10a	액상수화제	발병초 7일간격	수확7일전	3회
미리카트	(주)경농	노균병(무인항공)	사이아조파미드 액상수화제	1.6L/10a	액상수화제	발병초 7일간격	수확7일전	3회
반조포르테	아다마코리아(주)	노균병(무인항공기)	디메토모르프.플루아지남 액상수화제	1.6L/10a	액상수화제	발병초 7일간격	수확45일전	3회
발리펜	한국삼공(주)	노균병(무인항공)	발리페날레이트 액상수화제	200ml/10a	액상수화제	발병초 7일 간격	수확14일전	3회
선승	인바이오(주)	노균병(무인항공기)	에타복삼.피라클로스트로빈 액상수화제	1.6L/10a	액상수화제	발병초 7일간격	수확45일전	3회
스트로비	(주)농협케미컬	노균병(무인항공)	크레속심메틸 액상수화제	1.6L/10a	액상수화제	발병초 7일간격	수확14일전	3회
스트로비	(주)농협케미컬	노균병(무인항공기)	크레속심메틸 액상수화제	1.6L/10a	액상수화제	발병초 7일간격	수확14일전	3회
오티머스	성보화학(주)	노균병(무인항공)	아족시스트로빈.클로로탈로닐 액상수화제	1.6L/10a	액상수화제	발병초 7일간격	수확45일전	3회
원프로	(주)팜한농	노균병(무인항공기)	사이아조파미드.플루오피콜라이드 액상수화제	1.6L/10a	액상수화제	발병초 7일간격	수확30일전	3회
젬프로	(주)팜한농	노균병(무인항공)	아메톡트라딘.디메토모르프 액상수화제	1.6L/10a	액상수화제	발병초 7일간격	수확30일전	3회
조르벡바운티	(주)팜한농	노균병(무인항공기)	파목사돈.옥사티아피프롤린 액상수화제	1.6L/10a	액상수화제	발병초 7일간격	수확14일전	3회
차무로	(주)농협케미컬	노균병(무인항공)	벤티아발리카브아이소프로필.클로로탈로닐 액상수화제	2.4L/10a	액상수화제	발병초 7일간격	수확30일전	3회
필수탄	(주)농협케미컬	잎마름병(무인항공기)	플루인다피르.메탈락실엠 액상수화제	1.6L/10a	액상수화제	발생초기	수확7일전	3회
아무러	(주)팜한농	구썩음병(무인항공)	옥솔린산.스트렙토마이신 수화제	100g/10a	수화제	발생초기	수확7일전	3회
만데스	(주)팜한농	잎마름병(무인항공)	만데스트로빈 액상수화제	100ml/10a	액상수화제	발생초기 10일간격	수확7일전	3회

27 양파 항공방제용 살충제

제품명	제조사	병해충명	성분명	사용량	제형	사용적기	안전 사용 시기	안전 사용 횟수
만루포	한국삼공(주)	파총채벌레 (무인항공)	카보설판 액상수화제	200㎖ /10a	액상수화제	발생초기	수확 14일전	2회
제라진	한국삼공(주)	파총채벌레 (무인항공)	브로플라닐라이드 유제	100㎖ /10a	유제	발생초기	수확 7일전	2회
리모트	(주)농협케미컬	파좀나방 (무인항공)	비펜트린 액상수화제	100ml/ 10a(3.2 L/10a)	액상수화제	발생초기	수확 60일전	1회
섹큐어	(주)팜한농	파좀나방 (무인항공)	클로르페나피르 액상수화제	100㎖ /10a	액상수화제	발생초기	수확 7일전	2회

28 콩 살균제

제품명	제조사	병해충명	성분명	사용량	제형	사용적기	안전 사용 시기	안전 사용 횟수
에이플	(주)팜한농	탄저병 (무인항공)	트리플록시스트로빈 입상수화제	50g /10a	입상 수화제	발생초기	수확 14일전	3회
푸름이	(주)팜한농	탄저병 (무인항공)	디페노코나졸 액상수화제	100㎖ /10a	액상 수화제	발생초기	수확 14일전	3회
프로키온	한국삼공(주)	탄저병 (무인항공)	피라클로스트로빈 액상수화제	100㎖ /10a	액상 수화제	발생초기	수확 14일전	3회
매카니	(주)팜한농	탄저병 (무인항공기)	디티아논.피라클로스트로빈 유현탁제	1.6L /10a	유현탁제	발병초 10일간격	수확 18일전	3회
벨리스에스	(주)경농	탄저병 (무인항공기)	보스칼리드.피라클로스트로빈 액상수화제	1.6L /10a	액상 수화제	발병초 10일간격	수확 21일전	3회
선두주자	성보화학(주)	탄저병 (무인항공기)	피리벤카브 액상수화제	1.6L /10a	액상 수화제	발병초 10일간격	수확 14일전	3회
스트로비	(주)농협케미컬	탄저병 (무인항공기)	크레속심메틸 액상수화제	1.6L /10a	액상 수화제	발병초 10일간격	수확 14일전	2회
스트로비	(주)농협케미컬	탄저병 (무인항공기)	크레속심메틸 액상수화제	1.6L /10a	액상 수화제	발병초 10일간격	수확 14일전	2회
아미스타탑	신젠타코리아(주)	탄저병 (무인항공기)	아족시스트로빈.디페노코나졸 액상수화제	50㎖ /10a	액상 수화제	발생초기 10일간격	수확 14일전	3회
아프로포	아다마코리아(주)	탄저병 (무인항공기)	아족시스트로빈.프로피코나졸 유현탁제	1.6L /10a	유현탁제	발생초 10일간격	수확 21일전	3회
영일베스트	(주)농협케미컬	탄저병 (무인항공기)	프로피코나졸.테부코나졸 유현탁제	1.6L /10a	유현탁제	발병초 10일간격	수확 14일전	2회
포르투나	성보화학(주)	탄저병 (무인항공기)	피라클로스트로빈.테부코나졸 액상수화제	1.6L /10a	액상 수화제	발병초 10일간격	수확 30일전	3회
레빅사	한국삼공(주)	점무늬병 (무인항공)	메펜트리플루코나졸 액상수화제	100㎖ /10a	액상 수화제	발병초 10일 간격	수확 7일전	3회
버픽스	(주)동방아그로	점무늬병 (무인항공)	플로릴피콕사미드 액상수화제	100㎖ /10a	액상 수화제	발생초기	수확 7일전	3회

29 콩 항공방제용 살충제

제품명	제조사	병해충명	성분명	사용량	제형	사용적기	안전 사용 시기	안전 사용 횟수
앰풀리고	신젠타코리아(주)	콩나방(무인항공)	클로란트라닐리프롤.람다사이할로트린 액상수화제	16㎖/10a	액상수화제	발생초기 10일간격	수확 14일전	2회
나노진	한국삼공(주)	담배거세미나방(무인항공)	클로란트라닐리프롤.설폭사플로르 액상수화제	200㎖/10a	액상수화제	발생초기	수확 14일전	2회
섹큐어	(주)팜한농	담배거세미나방(무인항공)	클로르페나피르 액상수화제	100㎖/10a	액상수화제	발생초기	수확 14일전	2회
알타코아	(주)팜한농	담배거세미나방(무인항공)	클로란트라닐리프롤 입상수화제	100g/10a	입상수화제	발생초기	수확 7일전	3회
살리미	(주)경농	담배거세미나방(무인항공기)	에토펜프록스.메타플루미존 유현탁제	1.6L/10a	유현탁제	다발생기	수확 14일전	2회
데시스	바이엘크롭사이언스(주)	톱다리개미허리노린재(무인항공)	델타메트린 유제	3.2L/10a	유제	발생초기	수확 7일전	3회
리모트	(주)농협케미컬	톱다리개미허리노린재(무인항공)	비펜트린 액상수화제	200ml/10a	액상수화제	발생초기	수확 14일전	3회
에어로드	인바이오(주)	톱다리개미허리노린재(무인항공)	에토펜프록스.메톡시페노자이드 유현탁제	1.6L/10a	유현탁제	발생초기	수확 14일전	2회
청출어람	(주)동방아그로	톱다리개미허리노린재(무인항공)	에토펜프록스.인독사카브 유탁제	200㎖/10a	유탁제	발생초기	수확 7일전	3회
트랜스폼	(주)팜한농	톱다리개미허리노린재(무인항공)	설폭사플로르 액상수화제	100㎖/10a	액상수화제	발생초기	수확 7일전	2회
판듀	(주)농협케미컬	톱다리개미허리노린재(무인항공)	비펜트린.클로란트라닐리프롤 액상수화제	100㎖/10a	액상수화제	발생초기	수확 14일전	2회
나노진	한국삼공(주)	톱다리개미허리노린재(무인항공기)	클로란트라닐리프롤.설폭사플로르 액상수화제	3.2L/10a	액상수화제	발생초기 10일간격	수확 14일전	2회
나도야	성보화학(주)	톱다리개미허리노린재(무인항공기)	비펜트린.메톡시페노자이드 액상수화제	1.6L/10a	액상수화제	발생초기 10일간격	수확 30일전	2회
명타자	(주)팜한농	톱다리개미허리노린재(무인항공기)	에토펜프록스 유탁제	1.6L/10a	유탁제	발생초기 10일간격	수확 18일전	2회
바로확	(주)팜한농	톱다리개미허리노린재(무인항공기)	에토펜프록스.메톡시페노자이드 유현탁제	1.6L/10a	유현탁제	발생초기 10일간격	수확 14일전	2회
살리미	(주)경농	톱다리개미허리노린재(무인항공기)	에토펜프록스.메타플루미존 유현탁제	1.6L/10a	유현탁제	발생초기 10일간격	수확 14일전	2회

제품명	제조사	병해충명	성분명	사용량	제형	사용적기	안전사용시기	안전사용횟수
앰풀리고	신젠타코리아(주)	톱다리개미허리노린재(무인항공기)	클로란트라닐리프롤.람다사이할로트린 액상수화제	16ml/10a	액상수화제	발생초기 10일간격	수확 14일전	2회
자칼	(주)팜한농	톱다리개미허리노린재(무인항공기)	비스트리플루론.에토펜프록스 유현탁제	1.6L/10a	유현탁제	발생초기 10일간격	수확 14일전	2회
캡틴	(주)경농	톱다리개미허리노린재(무인항공기)	플룩사메타마이드 유제	100ml/10a	유제	발생초기	수확 14일전	2회
쾌속탄	(주)경농	톱다리개미허리노린재(무인항공기)	에토펜프록스 캡슐현탁제	100ml/10a	캡슐현탁제	발생초기 10일간격	수확 14일전	2회
타스타	(주)농협케미컬	톱다리개미허리노린재(무인항공기)	비펜트린 유제	1.6L/10a	유제	발생초기 10일간격	수확 14일전	3회
나도야	성보화학(주)	파밤나방(무인항공)	비펜트린.메톡시페노자이드 액상수화제	100ml/10a	액상수화제	발생초기	수확 30일전	2회

30 소나무 항공방제용 살충제

제품명	제조사	병해충명	성분명	사용량	제형	사용적기	안전사용시기	안전사용횟수
충앤드	(주)그린시티	북방수염하늘소(무인항공)	티아클로프리드 액상수화제	2L/10a	액상수화제	발생초기	발생초기	-
카래소	(주)태준아그로텍	북방수염하늘소(무인항공)	티아클로프리드 액상수화제	2L/10a	액상수화제	성충우화최성기	발생초기	-
티아클	(주)피에이치엘	북방수염하늘소(무인항공)	티아클로프리드 액상수화제	2L/10a	액상수화제	발생초기	발생초기	-
다끄마	아진케미칼(주)	북방수염하늘소(무인항공기)	티아클로프리드 액상수화제	2L/10a	액상수화제	성충우화최성기	발생초기	-
시반토	바이엘크롭사이언스(주)	북방수염하늘소(무인항공기)	플루피라디퓨론 액제	2L/10a	액제	성충우화최성기	발생초기	1회
어퍼컷	(주)한얼싸이언스	북방수염하늘소(무인항공기)	티아클로프리드 액상수화제	2L/10a	액상수화제	성충우화최성기	발생초기	-
융단폭격	인바이오(주)	북방수염하늘소(무인항공기)	티아클로프리드 액상수화제	2L/10a	액상수화제	성충우화최성기	발생초기	-
일순위	(주)경농	북방수염하늘소(무인항공기)	아세타미프리드 미탁제	2L/10a	미탁제	성충우화최성기	발생초기	1회

제품명	제조사	병해충명	성분명	사용량	제형	사용적기	안전사용시기	안전사용횟수
융단폭격	인바이오(주)	북방수염하늘소(무인항공기)	티아클로프리드 액상수화제	2L /10a	액상수화제	성충우화최성기	발생초기	–
일순위	(주)경농	북방수염하늘소(무인항공기)	아세타미프리드 미탁제	2L /10a	미탁제	성충우화최성기	발생초기	1회
칼립소	바이엘크롭사이언스(주)	북방수염하늘소(무인항공기)	티아클로프리드 액상수화제	2L /10a	액상수화제	성충우화최성기	발생초기	–
큐티클	아그리젠토(주)	북방수염하늘소(무인항공기)	티아클로프리드 액상수화제	2L /10a	액상수화제	성충우화최성기	발생초기	–
프레쉬팜	팜아그로텍(주)	북방수염하늘소(무인항공기)	티아클로프리드 액상수화제	2L /10a	액상수화제	성충우화최성기	발생초기	–
충앤드	(주)그린시티	솔수염하늘소(무인항공)	티아클로프리드 액상수화제	2L /10a	액상수화제	발생초기	발생초기	–
카래소	(주)태준아그로텍	솔수염하늘소(무인항공)	티아클로프리드 액상수화제	2L /10a	액상수화제	성충우화최성기	발생초기	–
티아클	(주)피에이치엘	솔수염하늘소(무인항공)	티아클로프리드 액상수화제	2L /10a	액상수화제	발생초기	발생초기	–
다끄마	아진케미칼(주)	솔수염하늘소(무인항공기)	티아클로프리드 액상수화제	2L /10a	액상수화제	성충우화최성기	발생초기	–
시반토	바이엘크롭사이언스(주)	솔수염하늘소(무인항공기)	플루피라디퓨론 액제	2L /10a	액제	성충우화최성기	발생초기	1회
어퍼컷	(주)한얼싸이언스	솔수염하늘소(무인항공기)	티아클로프리드 액상수화제	2L /10a	액상수화제	성충우화최성기	발생초기	–
융단폭격	인바이오(주)	솔수염하늘소(무인항공기)	티아클로프리드 액상수화제	2L /10a	액상수화제	성충우화최성기	발생초기	–
일순위	(주)경농	솔수염하늘소(무인항공기)	아세타미프리드 미탁제	2L /10a	미탁제	성충우화최성기	발생초기	1회
칼립소	바이엘크롭사이언스(주)	솔수염하늘소(무인항공기)	티아클로프리드 액상수화제	2L /10a	액상수화제	성충우화최성기	발생초기	–
큐티클	아그리젠토(주)	솔수염하늘소(무인항공기)	티아클로프리드 액상수화제	2L /10a	액상수화제	성충우화최성기	발생초기	–
프레쉬팜	팜아그로텍(주)	솔수염하늘소(무인항공기)	티아클로프리드 액상수화제	2L /10a	액상수화제	성충우화최성기	발생초기	–

31 잔디 항공방제용 살균제

제품명	제조사	병해충명	성분명	사용량	제형	사용적기	안전사용시기	안전사용횟수
카디스	(주)농협케미컬	설부소립균핵병(무인항공)	플룩사피록사드 액상수화제	50㎖/10a	액상수화제	적설직전	발생초기	-
멀티리티	(주)팜한농	갈색잎마름병(무인항공)	트리티코나졸 액상수화제	200㎖/10a	액상수화제	발생초기 10일간격	발생초기	-

참고자료

- 액적의 크기와 살포효과 연구 – SKYLINE.Co., LTD
- 노즐과 분사량에 따른 약효 효과의 변화 연구 – SKYLINE.Co., LTD
- 방역 기준에 부합한 드론 살포 특성 및 기준 연구 – SKYLINE.Co., LTD, 경남도립거창대학교
- 스프레이 드래프트를 이용한 방제 효과 증대 방법 연구 – SKYLINE.Co., LTD
- 현탄액을 이용한 과수 인공 수분 방법 연구 – SKYLINE.Co., LTD
- 고도별 하향풍의 영향과 방제 효과 연구 – SKYLINE.Co., LTD
- 약제의 혼용과 화학적 변성 – SKYLINE.Co., LTD
- 리튬 폴리머 배터리의 화재 위험성에 관한 연구 – 전주완산소방서
- 회전익 다운워시가 분무 분포에 미치는 영향 – 영국 러프버러 대학교
- 식물 보호용 UAV의 다운워시 기류에 대한 CFD 시뮬레이션 및 측정
  – 중국 화중 농업대학교 공과대학
- 평 기류를 고려한 헥사로터 UAV의 공력 성능 – 중국 푸젠성 대학교
- 배터리 수명 줄이는 열화과정 원인 규명 – IBS 나노입자 연구단

저자 약력

양 영 식

현) 스카이라인 대표

스카이미디어 이사

(사)한국무인방제방역협회 이사

국립농산물품질관리원 항공방제엽 강사

드론축구협회 프로리그 코치

(사) 경남 거창군 드론체육회 이사

[전문 경력]

- 국내최초 농업용 드론 책자 발간 **「농업용 방제드론」** 골든벨, 2019년
- 경남도립거창대학교 드론 실무 강사(2017~2022)
- 경남 드론 방제단 심사위원 / 1호 인증 방제사
- 초경량비행장치 지도조종자
- 항공전문 방제사(운영 방제단 누적 162,000ha) 면적 방제
- 10L, 16L 급 한국형 방제드론 개발
- 40급 한국형 산림 방제용 드론 개발
- 2009년 치프미케닉 Tiving Super 600 레이스 우승
- 2012, 2013, 2014 한국 자동차협회 에코렐리 우승
- 국내 최초 한국선급 드론검사 (벌크, 케미컬 선박)
- BMW Motorrad 최연소 전무
- **특허** : 특허 제10-2204853 스마트 재해대응 상황 관제 차량

[연구 실적]

- 액적의 크기와 살포효과 연구
- 노즐과 분사량에 따른 약효 효과의 변화 연구
- 방역 기준에 부합한 드론 살포 특성 및 기준 연구
- 스프레이 드래프트를 이용한 방제 효과 증대 방법 연구
- 현탄액을 이용한 과수 인공 수분 방법 연구
- 고도별 하향풍의 영향과 방제 효과 연구
- 약제의 혼용과 화학적 변성

드론 방제방역의 천기누설

초판인쇄 | 2025년 3월 10일
초판발행 | 2025년 3월 17일

감　　수 | (사)한국무인방제방역협회
지 은 이 | 양 영 식
발 행 인 | 김 길 현
발 행 처 | (주) 골든벨
등　　록 | 제 1987－000018 호
I S B N | 979-11-5806-762-5
가　　격 | **34,000원**

이 책을 만든 사람들

편집 및 디자인 | 조경미, 박은경, 권정숙
웹 매 니 지 먼 트 | 안재명, 양대모, 김경희
공 급 관 리 | 정복순, 김봉식
제 작 진 행 | 최병석
오 프 마 케 팅 | 우병춘, 오민석, 이강연
회 계 관 리 | 김경아

㊍04316 서울특별시 용산구 원효로 245(원효로1가 53-1) 골든벨 빌딩 6F
• TEL : 도서 주문 및 발송 02-713-4135 / 회계 경리 02-713-4137
　기획디자인 본부 02-713-7452 / 해외 오퍼 및 광고 02-713-7453
• FAX : 02-718-5510　• http : // www.gbbook.co.kr　• E-mail : 7134135@ naver.com

협회 비전 및 목표 Vision and Objectives

비전 잘사는 농촌지역의 발전과 전문 인력의 양성을 통한 공익 추진
목표 무인방제방역산업의 발전 및 협회와 협회원의 권익 증대

전략 Strategy

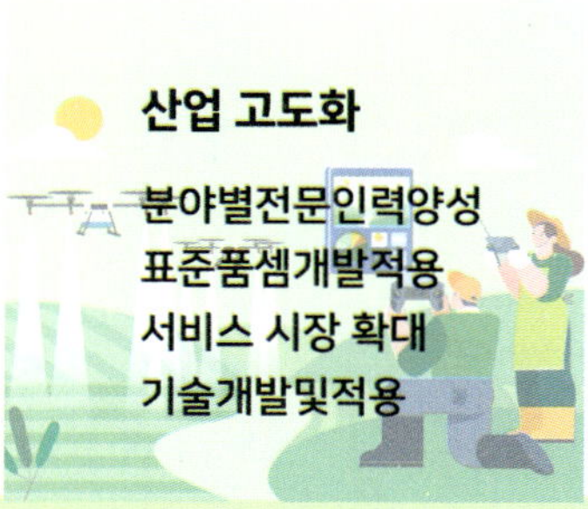

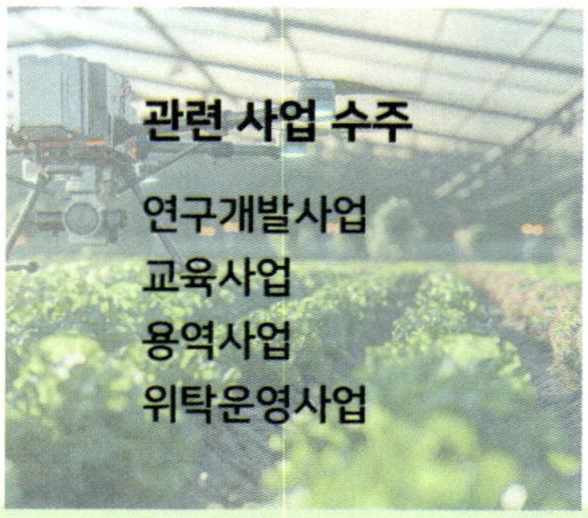

역량 및 특허 ISO certification

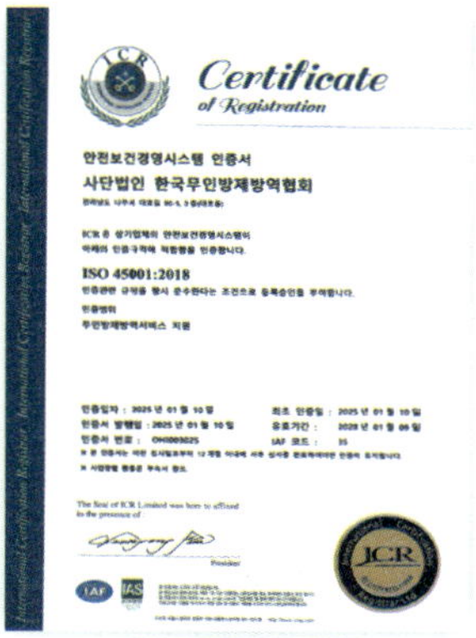
Certificate of Registration
안전보건경영시스템 인증서
사단법인 한국무인방제방역협회
ISO 45001:2018

안전 보건 경영시스템 인증

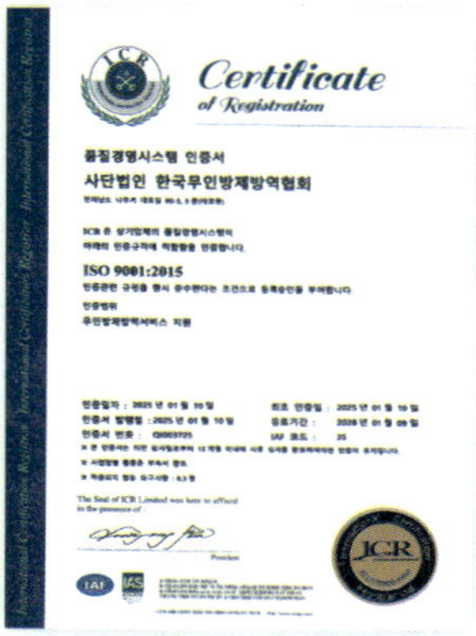
Certificate of Registration
품질경영시스템 인증서
사단법인 한국무인방제방역협회
ISO 9001:2015

품질 경영시스템 인증

http://www.kp-da.kr

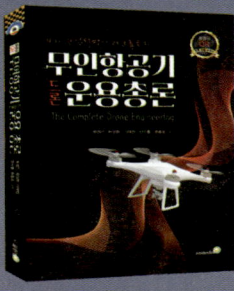